『十三五』国家重点图书出版规划项目

中国建筑工业出版社
学术著作出版基金项目

杨廷宝全集

五

【文言卷】

中国建筑工业出版社

图书在版编目（CIP）数据

杨廷宝全集．五，文言卷／杨廷宝著；黎志涛主编；
汪晓茜编．—北京：中国建筑工业出版社，2017.9
ISBN 978-7-112-20416-8

Ⅰ．①杨…　Ⅱ．①杨…　②黎…　③汪…　Ⅲ．①杨廷宝
（1901-1982）-全集　Ⅳ．① TU-52

中国版本图书馆 CIP 数据核字（2017）第 029533 号

责任编辑：李　鸽　毋婷娴
书籍设计：付金红
责任校对：焦　乐　李欣慰

杨廷宝全集·五·文言卷

*

中国建筑工业出版社出版、发行（北京海淀三里河路 9 号）
各地新华书店、建筑书店经销
北京方舟正佳图文设计有限公司制版
北京雅昌艺术印刷有限公司印刷

*

开本：880 毫米 ×1230 毫米　1/16　印张：21　字数：382 千字
2021 年 1 月第一版　2021 年 1 月第一次印刷
定价：88.00 元
ISBN 978-7-112-20416-8
（29952）

《杨廷宝全集》编委会

策划人名单

东南大学建筑学院	王建国
中国建筑工业出版社	沈元勤　王莉慧

编纂人名单

名誉主编	齐　康　钟训正
主　　编	黎志涛
编　　者	
一、建筑卷（上）	鲍　莉　吴锦绣
二、建筑卷（下）	吴锦绣　鲍　莉
三、水彩卷	沈　颖　张　蕾
四、素描卷	张　蕾　沈　颖
五、文言卷	汪晓茜
六、手迹卷	张　倩　权亚玲
七、影志卷	权亚玲　张　倩

出版说明

杨廷宝先生（1901—1982）是20世纪中国最杰出和最有影响力的第一代建筑师和建筑学教育家之一。时值杨廷宝先生诞辰120周年，我社出版并在全国发行《杨廷宝全集》（共7卷），是为我国建筑学界解读和诠释这位中国近代建筑巨匠的非凡成就和崇高品格，也为广大读者全面呈现我国第一代建筑师不懈求索的优秀范本。作为全集的出版单位，我们深知意义非凡，更感使命光荣，责任重大。

《杨廷宝全集》收录了杨廷宝先生主持、参与、指导的工程项目介绍、图纸和照片，水彩、素描作品，大量的文章和讲话与报告等，文言、手稿、书信、墨宝、笔记、日记、作业等手迹，以及一生各时期的历史影像并编撰年谱。全集反映了杨廷宝先生在专业学习、建筑创作、建筑教育领域均取得令人瞩目的成就，在行政管理、国际交流等诸多方面作出突出贡献。

《杨廷宝全集》是以杨廷宝先生为代表展示关于中国第一代建筑师成长的全景史料，是关于中国近代建筑学科发展和第一代建筑师重要成果的珍贵档案，具有很高的历史文献价值。

《杨廷宝全集》又是一部关于中国建筑教育史在关键阶段的实录，它以杨廷宝先生为代表，呈现出中国建筑教育自1927年开创以来，几代建筑教育前辈们在推动建筑教育发展，为国家培养优秀专业人才中的艰辛历程，具有极高的史料价值。全集的出版将对我国近代建筑史、第一代建筑师、中国建筑现代化转型，以及中国建筑教育转型等相关课题的研究起到非常重要的推动作用，是对我国近现代建筑史和建筑学科发展极大的补充和拓展。

全集按照内容类型分为7卷，各卷按时间顺序编排：

第一卷　建筑卷（上）：本卷编入1927—1949年杨廷宝先生主持、参与、指导设计的89项建筑作品的介绍、图纸和照片。

第二卷　建筑卷（下）：本卷编入1950—1982年杨廷宝先生主持、参与、指导设计的31项建筑作品、4项早期在美设计工程和10项北平古建筑修缮工程的介绍、图纸和照片。

第三卷　水彩卷：本卷收录杨廷宝先生的大量水彩画作。

第四卷　素描卷：本卷收录杨廷宝先生的大量素描画作。

第五卷　文言卷：本卷收录了目前所及杨廷宝先生在报刊及各种会议场合中论述建筑、规划的文章和讲话、报告，及交谈等理论与见解。

第六卷　手迹卷：本卷辑录杨廷宝先生的各类真迹（手稿、书信、书法、题字、笔记、日记、签名、印章等）。

第七卷　影志卷：本卷编入反映杨廷宝先生一生各个历史时期个人纪念照，以及参与各种活动的数百张照片史料，并附杨廷宝先生年谱。

为了帮助读者深入了解杨廷宝先生的一生，我社另行同步出版《杨廷宝全集》的续读——《杨廷宝故事》，书中讲述了全集史料背后，杨廷宝先生在人生各历史阶段鲜为人知的、生动而感人的故事。

2012 年仲夏，我社联合东南大学建筑学院共同发起出版立项《杨廷宝全集》。2016 年，该项目被列入“十三五”国家重点图书出版规划项目和中国建筑工业出版社学术著作出版基金资助项目。东南大学建筑学院委任长期专注于杨廷宝先生生平研究的黎志涛教授担任主编，携众学者，在多方帮助和支持下，耗时近 9 年，将从多家档案馆、资料室、杨廷宝先生亲人、家人以及学院老教授和各单位友人等处收集到杨廷宝先生的手稿、发表文章、发言稿和国内外的学习资料、建筑作品图纸资料以及大量照片进行分类整理、编排校审和绘制修勘，终成《杨廷宝全集》（7 卷）。全集内容浩繁，编辑过程多有增补调整，若有疏忽不当之处，敬请广大读者指正。

中国建筑工业出版社

2021 年 1 月

前言

杨廷宝先生是一位从事建筑设计的实干家，且成果累累，品质超群，可谓是中国第一代建筑大师中的杰出代表。虽然他不经常舞文弄墨，也不善于高谈阔论。他曾自谦地说，“宝岂能为文？”“很羡慕刘（敦桢）先生和童（寯）先生会写书，可惜自己只会搞设计，书写不好。”

杨廷宝先生虽不是著作家、理论家，但这并不说明他少创作思想、缺设计理念、没有著书立说。恰恰相反，杨廷宝先生对待他所喜爱的建筑创作自有独到的观念见解、朴实的言语表述、中肯的时弊评论。杨廷宝先生一生勤于思、慎于言、敏于行，他的言语笔墨如同他的为人一样，从不故弄玄虚、炫摆辞藻，而是以严谨平实的文字陈述创作思想，让读者容易理解接受；以平和温雅的语气阐述设计理念，让后学虚心学习；以就事论道的直言揭示平凡真理，让他人心悦诚服。

杨廷宝先生建筑思想睿智，学识渊博。他曾四处游说，呼吁国人要有强烈的环境观，保护好自然和历史文物的宏观环境、中观环境、微观环境；他阐述的建筑价值观，屡屡强调建筑师要树立以人为本的设计理念，在建筑设计中全心全意服务于人、服务于社会；他坚持建筑设计的系统观，竭力倡导现实主义的建筑创作精神，劝勉建筑师要结合国情、经济、功能、形式、地形、技术、材料、施工等各种条件，实事求是地综合考虑建筑设计中的复杂矛盾；他立足建筑与环境友好共生，主持设计完成多座新老建筑完美结合的杰作，体现了建筑创作要新老建筑和谐相处的设计全局观；他在建筑创作中不随所谓建筑流派、思潮而附和，始终保持冷静的审慎态度，在建筑设计中手法灵活多样，秉持以开放的态度接受设计新理念、新方法的创新观；他以自己的审美观融合东西方建筑文化的精髓，一生在探索具有中国特色、风格的建筑创作道路上前行不止。

杨廷宝先生对建筑的感性认识和理性观点来自于他的建筑创作实践。从他在导师克瑞事务所开始建筑创作实践，学习西方建筑设计的先进理念与方法，到在北平亲历修缮中国古建筑，虚心向工匠请教，不耻下问，摸索出中国传统建筑建造的秘诀；从在基泰工程司22年的设计实践，他总结出自己的创作之道、设计之理，到解放后足迹遍布大江南北，视察、指导各地城乡规划、景区建设，从而拓展了他的大建筑观，等等，可谓是实践出真知，由此，也大大充实、丰富、提升了杨廷宝先生的建筑创作理论。这些理论如同他的建筑设计作品一样，都已成为留给中国建筑事业和建筑教育持续发展的宝贵财富。

本卷编辑了杨廷宝先生生前发表的数篇文章和他在各种场合以口述、谈话、报告等形式阐述自己对建筑设计、城乡规划、景区建设、环境保护、文物修缮、建筑教育、出访见闻等诸方面的众多学术言论，以及其他零星文笔。这些文言中的真知灼见，深入浅出，毫无玄奥晦涩，读来令人倍感亲切、极易领会。

本卷多数文言篇章来源于东南大学建筑研究所编《杨廷宝建筑言论选集》。在此基础上，主编查阅了东南大学档案馆和中国建筑学会资料室提供的相关文档，除增补了杨廷宝先生新的若干文言外，还对原书中部分文言作了内容与文字的还原工作，以求保持杨廷宝先生文言的原真性。并归类分为“发表文章”“学术言论”“其他文言”三部分，且各自按年份顺序编排。在此，感谢东南大学建筑研究所所做的大量基础性整理工作，感谢东南大学档案馆和中国建筑学会综合部、资料室的大力支持和帮助。感谢东南大学建筑学院研究生江淇、赵男、于梦涵、刘馨悦为全卷文字做了认真的录入工作。感谢中国建筑工业出版社王莉慧副总编和李鸽副编审对本卷编纂工作给予的悉心指导和热忱帮助，感谢责任编辑毋婷娴辛勤工作。

东南大学建筑学院　黎志涛
2018 年 7 月

目 录

001 一、发表文章

065 二、学术言论

一、发表文章

汴郑古建筑游览记录*

前者因事过郑赴汴，乘暇拍得古建筑相片多幅，返平后，友人嘱为游记，宝岂能为文，姑就见闻所及，胪列于次，聊供专家之研究可耳。

开封祐国寺塔

祐国寺塔，俗名“铁塔”，在开封城内东北隅，现河南大学校址迤北。光绪祥符县志谓“祐国寺在县志东北，晋天福中建于明德坊，名曰等觉禅院。宋乾德二年(公元九六四)迁于丰美坊，即今所也。庆历元年（公元一〇四一）改为上方寺。内有铁色琉璃塔，俗呼为“铁塔寺”。明天顺间改称“祐国寺”。崇祯十五年(公元一六四二)河水泛滥，塔殿犹存。顺治二年(公元一六四五)重修。乾隆十五年增修，并赐名“甘露寺”。民国元年宝游学开封，居于寺南之旧贡院（即现河南大学），常至该寺游览，尚留殿宇三数间，顷已圮毁，惟琉璃塔与铜铸巨佛一尊，依然留存耳。

明李濂汴京遗迹志谓：“上方寺在城之东北隅安远门里夷山之上，即开宝寺之东院也。一名上方院。宋仁宗庆历中，开宝寺灵感塔毁，乃于上方院建铁色琉璃砖塔，八角十三层，高三百六十尺。”又谓“开宝寺在上方寺之西，北齐天保十年建。宋太祖开宝三年改曰开宝寺。重起缭廊朵殿凡二百八十区。太宗端拱中，命巧匠喻浩建塔，八角十三层，高三百六十尺。”欧阳修归田录称“在京师诸塔中最高而制度亦甚精。”二塔地址相距甚近，俱为八角十三层，而汴京遗迹志与宋东京考均述庆历中开宝寺灵感塔毁后，乃于上方院建铁色琉璃砖塔，似其间不无因袭相循之关系。又均称

* 原载：1936年9月《中国营造学社汇刊》第六卷，第三期

灵感塔毁于仁宗庆历四年，使其言然，则祐国寺琉璃砖塔之建创，当在庆历四年（公元一〇四四）以后矣。

塔十三层，外部镶砌褐色琉璃砖，砖面隐起花纹，虽经历代修葺，刻尚完整，巍然矗立，洵巨观也（图版一甲）。塔之平面为等边八角形，头层每面阔约四·一三公尺（插图一），每角镶有琉璃圆柱，并无转棱，丈量不易。每柱上下计分数段，琉璃色彩亦有深浅之别，想系历代修缮仿制之结果。柱身竖列团花五行，每团有璇纹如佛顶之曲发，前人记载谓角柱刻有狮龙者，今不可见。八柱直接立于地上，其下似尚有琉璃柱础，但因新近环砌青砖便道，遮盖不可辨矣（图版二甲）。东西南北四面有小门，门口均与现地面平。清胡介祉谓铁塔之根，刨土直下丈余，始见故址，则地面以下，必另有淤没部分，即就塔之全体比例而言，其下亦应另有基座也。如梦录记载崇祯十五年水灾以前状况，谓铁塔八面围廊，六面棂窗，向南一门匾曰“天下第一塔”。光绪祥符县志又曰，“塔座下八棱方池，北面有小桥，过桥由北洞门入，盘旋而升”，则铁塔之下部，代有变迁无疑矣。

自现在地平面至头层莲盘下面砖缝为一·九〇公尺，计镶琉璃卧砖七层，横立砖六层。横立砖之间，又施竖顶头砖，分塔壁为无数长方小池子，如天花之状（图版二甲）。其上各层外壁亦然，惟尺寸不同，数量各异。砖之表面，饰以花纹，如飞仙、降龙麒麟、五僧、五菩萨、双佛龛，及宝相花等，均用于横立琉璃砖上（图版三乙、丁）。飞仙样式，具有宋代显著之特征，衣纹飘扬，身下附带流云。佛与菩萨虽均平列成队，而或歪首，或拱臂，姿势不一，神情活跃。双佛龛每龛有观音坐像，两傍二侍立菩萨。宝相花饰则每砖三朵。麒麟降龙，手法俱甚工细，神韵亦皆生动可爱。以上各式花纹，散见壁上，似无何种次序，惟每行卧砖，概饰宝相花，每砖四朵；竖顶头砖则均饰立菩萨或立僧（图版三乙、丁）。

东西南北四门，门口宽约六三公分。上部用叠涩方法收为尖顶。叠涩砖外端作半圆形，表面有流云花饰（图版二丙）。东南西三门之内，为不等边八角小室。北面小室左边，设梯，可盘旋而登（插图一）。

圆柱以上为莲盘三层，逐层向外托出少许（图版二甲）。每层高下相距适为横立砖一层，花饰如前。莲盘系单瓣，瓣上覆有璎珞纹（图版二乙）。三层莲盘之上，承托腰线方砖一排，每砖饰以斜十字璎珞：其间柱作半圆形，亦有璎珞纹（图版三丙）。八面转角处，嵌琉璃狮子，有雄有雌，状颇狰狞。方砖腰线以上，镶横立砖二层。逐步收杀以至头层檐下之墙皮线。自此上至普拍枋，本有横立砖五排分位，而底座

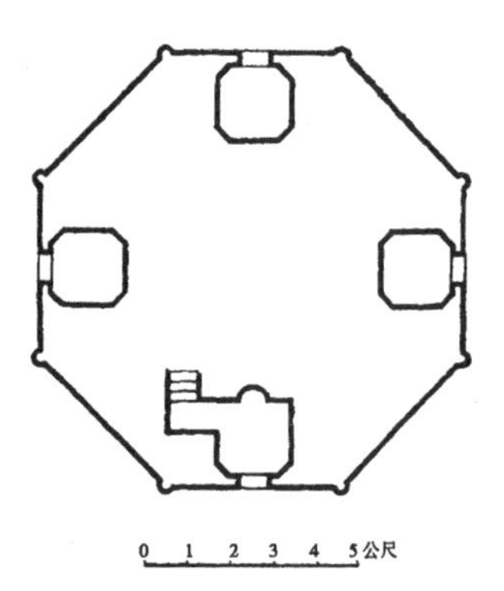

插图一　祐国寺铁塔平面图

图版一

甲　开封祐国寺塔全景

乙　祐国寺塔详部（其一）

丙　祐国寺塔详部（其二）

图版二

甲　开封祐国寺塔第一层详部

乙　祐国寺塔第一层莲盘

丙　同第一层门之上部

图版三

甲　开封祐国寺塔第一层腰檐详部

丙　祐国寺塔第一层雕饰

乙　祐国寺塔第一层琉璃砖

丁　祐国寺塔第一层琉璃砖

以上之第二排，则易之以凸出墙面之莲盘一层，将琉璃角柱八根上下斩断，不解何所用意（图版二甲）。角柱直承普拍枋，其构造与花饰，同底座之角柱。普拍枋仿木构，在角柱上交叉出头，厚度系卧砖两层砌成，下面并无阑额，与木构物异（图版三甲）。

琉璃铺作（图版三甲）自栌斗伸出华栱两跳，第一跳跳头施令栱。第二跳跳头无栱，直接承托琉璃撩檐枋下。出跳华栱俱系双砖拼砌。补间铺作每面六朵，数目极密，致每朵令栱彼此相连，成为鸳鸯交手栱，两栱相交，共托一散斗。转角铺作施硕大之栌斗，斗上出华栱三缝，而中央一缝，恰托于老角梁之下（图版三甲）。

撩檐枋至转角处，微微升起，兼枕头木之用。檐椽与飞子均方形，带卷杀，出檐长短相若，且平行排列，而无翼角飞椽。大角梁作蝉肚形，玲珑可爱。子角梁向上翘起，系两半琉璃拼合而成，中藏铁骨，以掌套兽（图版三甲）。

琉璃瓦件色黄。勾头圆形，饰以团龙。滴水形似折扇，饰以橄榄小点一排。勾头滴水以上，皆圆头琉璃砖垒砌，成鱼鳞状，而无筒瓦。出檐约〇·八五公尺。搏脊大体似甚简单，仰视则目力不能达。

第二层平座斗栱排法及跳数，一如头层屋檐，每面用六朵（图版二丙）。转角铺作亦系三朵合成。每朵第二跳华栱承托撩檐枋，其上铺琉璃砖为平坐，宽约半公尺。

第二层墙壁高度，计得横立砖五排，每角亦镶圆柱。其斗栱出檐一切作法，概如下层。但四面窗洞仅南面可通，他方则嵌佛像。自此以上，各层作法相同，惟窗门方向逐层转移，至最末层则向东矣。

三层至六层平坐与层檐，除转角铺作外，补间铺作俱用五朵。第七层平座为五朵，而层檐则四朵。第九层屋檐三朵。至第十三层屋檐则仅余两朵焉。

塔顶垂脊八注。冠以桃形宝顶，系以巨链八条，惜其细部非目力所能辨。按如梦录载铁塔上，立铜宝瓶，高丈余，而现存宝顶则体积甚小，未识是否乾隆十五年巡幸中州，奉旨增修时所更改耶。

内部可由北面小室盘旋而登，如行螺壳中。二层窗口向南，三层向西，四层向北，依次类推，乃得六层与十层窗口亦均向南；最末第十三层向东。犹忆儿时尝偕同学登塔为戏，极顶尽处，坐铁佛一尊，出窗门，攀缘平坐，互相夸耀。县志载“每级俱有门户。当门壁上，俱嵌黄琉璃佛一尊，高约三尺。洪武二十九年周藩造，共四十八尊。壁上题敬德监工重修，当是周府内史名，俗以为尉迟敬德误也。”又据龙非了先生调查琉璃砖及佛像版载有年月者，计得治平四年（公元一〇六七），洪武二十九年

（公元一三九六）仲夏，大明嘉靖三十三年（公元一五五四），大明万历五年（公元一五七七），万历六年（公元一五七八）乙卯孟夏四月初八，大清乾隆三十八年（公元一七七三）等等，惜今塔门封闭，不可复登，内部情形无从查考矣。

塔南有铜铸佛像一尊，高约丈余，甚奇伟（图版四），民国以来，殿宇倾圮。近建八角亭保护之。此像神情庄严，衣纹劲秀，不似近代物。袈裟装饰，有山、水、云各种花纹。左手横胸前，右手直垂。足下莲座半埋土内，莲瓣间凸出花蕊。昔日莲座之下，必有佛台，佛台高于殿基，殿基又高于地面，由此推论，宋时地面当较现时低下两米以上矣。又据祥符县志载“殿内正中立接引铜佛一尊，高丈六尺，极奇伟，北宋所铸”盖即此佛也。

图版四　开封祐国寺铜像

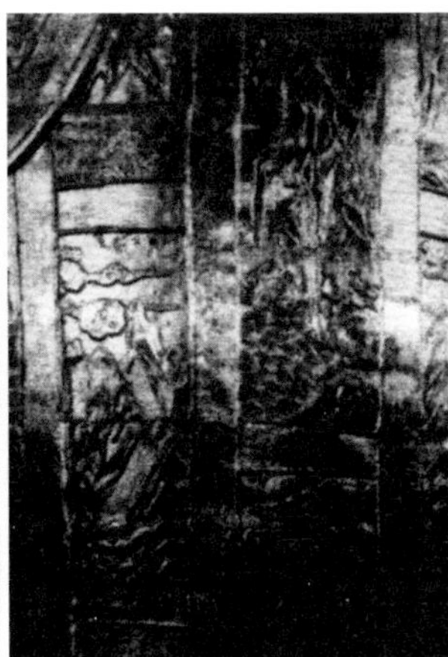

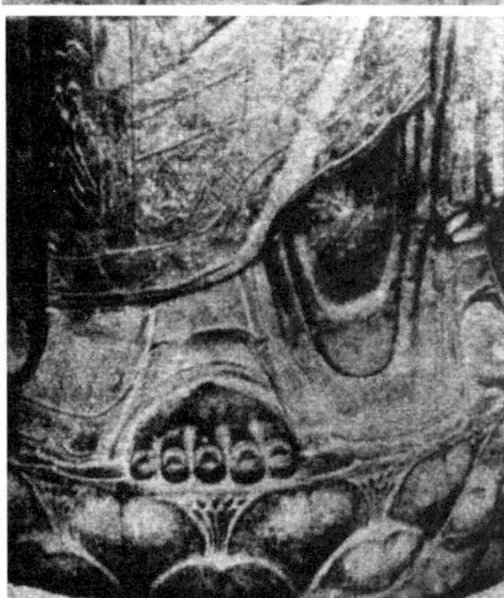

开封繁塔

繁塔在今南门外火车站之东南里许，现为河南大学农学院校址。光绪祥符县志载宋陈洪进助修繁塔记，谓“伏覩繁台天清寺建立宝塔，特发心奉为皇帝陛下舍银五百两入缘……太平兴国三年三月 × 日弟子平海单节度使特进检校太师陈洪进记。”又南面入口左右壁间，嵌经石，均有“宋太平兴国二年岁次丁丑十月戊午朔八日”之铭文。其他塔内宋人捐修题名石上，有纪太平兴国三年，或七年正月五日，或淳化元年者。据此，繁塔当建于宋初，惟汴京遗迹志谓“天清寺在陈州门里繁台上，周世宗显德中创建。世宗初度之日，曰天清节，故名其寺亦曰天清。寺之内砖塔曰兴慈塔，俗名繁塔，宋太宗太平兴国二年重修，元末兵燹，寺塔俱废。国朝洪武十九年，僧胜安重修。”又明万历四十五年周藩繁塔寺重修记谓“繁台寺三而天清其鼻祖也。肇建五代，周显德中为天清节，故以名寺，而今所称繁台塔者，即当日关慈塔也。宋太平兴国二年重修。元末兵燹，寺塔俱废。国初复重建而削塔之顶，仅留四（疑系三字之误）级，则空同子所攻为铲王气故耳。”然则繁塔之创建年月，为周为宋，究未易断定也。

塔为六角形，现只余三层。塔身遍镶小佛像砖(图版五)。下层每面约宽一四·一〇公尺。南北两面有门。南门入口左右壁嵌经石; 左壁刻“金刚般若波罗蜜经”，右壁刻“十善业道经要略”，由此直通塔心六角小室（插图二），其壁面亦镶小佛砖如外檐，而室顶则施叠涩三十层，中央留直径二公尺余之孔，由下层可望见二层以上(图版六丙）。北门入口为楼梯间，但刻已封闭，未能攀登。

塔基有极高之封护墙脚。前门圆券之前，另有圆券砖门（图版五乙），似系后代增建。塔身外面每层均砌方砖，隐出佛龛佛像，四周镶海石榴阳刻花砖(图版六甲、乙)。小佛龛概作凹形，佛像乃凸起，衣纹相法，备极工细，间有后代重修剔补者。

出檐铺作自栌斗伸出华栱两跳，除泥道栱之外，他无横行栱子。阑额为卧砖四层砌成，凸出墙面少许，上承栌斗。第二跳直承砖檐，并无覆瓦。转角铺作一如补间，仅转其方向而已。

二层平座亦有华栱两跳，作法与下檐相同。三层平座出檐亦然。

二层南面有圆券门，东南及西南有平券门。三层南面亦有圆券门。三层以上，明初拆去，改建六角形五层小佛砖之塔尖，而冠以宝顶，虽非当年原状，而塔之雄姿固未尝少杀也。

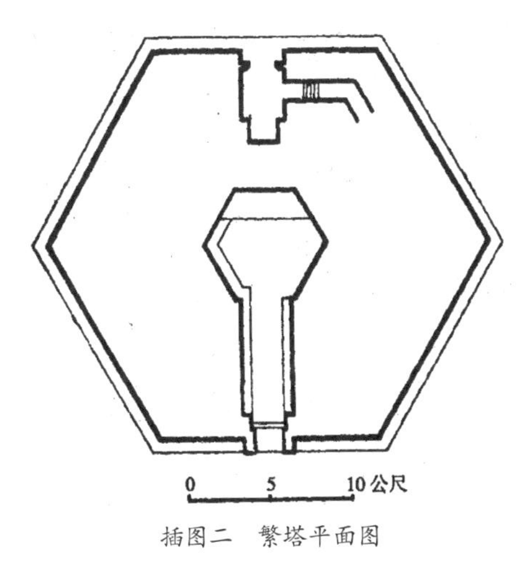

插图二　繁塔平面图

图版五

甲　开封繁塔全景

乙　繁塔第一层入口

图版六

甲　开封繁塔砖饰（其一）

乙　开封繁塔砖饰（其二）

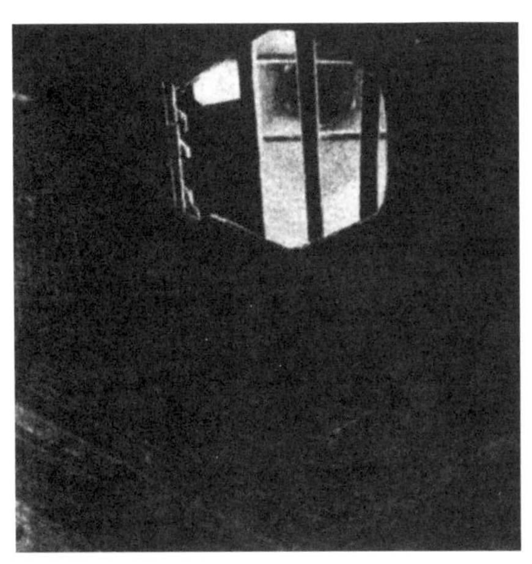
丙　同第一层室内仰视

开封相国寺

相国寺在宋门内马道街迤西，即宋之大相国寺遗址也。北齐天宝六年创建，名曰建国寺。唐为郑审宅园，睿宗景云二年（公元七一一）改为相国寺。宋至道二年（公元九九六）敕建三门，制楼于其上，赐额曰大相国寺。金章宗，元世祖，相继修葺。明成化二十年更赐名崇法寺。嘉靖三十三年，万历三十五年重修。明季河水圮。清顺治十六年巡抚贾汉复重修，仍名大相国寺。乾隆三十一年巡抚阿思哈重修。道光二十七年，同治八年，屡经重修。据各书所载，寺内楼台殿阁僧舍花园甚为富丽，常茂徕相国寺纪略谓此寺旧址周围五顷四十亩，盖在咸丰以前，犹存相当规模，民国破除迷信，佛像多遭摧毁，至为可惜。

寺现辟为市民商场，山门前，有出檐甚巨之四柱三楼牌楼一座。入山门，东西为钟鼓楼。佛殿多用如意斗栱，翼角飞檐亦升起甚高，工匠作风兼乎南北，岂中州南北接壤，地理使然欤。佛殿之北，有八角罗汉堂，中央院内，矗立八角重檐高亭一座，内供四面千手巨佛，屋瓦皆黄绿琉璃。再北为藏经楼，惟各建筑物均甚粗草，恐皆清代构筑者也。

开封龙亭及其他

龙亭（图版七）在午朝门之北里许。南临潘杨二湖，俗传为宋大内故址。大门内概为新建筑物。入黄琉璃顶之圆券门，拾级而登，经元宝顶之正堂，其后紧接崇阶数十级，中铺云龙阶石（图版八甲），石分数块，手法工细不同，显系新旧掺杂。两傍栏板望柱（图版八乙）亦式样各异，其中或有明代遗物。台巅建重檐歇山带升斗黄琉璃瓦大厦，虽系清代工程，而作法则兼乎南北，如普拍枋之宽与阑额之窄是也。殿内中央，陈雕龙石座一方，亦清代作品（图版八丙）。平台东西，均有台阶曲折下降，自远望之，复叠峻层，极为壮丽。案明季周藩之府，本宋宫阙旧基，然如梦录谓周藩宫后有煤山。府志亦云“龙亭山一名煤山，明太祖封周藩于开封，筑土山于王宫后，建亭阁，列花石，为游观所，清康熙三十一年建万寿宫于其上。”按此则龙亭即当日之煤山无疑矣。

鼓楼亦开封名胜之一，在相国寺之东北。刻因马路增高，门洞日低，由东北角可登台上。鼓楼系重檐歇山，结构式样，纯属清式，但其阑额与普拍枋（图版九乙），则又与正定之阳和楼相仿。此楼东西向，西额曰“声振天中”，东额曰“无远弗届”，皆康熙二十八年阎兴邦立，惟屋脊刻增建洋式钟楼，大好建筑物遂成不伦不类之状矣（图版九甲）。台之西南角有大钟一座，乃明正德二年所铸。

山陕馆道光七年重修，规模颇宏丽。临街照壁，左右各建一牌楼门，牌楼结构，一仍开封普通惯例，出檐甚巨（图版九丙）。院内又有六柱五楼牌楼一座，结构颇奇

图版七

甲 开封龙亭远景

乙 龙亭

图版八

甲 开封龙亭石壁

乙 开封龙亭石阑

丙 开封龙亭蟠龙座

图版九

甲　开封鼓楼

乙　鼓楼详部

丙　开封山陕馆照壁及牌楼

特；其正面只见三间，盖两傍二楼，均分向前后折四十五度也（图版十甲）。每端二柱，在柱头科之间，又以雕枋攀拉，使成三角形。明间二柱各用抱鼓石三块，使牌楼构造，更形坚固。每柱之上，均用交叉枋，交叉枋头饰以垂莲吊柱，式样益觉玲珑（图版十丙），盖与汤阴岳庙之牌楼，及刘士能先生在沁阳县城隍庙所见之牌楼，属于同系统之内也。

河南博物馆以新郑出土之大批古铜器，蜚声海内，而所藏隋开皇二年石刻佛龛，尤与建筑史有关。石分上中下三段，乃近岁河岸崩溃而出土者。下段为新配之雕龙石座，无足称道。石刻正面高一·七一公尺，下部宽〇·七三公尺；侧面上部宽〇·五九五公尺，下部宽〇·六二公尺，成为上小下大之立体形（插图三）。每面分上中下三段，镌刻佛像，四面共十二段。各面边框俱刻铭文，后面左边刻“开皇二年十一月十四日大都

插图三　汴郑建筑游览记录

图版十

甲　开封山陕馆牌楼

乙　山陕馆钟楼

丙　山陕馆牌楼详部

四面十二堪像”数字。最重要者，此石刻之顶，覆以歇山式屋顶，而正脊两端所雕鸱尾，尤为国内最古最罕见之实例，不但形制与唐大雁塔雕刻一致，自侧面观之，其两侧之鳍凸起，亦与蓟县独乐寺山门之鸱尾符合，足证此项石刻，纯属写实之作也（插图三）。其垂脊戗脊，俱带握角线。垂脊下端作齐断形，而戗脊下端，更有向上微翘之筒瓦两重，与河北定兴石柱村北齐石柱相似。瓦当无雕饰，在切断面上，与连檐同在一平面上。两山亦平整无雕饰。各段佛像之上，或饰以尖栱，如佛龛形状，而龛额所刻飞仙，衣带飘扬，最为生动。或代以枝柯交纽之树，形制线条，均存汉石刻余意。龛中佛像衣纹，简单古朴；狮子数种，或立或卧，尤为传神阿睹。各龛原皆贴金，细视之，凹处仍见金迹。正面下层又雕有建筑物二处，居中者似门，左右各刻一狮：左角者为四阿顶，带有鸱尾，柱上施栌斗，亦与北齐石柱类似。又正面上层尖栱中央，琢墓塔一座，塔身正方形，而以隅角向外，上为 Acroterion 及覆钵相轮，俱与北魏以来诸例，悉皆吻合。

郑州开元寺塔及经幢

郑州开元寺塔在东门内，乾隆郑州志谓“建于唐玄宗开元元年，头门内唐建舍利塔一座。”又古迹志谓“舍利塔在开元寺，高十余丈，唐时建。”郑地屡遭兵燹，碑碣无存，惟塔之西面门洞内，有光绪十一年修葺古塔记碑一座，原文如次。

郑治开元寺有古塔焉，失修者几易代矣。岁癸酉，武林张公讳暄字春庭牧兹土，顾而愀焉曰：是塔也，古之遗也，郑之镇也，其废其兴，不得谓与一州气运无关，都人士盍念诸，其各出资为修补计。佥曰，愿为公助。于是刻日兴作，不数日而址基完固，咸拟藏事后泐石记之。未几张公移任去，事遂寝。今以泐城工记事碑语及此，恐斯举之历久遂湮也，迺誌其崖略如此。

光绪拾壹年岁次乙酉荷月中浣　谷旦。

塔为八角十三层，现仅余十一层（图版十一）。头层周围有宽约一・二一公尺之砖基。塔身简洁无柱饰。每层出檐与平座均以砖砌，年久失修，为风雨浸蚀，惟六七八九数层尚略可辨识；即出檐作法，以砖向外叠砌如西安之大雁塔，而平座间，隐约若有莲瓣形。头层东西南北四面均辟有圆券门洞，宽约一・九五公尺。惟下层现状，显经光绪九年修葺；其东西北三门由内面用砖砌平，外露门洞一・七七公尺厚，仅留南门以通内部八角小室（插图四）。北面砌砖，近被拆毁一部，亦可内外相通。塔之内部，据当地父老所述，每层均有木版与楼梯，洪杨之乱，悉付一炬，刻塔顶亦已倾圮，由头层仰见，可见苍穹。

塔之西北不数武，有开元寺仅余之经幢焉。幢上下计分九段（图版十二甲）。下部须弥座束腰部分，八面俱刻小兽，跳跃形态，活泼可爱。覆莲以上，有蹲兽八只，承托仰莲。花瓣之间凸出花蕊（图版十二丙），与开封祐国寺接引铜像之莲座相似。此上为八角石柱，刻佛顶尊胜陀罗尼经，即幢身也。伞罩各面，俱雕飞仙璎珞，每遇转角，饰以兽面，口衔璎珞之带，伞上莲瓣亦有花蕊。由此以上，又为八角石柱，东

图版十一

插图四　郑州开元寺塔平面图

甲　郑州开元寺塔全景

乙　郑州开元寺塔详部

图版十二

甲　郑州开元寺经幢

乙　开元寺经幢详部（其一）

丙　开元寺经幢详部（其二）

西南北四面各镌佛龛（图版十二乙）；龛侧铭文，有晚唐中和五年（公元八八五）六月十日造，及后唐天成五年（公元九三〇）五月九日至十八日重建等字，犹可隐约辨析。幢顶亦八角形（图版十二乙）；檐下转角铺作用简单华栱，跳出甚远，承托撩檐枋。但年久剥蚀，形体欠整。椽子双重，俱平行排列而无翼角斜椽，与北齐石柱屋顶作法相仿。屋面八注垂脊皆双曲线，下端模糊，未易辨认。宝顶作药葫芦形。

郑州文庙及城隍庙

乾隆郑州志谓文庙在州治东，逼近东城，汉平帝永平年间建。元季兵毁，明洪武三年重建。正统天顺成化正德嘉靖及清顺治六年重修。大成殿七楹，东西两庑二十楹，启圣祠明伦堂敬一亭尊经阁，依制齐备。惜大成殿毁于光绪二十三年火灾。刻仅存正殿三楹，黄绿琉璃瓦顶，屋脊吻兽，备极华丽（图版十三甲）。檐下用五彩升斗，机枋直承椽望，而无挑檐桁。角科机枋上皮升起甚高，一如大同善化寺三圣殿转角铺作之撩檐枋与生头木，而饰以要头数层，颇富丽美观（图版十三乙）；然此法在郑地颇为普遍，固不止此一处也。文庙存碑尚多。泮池之南，尚有五彩琉璃照壁，最为玲珑悦目。

图版十三

甲　郑州城隍庙大殿

乙　城隍庙大殿角科

图版十四

甲　郑州城隍庙戏楼

乙　郑州礼拜寺

城隍灵佑庙在文庙之北，志称明洪武二年敕灵佑侯，有御制碑文。弘治嘉靖隆庆及清康熙乾隆光绪诸代，屡经重修。民国以来，尚余相当规模，刻改为职业学校。大门升斗后尾，俱平插垂莲吊柱一排，而不似镏金斗之向上挑。垂柱互以枋子相连，而柱子之上端，直承金檩。正殿三楹歇山黄琉璃瓦顶。斗栱用五彩，亦仅以机枋承椽望，而无挑檐桁。转角处，机枋上皮加生头木，一若古式。椽飞俱方形。飞椽无卷杀。连檐封护，与南式相仿。门窗装修，均经近时修改，无可称述。惟殿南遥对戏楼一座（图版十四甲），楼二层，中央歇山顶特高，其下腰檐一层，如北平城垣箭楼之庑座而两侧复翼以挟屋，屋脊参差配合，颇有匠心独到之处。

郑县礼拜寺于歇山殿之后，附以元宝顶之屋，其后复有四角攒尖建筑。虽年代较晚，而配列方法，殊为奇特（图版十四乙）。

汴郑中州重地，历代遗迹不可胜数，惜河患频仍，兵燹相继，凡见诸典籍记载与艺文颂咏者，多已荡然无存。游览斯境，能不感慨系之。惟望政府励行保存古物之旨，将此硕果仅存之古建筑，速予修缮，不惟史迹名胜，垂诸永远，其足以启发国民爱国之思，与审美观念者，抑尤为重大也。

参考书

《汴京遗迹志》
《宋东京考》
《东京梦华录》
《如梦录》
《光绪祥符县志》
《乾隆郑州志》
《民国郑县志》
《龙非了先生开封之铁塔》

中国第一座跳伞塔*

航空术在二十世纪之今日，已成为民族争取生存之必备条件，此乃毫无疑问之事实。而滑翔与跳伞运动，实系研习航空术之基础。我国为适应环境，正在积极推动，几经筹备，得有此中国第一座跳伞塔巍然耸立于陪都，行见普及各地，广育空中健儿，当以此为发轫也！

为使各界人士增加跳伞运动之浓厚兴趣，及明了此项建筑之设计大概情形，兹特略事介绍如下：

设计之初，首感困难者，厥为参考资料之缺乏，极力搜罗国外专著及杂志等，所获虽云不鲜，缘以环境及物质之不同，不得不体察实际情形，加以变更，是故不论在材料及技术上均须逐一详加研究，以期适合。并将此各方殷望之时代切要建筑早日付诸实现，疏漏之处，伫候各方多予指正。

塔身高度与用料，以事属创举，备作初步练习，颇费周章。太高则恐初学者望而生畏，沮其锐气，故决定采用国外之中级高度，计自地平面至塔尖为四十公尺，至铁臂底为三十五公尺，至跳台为二十五公尺。塔身平面下部直径为三点三五公尺，上部则为一点五二公尺，成立体圆锥形，外观颇能表现挺秀而坚强之气概。用料方面，本拟木制，或钢筋混凝土，二者择一，继经比较，木制者虽可稍省建筑费用，以所占面积颇大，空中目标尤觉显著，管理及修缮，用费浩繁，亦不耐久，且观瞻方面亦有琐碎零乱之感。故最后决定采用钢筋混凝土，至是则设计图样已经数度之更改矣。

塔顶挂伞铁臂装设三只，成正三角形、可向三个不同方向降落，以便无论任何风向，均可择其最利者面使用之、决不致影响经常之练习也。塔身内部设有宽度舒适之螺旋式转梯，直达塔顶跳台，以其位于塔身内部，既少风雨之剥蚀、且可预防各项意外危险。至于塔内之采光，除内部粉刷白色，使之具有反光性外，并于塔身开凿光洞，为避免扰乱跳伞人之视线起见，尽量将光洞缩小，以塔身内部之光线，足敷应用为度，其他如各

---

* 原载：1942年6月《中国滑翔》第二期34页，该文最早发表在1942年4月4日《大公报》第三版，标题为《我是怎样设计陪都跳伞塔》。

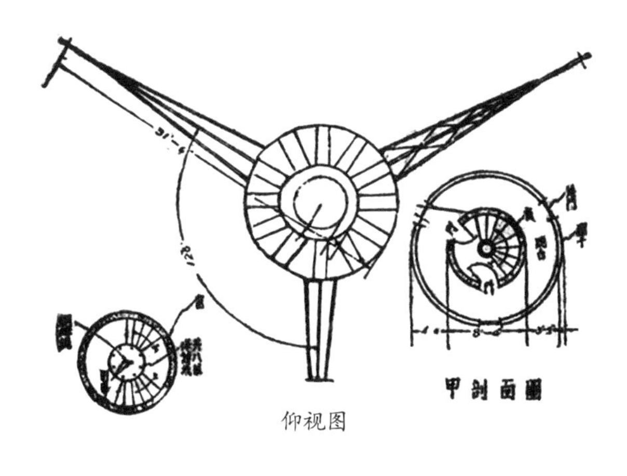

仰视图

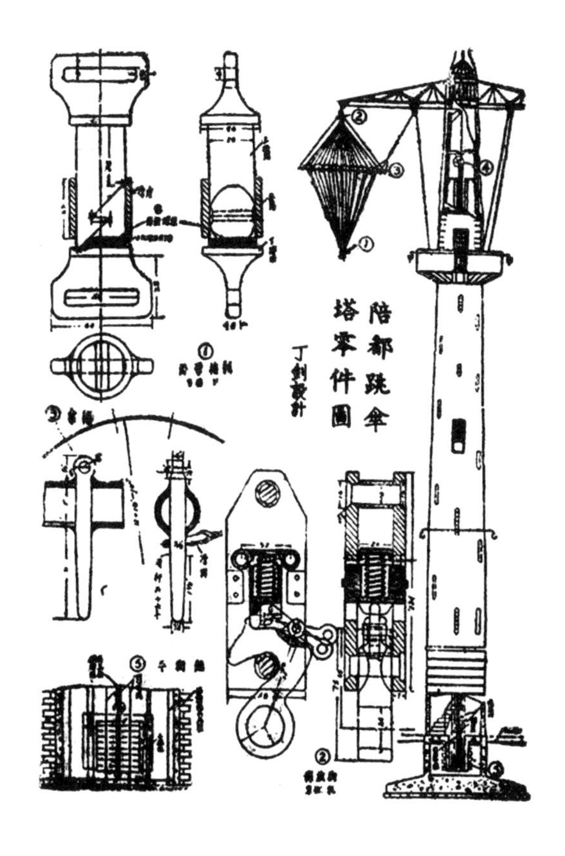

注：插图发表在 1942 年 8 月《中国滑翔》第三期，39–40 页《陪都跳伞塔零件图》（丁剑设计）。

种必要机械装置外，夜航灯、避雷针等安全设备，应有尽有，塔身外面即利用混凝土之本色，不加粉饰，借作防空之保护色。

自跳台乘伞降落，在空气密度正常时，约四至五秒，即可抵达地面。塔下地面满铺适当厚度之细砂，借以减少着地时之震动。此外在距离地面一五点五公尺塔身处，留有跳台口一处，备作不敢自二十五公尺降落者之用。以上所叙，乃设计之大概经过也。

国际建筑师协会第四届大会情况报道*

——中国建筑学会代表团团长杨廷宝

一、国际建筑师协会简史

国际建筑师协会是1948年在瑞士洛桑成立的。是年6月在洛桑举行了第一届大会，1951年在摩洛哥的拉巴特举行了第二届大会，1953年9月在葡萄牙的里斯本举行了第三届大会，1955年7月在荷兰的海牙举行了第四届大会，而第五届大会已经决定于1957年在苏联的莫斯科举行。

西欧国家中建筑师协会这类组织开始于19世纪的上半叶，大都以提高建筑技术和艺术为标榜的目的。例如成立于1837年的英国皇家建筑师学会的宗旨就是标明：为获得更多的技术和艺术的知识，改进居住条件，改进城乡规划和与国外建筑师交流经验。

1864年法国成立了国际建筑师的组织，初称国际建筑师委员会（CIA），后改称CPIA，有29个国家参加。第一次世界大战以后，又成立了国际建筑师会议（RIA），都是会议性质，没有常设机关。后来勒·柯布西耶（Le Corbusier）等组织了国际近代学派建筑师会议（CIAM）。第二次世界大战中，各国建筑师往来关系中断，战后CPIA和RIA两个组织从1946到1948年在伦敦、布鲁塞尔、鹿特丹和巴黎举行了一系列的筹备会，制定了新的组织纲领，到1948年6月就在洛桑成立了国际建筑师协会。简称UIA。CIAM没有加入。

国际建筑师协会的宗旨可以从该会会章的序言中看出，序言说："国际建筑师协会的任务是：通过组织各国的建筑师，不分国家、种族、技术培养和建筑理论的派别，在一起自由接触，使彼此建立友谊关系，互相了解，互相尊重，交流经验；并通过建筑师们的不同看法，来互相丰富自己的知识。如此就可以经过被毁城市和乡村的重建、

* 原载：1955年2月《建筑学报》

贫民窟的消灭、落后地区公用设施的建设和提高住宅标准等工作，来提高人民的生活条件，从而进一步满足人民的精神和物质上的要求。”当然，从我们看来，这个任务的完成，单靠建筑师研究和交流技术经验是达不到目的的；但是，建筑师的这种愿望是可贵的，这种努力也是有价值的；通过建筑的实践，建筑师会慢慢地得出正确的结论。第四届大会中已经看得出一些萌芽了。

国际建筑师协会成立之始，基本上还是一个以西欧国家建筑师为主的组织，但从1952年苏联、波兰、捷克斯洛伐克等国参加了以后，才真正开始具有国际性；今年第四届大会中又有了亚洲三个国家——中华人民共和国、朝鲜民主主义人民共和国和日本参加，会务日益发展，国际建筑师大团结的性质就更明确了。

国际建筑师协会第三届大会以后的执行委员会由下列人员组成：

主席一人	祖米（瑞士）	Jean Tschumi
副主席三人	瓦尔克尔（美）	Ralph Walker
	莫尔德维诺夫（苏）	Arkadi Mordvinov
	西阿士（意）	Giovanni Battista Ceas
秘书长一人	瓦哥（法）	Pierre Vago
财务一人	凡·贺甫（比）	Wiily Van Hove
执行委员八人	凡·登·勃洛克（荷）	J.H.Van den Broek
	郎开尔德（丹）	Hans Erling Laugkide
	勒勃莱（法）	Rohert Lebret
	马休（英）	Robert H.Mattew
	明德林（巴西）	Henrique Mindlin
	瓦斯奎兹（墨）	Pedro Ramirez Vasquez
	拉穆斯（葡）	Carlos Ramos
	锡尔库斯（波）	Helena Syrkus

中国建筑学会一成立，国际建筑师协会就从新华社的英文通讯稿中知道了，一方面在会刊上发布了消息，一方面来函联系要我们参加。去年我们提出了入会申请，经该会执行委员会全体通过，交本届大会正式通过。中国建筑学会派遣了杨廷宝（团长）、汪季琦（副团长）、贾震、沈勃、徐中、华揽洪、戴念慈、吴良镛八人的代表团前往参加了第四届大会。

二、第四届大会的情况和成就

国际建筑师协会第四届大会是在海牙有名的海滨游览区希黑甫宁根举行的。7月11日大会开幕，开幕典礼在海牙市中心的骑士大厅（13世纪的古建筑，见图1）举行，荷兰建设及居住建筑部部长、海牙市市长出席致辞。此后的大会小会都在希黑甫宁根的库尔豪斯旅馆举行。参加大会的共41国，代表近700人，连同各国建筑系大学生，代表的眷属和荷兰的工作人员，为数共1 000人。会议分三种：（1）国际建筑师协会的执行委员会；（2）国际建筑师协会的代表大会；（3）全体大会及分组讨论会。大会并附有约20个国家的建筑图片展览会。

代表大会通过了中国、朝鲜民主主义人民共和国、日本、西班牙、匈牙利、罗马尼亚六国为会员国，另外同意了东德、西德统一为一个德国会员国。代表大会鉴于国际建筑师协会日益发展，世界上参加的国家早已不限于西欧美国，这次就修改了会章，按照地理划分为4个区域，即西欧西非区，东欧近东区，南北美洲区和亚洲澳洲区。副主席名额由3名改为每区一名共4名，执行委员名额由8名增至14名。改选结果：副主席一人美国瓦尔克尔到期应予改选，结果连选连任；执行委员除荷兰、波兰和葡萄牙未到期不改选外，其余到期改选和增加执委名额应行选举的共11名，结果当选者为智利、中国、

图1　海牙骑士大厅

古巴、埃及、法国、日本、墨西哥、斯堪的纳维亚国家、英国、捷克和南斯拉夫。亚澳区原应加选一位副主席，因为目前亚澳两洲只有三个国家新近通过，都还不熟悉协会的工作，所以暂时保留，本届没有选出。代表大会并通过了1957年第五届大会在莫斯科举行，主要议题为“建筑师在城市建设中的作用”。

全体大会主要内容为讨论“1945到1955年的居住建筑”。事前国际建筑师协会曾通知各会员国预先选送书面报告，由大会指定专人根据这些报告做综合报告，然后分组讨论，最后作出决议。计：

“1945到1955年的居住建筑”的报告人：

1. 总纲：荷兰　凡·安布登　Van Embden
2. 个别设计：法国　锡尔万　M.Sirvin
3. 标准设计：波兰　锡尔库斯　H.Syrkus
4. 设备：德国　硕斯伯尔格尔　H.Schoszberger
5. 生产（施工）：比国　凡·居斯克　Van Kuyck

此外还有两个副题，都是上届大会中讨论过的，这次指定专人做报告，分组再讨论，最后也作了决议。那就是：

1. 关于建筑师的培养　瑞士　邓开尔　Dunkel
2. 建筑师的社会地位　荷兰　凡·登·司徒尔　Van den Steur

全体大会在7月16日闭幕前曾由瑞典的奥尔逊（W.Olsson)提议由英国的阿伯尔克隆比（P.Abercrombie)附议而提出的关于拥护以和平方式解决任何问题、反对军事性的破坏的决议草案，经大会热烈鼓掌一致通过，并决定把这项决议送交各国政府。

大会全程是在团结、融洽、热烈的气氛中进行的。虽然有少数人曾经想把大会限于单纯技术性的讨论，还有个别的人企图反对朝鲜民主主义人民共和国的入会，但是这些保守意见一经露头，就被有正义感的一些老建筑师严正地驳斥，获得全场极为热烈的拥护与支持。国际上有名望的瑞典老建筑师奥尔逊大声疾呼反对战争说：“应该告诉即将在日内瓦举行会谈的四国政府首脑：至少在世界上有一行职业，已经有了不分种族、政治制度、学术派别而能通过国际性组织团结为一体的经验。”美洲某国一位代表说：“我们国家军费太大了，与国的大小是不相称的，假如拿其中的一部分经费来建设住宅，人民居住问题可以大大地改善了。”朝鲜民主主义人民共和国的通过，美国建筑师也举了手和鼓掌欢迎；东西德合并为一个单位来参加国际建筑师协会，是有重要意义的，也受到大会上的热烈欢迎，一位德国的建筑师对我们说：“这件事对于德国的统一运动会发生良好的影响。”第五届大会在莫斯科召开的决议全场一致通过后，反应也是非常热烈；由于有一些国家的反动政府对于到过苏联和人民民主国家的人民时常加以迫害，所以通过到莫斯科开第五届大会这件事，对于某些国家的建筑师说来，是表示了很大的勇气与决心的。所以大会主席凡·登·布洛克在通过这个决议之后致辞说：“到莫斯科去开会我原来也是有顾虑的，但现在我不顾虑了，希望大家打破顾虑，届时踊跃去参加；我只希望我的护照上盖过苏联签证图章以后，别的国家不要因此而拒绝我入境。”他说过这话以后，特别去和美国代表去握手，引起全场的活跃的笑声。

波兰代表锡尔库斯在全体大会上关于标准设计的报告，内容充实、措辞诚恳，最后指出协会所代表的世界八万名建筑师是八万名和平建筑的拥护者，而千百万居住在我们所设计和建造的住宅中的广大人民会支持我们的呼声，国际建筑师协会从成立的第一天起就为建立各国人民之间的友谊而进行的斗争和我们反对破坏拥护建设的斗争，一定会取得胜利。这些话深深感动了全体建筑师，全场长时间的鼓掌，最后一致起立，向她致敬，成为大会的高潮。

总之，建筑师在工作实践中，必然会觉悟到战争破坏和建设事业不能相容，单纯依靠技术不问政治是达不到建筑师所标榜的崇高目的的。正由于全世界建筑师觉悟的提高，表现出绝大多数代表的团结融洽，而且对于个别保守的建筑师也采取不断地争取团结的态度，大会全程在进步思想和落后保守思想的斗争中获得了成就。

由于是刚才加入国际建筑师协会，第一次出席这一类的大会，中国建筑学会代表团是抱了熟悉情况取得经验的宗旨去的，因此没有准备参加住宅建筑的展览会，也不急于争取在大会上发言，仅在一个小组讨论中简略介绍了中国建筑教学情况。我们着重地在会外广泛地和所有各国的代表进行接触，交朋友，实事求是地介绍了我国建设情况和中国人民要求和平的愿望。我们发现大多数的建筑师对新中国是热情的，愿意了解和接近，青年们尤其表示热情和向往；但也还有一些人表现出对于新中国缺乏知识。经过接触和介绍情况，加强了联系，建立了友谊，不少的建筑师表示希望有机会到中国来参观和访问。

三、在荷兰参观中的见闻和体会

大会举办了约有 20 个国家参加、以住宅建筑为主的图片展览会。展览会说明了各国在住宅建筑上的成就，同时也能反映出国民经济的一般情况。例如在苏联部分，展出了吊车林立的伟大的建筑场地，大型预制构件的制造工厂和大型构件设计与施工情况的照片，显示出社会主义国家在提高人民生活上的雄厚力量与先进技术。而某些国家就不同了，近东某国的展出中除了一些 1、2 层为数不多的住宅外，规模较大的住宅建筑都是些设计图样，一张实物照片也没有。还有些国家，干脆全部是设计草图。

在住宅的总体布置上，资本主义国家设计采取邻里单位的制度，苏联和人民民主国家设计采取大街坊制度（图 2 ～图 5）。

邻里单位制是把住宅区分成若干居住邻里单位，每个邻里单位的周围是交通马路，主要建筑物集中在邻里中心，商店一般不和住宅造在一起，另成一个商店中心。零星的、次要的低层建筑物临周围交通马路，有时把房屋的山墙丁头对准马路。大街坊制是把主要的、规模较大的建筑物布置在沿街道的地方，注意了街道两侧建筑对城市的效果，街坊内部布置绿化和一些福利建筑，商店往往在临街住宅的底层。我们感觉这两者主要不同点在于后者是把城市作为一个整体来考虑的，每一街坊是城市组成的有机部分，

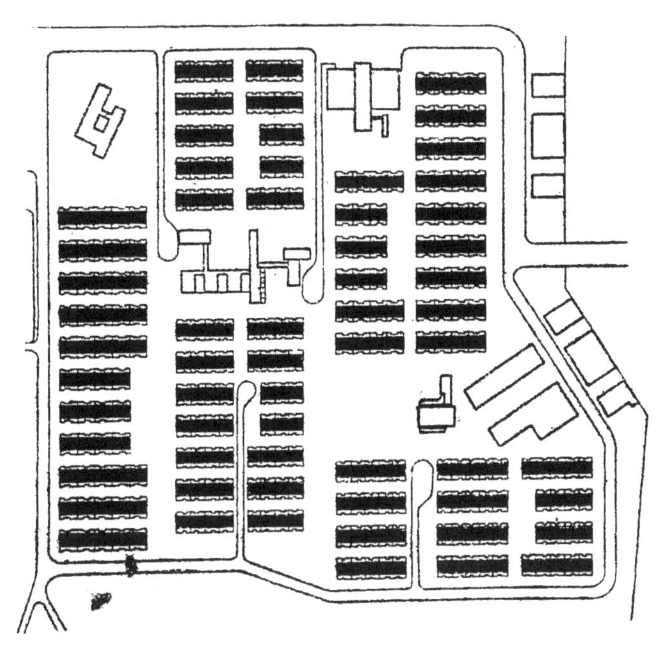

图 2　巴西圣约西市某纱厂工人住宅区平面布置图

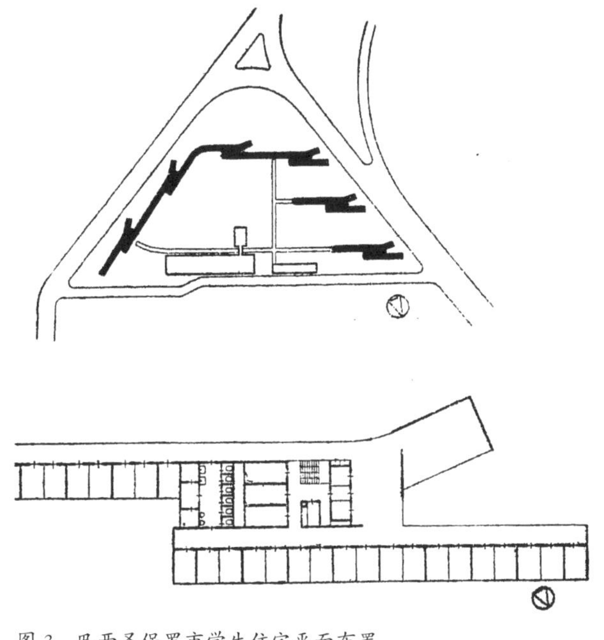

图 3　巴西圣保罗市学生住宅平面布置

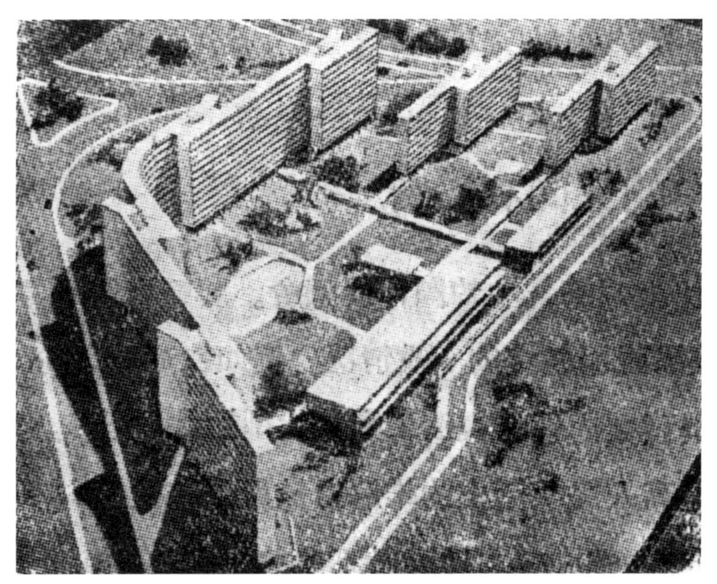

图 4　同图三的鸟瞰图

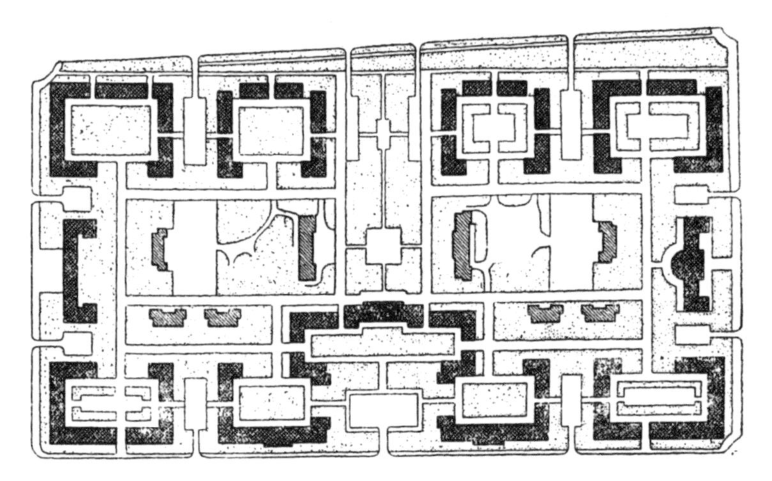

图 5　苏联某住宅街坊布置图

而前者则和整个城市没有关系，这正是社会制度不同的反映。

展览会上住宅个体平面的形式，除了个别的单幢住宅外，大致可分四种，故名之为（1）内楼梯式——每单元以楼梯（高层的有电梯）为中心，围绕楼梯每层安排两户至四户的住家。我们现在的设计往往采用这一种形式。（2）敞廊式——每层由外面的统长敞廊通向各户，这样楼梯数目可以减少，敞廊除柱子栏杆外，不做墙壁窗户。也有两层设一个敞廊的，这样可以避免公共敞廊吵扰卧室的安静，但每层增加了自用楼

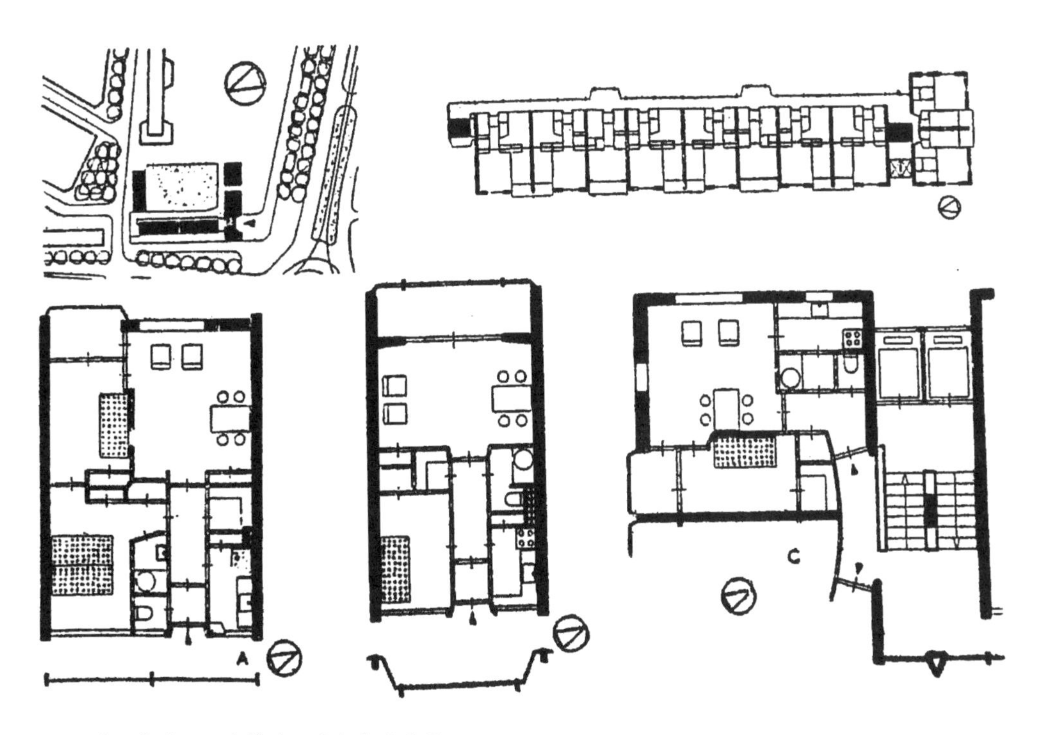

图 6　荷兰鹿特丹须德普兰公寓主要平面图

梯的设备（图 6）。（3）塔式——每幢房屋以一个楼梯和电梯为中心的垂直交通，围绕垂直交通每层布置两户到四户住家，由于层数多而每层面积小，外观上形成瘦而高的形式。因为四面临空，采光通风较好，在私有土地制度下，地价昂贵，在小块土地上解决多量住宅的要求不得不如此。这种形式，外墙面积多，体形瘦长，不可能是很经济的一种形式（图 7）。（4）里弄式——一般是两层或两层上加屋顶层，长排的房屋分成若干段，每段一户，一般一层是客室厨房，二层以上是卧室，每户自有楼梯。这种形式与解放前上海汉口等“弄堂房子”基本上一样（图 8）。

因为各国技术经济指标很不统一，难于具体地分析比较，以确定上述四型的可用条件或可用程度，但这是值得研究的（此次大会对如何统一技术经济指标问题曾经提到过）。

建筑形式上明显地看出两条路线，苏联和人民民主国家重视吸收民族的优良传统，而资本主义各国把建筑看作纯粹技术问题，完全否定民族传统文化对建筑起着一定的作用。苏联展出的图片中，在工厂化规格化的条件下，仍然注意到建筑的民族风格；而土耳其、阿尔及利亚、希腊的建筑和英、法、美等国的建筑看不出有什么不同。

我们在荷兰曾由大会组织到鹿特丹、海牙、阿姆斯特丹、代尔夫特、黑尔浮逊姆等城市旅行，参观了须德海的水利工程和一个钢筋混凝土预制构件工厂。

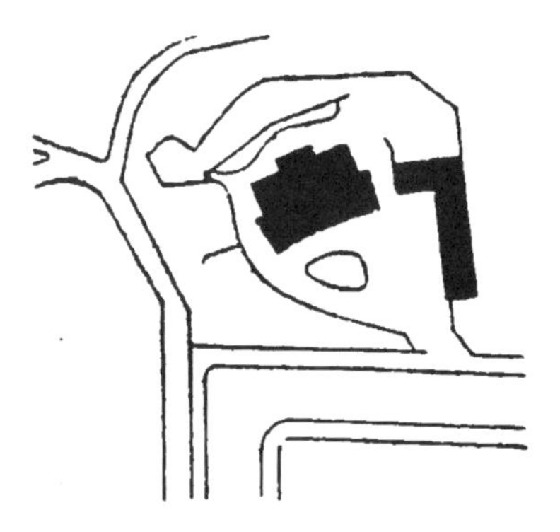

图 7　a. 总平面图

图 7　c. 塔式公寓

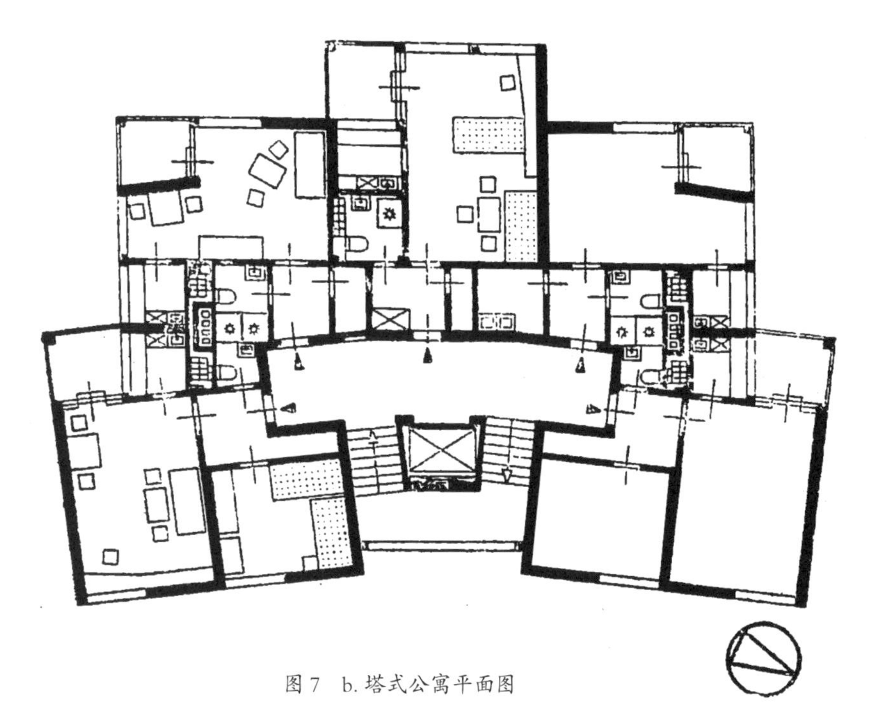

图 7　b. 塔式公寓平面图

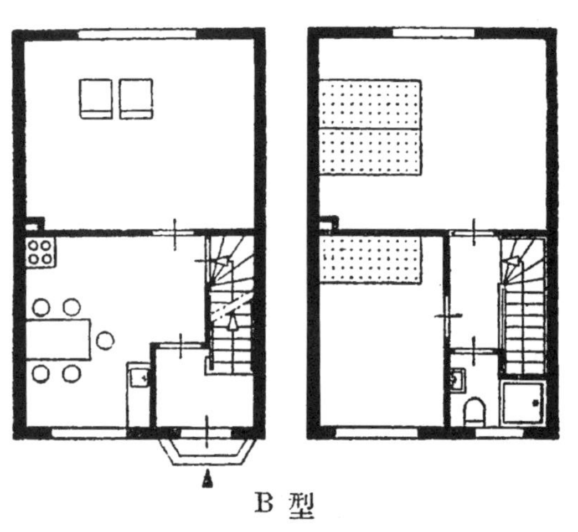

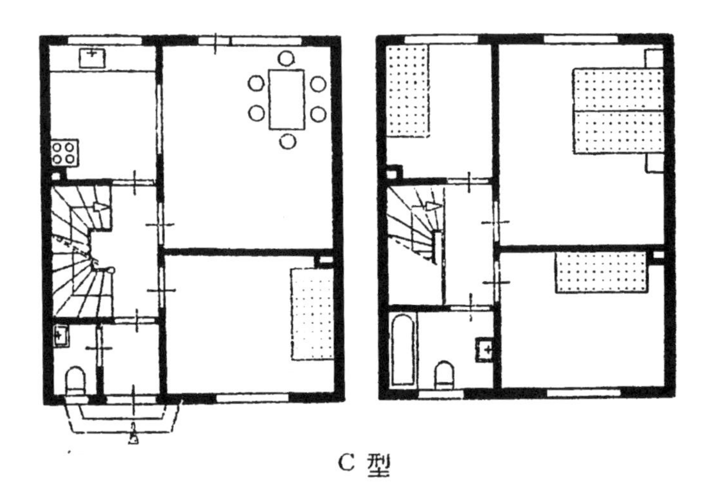

图 8　西德瑞克林豪生市 655 户住宅平面图 B 型及 C 型

图 10　鹿特丹新建市场（凡・登・布洛克设计）

图 9　鹿特丹市为抗议战争的残暴行为而建立的纪念像（在中心区）

我们觉得荷兰人民恢复战争创伤的努力是值得称道的，其中鹿特丹的重建尤其具有代表性。在 1940 年 5 月 14 日，希特勒匪帮的空军突然袭击，40 分钟内就把鹿特丹的市中心区毁灭了，被毁的共有 11 000 所房子，其中包括 24 978 户住宅、2 393 个商店、1 483 所办公楼、1 212 个工厂和作坊、675 座仓库、526 个饭店和公共建筑、256 个栈房、184 个车库、69 所学校、26 座旅馆、21 座教堂、12 个电影院、6 座大礼堂、4 所医院、4 个火车站、2 个大戏院和 2 个博物馆。40 分钟的轰炸，除死伤外，78 000 人失掉了他们的家。1944 年秋，德国占领军撤退之前，又有计划地破坏了三分之一长度约 7 000 公尺的海港码头和 40% 的港口设备。战后，鹿特丹的人民着手恢复他们的城市，1949 年冬整个港口基本上恢复了正常。今天，港口设备更加扩充，成为世界上第三大港了。市中心也大部分恢复起来，而且经过有计划的规划工作，在这区域不再有工厂，除小作坊外，工厂都建设在工业区，居住人口也限制在 10000 户以内，使空地面积从 44.5% 增加到 69.4%（图 9、图 10）。

在鹿特丹参观了“建筑中心”馆（Bou Wcentrum）（图 11 ～图 15）。在馆内经常陈列各种新型建筑材料新的构造方法和建筑设备，不仅是荷兰的，也有西欧其他国家的建筑材料。资本主义的做法当然离不开做生意，因此你看中的材料在该馆就可以代为订货。但把新型材料和设备公开展览，对建筑师设计工作上还是有好处的。此外“建筑中心”馆还编辑出版一些建筑资料，如本届大会各国有关住宅的报告就由该馆编辑出版，这也是很有用的工作。“建筑中心”馆本身的建筑是属于摩登学派的，体形看起来像一座机器，其平面布置图有些可以参考的地方，房屋中展览面积占 44.5%，办公

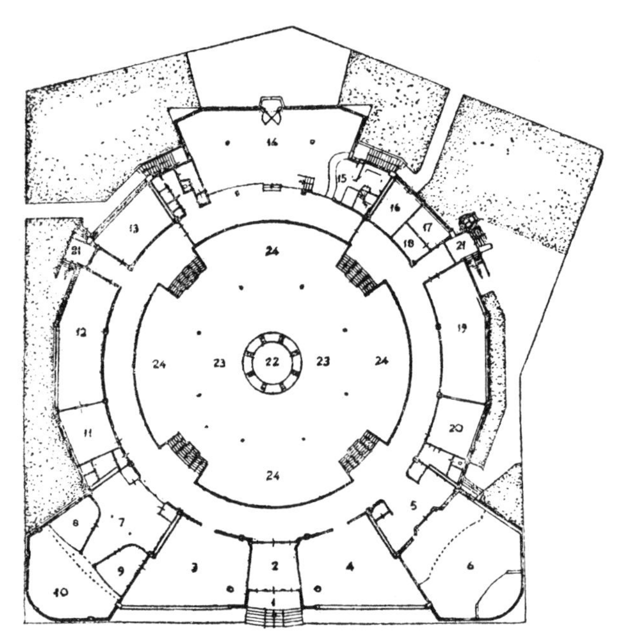

图 11　鹿特丹建筑中心馆底层平面图

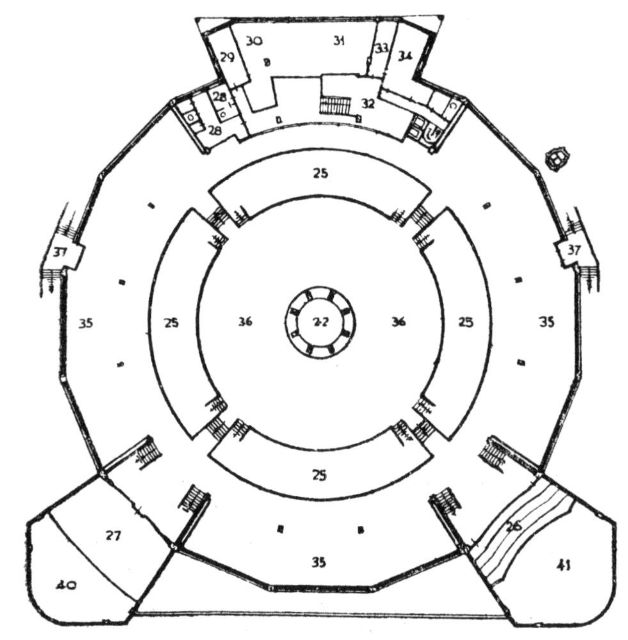

图 12　二层平面图

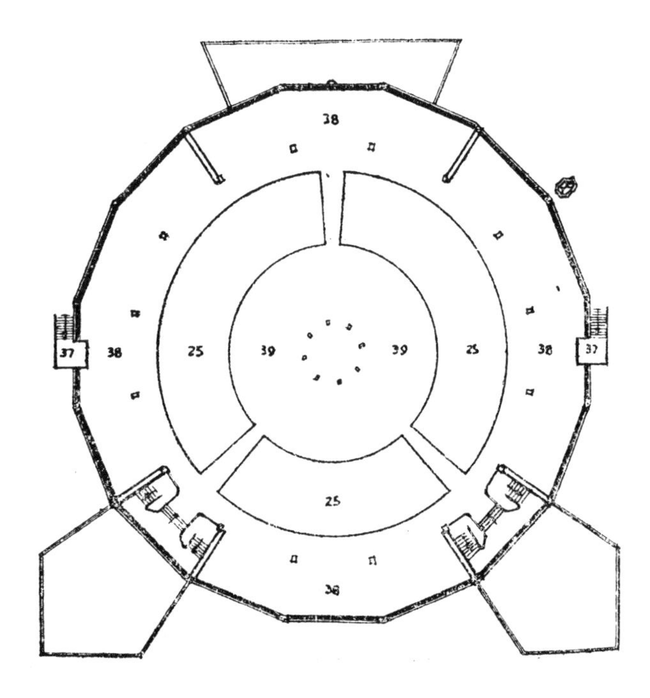

图 13　三层平面图

图 11 ～图 13 平面图图例说明：

1. 入口
2. 门厅
3. 经理室
4. 文印室
5. 衣帽间
6. 讲堂
7. 商业文件室
8. 图书管理员室
9. 接待室
10. 图书室
11. 计划室
12. 设计绘图室
13. 售货及广告室
14. 餐厅
15. 酒吧
16. 变电室
17. 电话接线生室
18. 电话总机室
19. 工作室
20. 图书管理室
21. 服务处入口
22. 问讯处
23. 建筑材料样品陈列处
24. 研究机构成果展览处
25. 天窗
26. 讲堂楼座
27. 董事室
28. 餐厅服务人员更衣室
29. 用餐间
30. 冷餐厨房
31. 厨房
32. 备餐间
33. 食品贮藏室
34. 餐厅办公室
35. 工厂产品展览处
36. 社会服务部
37. 太平门
38. 有关都市规划建筑设计及特殊建筑物设备展览处
39. 临时展览处
40. 图书室上部
41. 讲堂上部

图 14 鹿特丹“建筑中心”馆

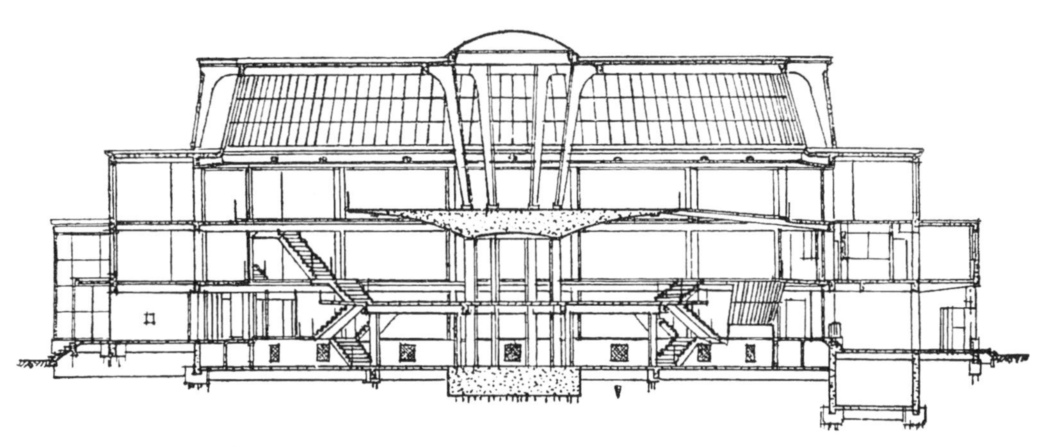

图 15 剖面图

室 8%，演讲厅及阳台 3%，宿舍 1.25%，图书馆 2.35%，饭厅及咖啡室 4%，厨房 4.4%，门厅及穿堂 2.5%，穿廊及楼梯 21%，地下室 3.4%，其他占 5.6%，总共面积为 4450 平方公尺。该馆现正拟扩充。

阿姆斯特丹市的中心区，河道很多，一般是一条道路平行的就有一条河，风景很好，被称为北欧的威尼斯（图 16）。现在的困难是旧形式已经不能适应近代生活的需要，如何在历史上形成的基础上，加以彻底的改造，似乎还没有具体的办法。在郊区已经建造了不少的新住宅，1954 年一年中即建造了 4688 户。很多是四五层的住宅楼房，其中有一部分是专为老年人用的单层房子，我们也还看到有单身女子的宿舍。

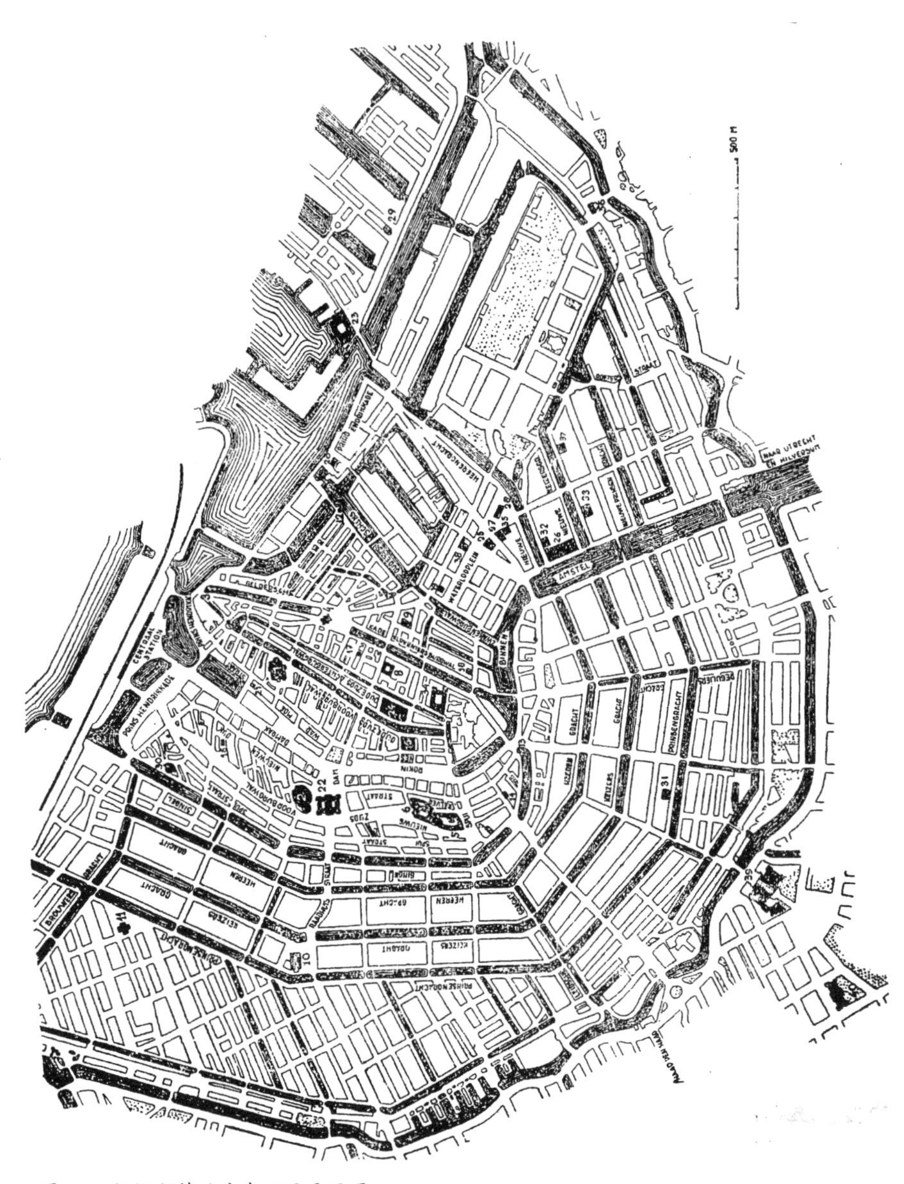

图 16　阿姆斯特丹市中心区平面图

我们还参观了堪彭市的钢筋混凝土预制构件工厂，该厂出产屋架、柱、梁、楼梯、栏杆、门窗框和窗扇以及墙板等。其规模机械化程度远不及以后我们在莫斯科所看到的预制工厂，但工作质量是非常优良的。例如楼梯用预加应力，做得轻而薄；窗框窗扇使用混凝土，可以不用合页，颇有可以学习之处。苏联代表也很仔细地考察了一番。荷兰新开垦出来的土地中建筑的农民宿舍和谷仓就使用标准设计和预制构件进行安装。

总的说来，我们对荷兰建筑的印象是：善于就地取材，特别用砖用得多。荷兰的砖烧得很好，坚固耐用，色彩丰富，建筑中对砖的处理，有其优秀的传统。其次，施

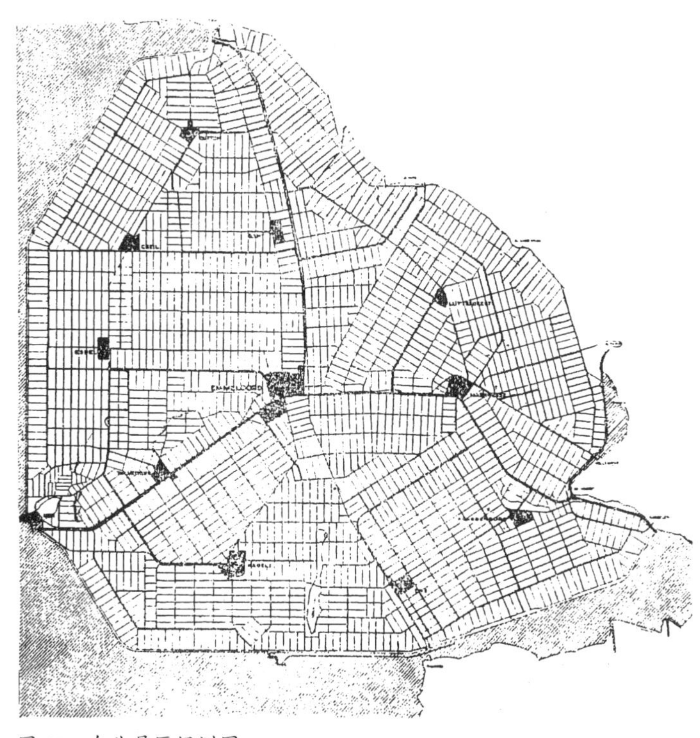
图 17　东北垦区规划图

图 18　谷仓——预制安装

工质量很好，无论砖工、混凝土工、木工，都做得很细致准确；有些临河房屋的地下室，地板面低于河水位，仅用砖砌外墙，可以做到不透水。设计上对于许多细节的技术问题注意得颇为周到，各项设备，多具巧思。此外，城市的绿化工作做得很好，街道、河滨，都有很好的树木、草地和花圃。

荷兰的治水工程是有名的。我们参观了规模巨大的须德海的垦拓工程。东北垦区已于 1937—1942 年中完成，拓地 48 000 公顷左右；现在正进行东垦区，有 51 800 公顷；在计划中的还有西垦区和南垦区，各有 54 400 和 44 600 公顷。垦区排水完了，就按照整齐的规划筑路和掘出灌溉的沟渠系统，并分布村镇（图 17）。垦区土地为国有，分成 12 公顷为一出租单位，有力多租的以 6 公顷为进位（即 12、18、24、30 公顷等）。据说一年的农业产品价值就可以抵偿全部投资。筑堤工程的机械化程度很高。新农村中房屋建筑用预制安装的不少（图 18）。

荷兰的劳动人民是勤劳的、有创造力的、爱好和平的。中国人民在今年的二三个月内就有了四个代表团到过荷兰，今后两国人民的文化交流项目必然日益发展。我们对于大会主席凡·登·布洛克先生的精力充沛，荷兰建筑师协会主席屠尼逊先生（H.Thunnissen）的热情豪爽，以及许多建筑师对我们的友谊，是值得在此提及的。

解放后在建筑设计中存在的几个问题*

解放后在短短的七年期间，在我们国家的社会主义建设中建筑设计方面是有很大成就的。

在工业建筑设计方面，这个成就很突出。我们建设的钢铁基地、煤矿、油井、各种化工厂、建筑材料厂、机器厂、各种轻工业厂，在第一个五年计划规定限额以上的工业建设项，施工的就有694个。实际上，施工的项目将达到800个左右。虽然其中有许多建筑设计工作是得到了国外的帮助，但是我们自己的设计力量所作的还是占了很大一部分。在城市规划方面，随着工业的发展奠基了许多新兴的工业城市，并且计划改建许多重要的旧城市。有些新建的城市是在辽远边区人烟稀少的地方建造起来了，像那些新兴的石油城、矿冶中心等。旧城市的改建，就拿北京来说，使一个解放前住过北京的人今天重新到了北京，由天安门经西长安街出复兴门绕百万庄再由西直门进城，他就会叹一口气说，北京的确已经大大地改观了。再说哈尔滨、郑州、洛阳、武汉、重庆、成都、兰州各处，亦莫不是呈现蓬蓬勃勃的新气象。在居住建筑设计方面，全国各地过去三年中修建的和今年计划修建的职工宿舍就达五千几百万平方米。单就北京一个地方来说，过去几年中每年就新造住宅约300万平方米。现在北京的建筑面积已经比解放前增加了一倍还多。在其他各地也都建筑了不少的新住宅区。在公共建筑设计方面，随着解放后文化教育事业的发展，全国各地修建了大批的学校、医院建筑。拿1949年同今年计划相比，高等学校的学生人数从166 000人增加到380 000人；中等学校的学生人数从1 268 000人增加到5 860 000人。医疗机构的床位数已经从解放初期的106 000张增加到今年的339 000张。从这些数字我们也可以想象到解放后必须相应地增建学校建筑与医院建筑的规模了。公共建筑包括的面很广，各种类型的行政办公房屋、大会堂、剧院、体育馆、纪念建筑物，等等，这个总的数量亦是很大的。在建筑教育方面，进行了教学改革、院系调整，逐渐成立全国七个建筑学专业的系科；

* 原载：1956年9月《建筑学报》

另外还有工业与民用建筑专业以及一些中等建筑工程学校等，大大地增加了建筑人才的培养。自从教学改革之后，学习苏联，密切联系实际；增加生产实习及毕业设计；使建筑教学不仅在学生数量上日益增加，而且在政治与业务质量方面亦逐渐提高。这是远非解放前之所能比。在建筑设计工作中，中央提出“适用、经济、在可能条件下注意美观”的原则，我认为这是完全符合于我国当前正在大力开展社会主义建设的需要。我们在建筑设计方面取得的伟大成就是令人兴奋的。这都是由于党和政府的正确领导，建筑设计工作者的努力，与各有关方面的工作同志们的积极合作，共同为了国家社会主义建设而奋斗的结果。

但是无可讳言，在具体建筑设计工作中，由于一般对于建筑设计的原则不够明确，组织机构还不够协调完善，因而或多或少尚存在一些问题，迄今未得到很好的解决；使我们国家在建设当中受到一定的影响。这些问题究竟是什么呢？我认为是：

一、了解不够。有些同志对于建筑设计工作的复杂性认识不够，以为建筑设计不过是画几张图示意而已，没有什么难，主要还是材料计算同施工安排。因此就造成许多建设单位不造房子则已，若是要造房子，今天交来设计任务恨不得明天就要拿到图样。事实上，建筑设计不是这么简单容易。事先不作足够的准备，考虑不周，要求不明确，资料不齐全，就会使设计人无从动手。主意拿不定，在设计进行中要求过分重大的更改，就会造成返工浪费。有些人对于设计工作的看法，像工厂出货、机器生产一样，不分工程性质复杂程度，不给适当的时间来分析问题考虑方案，造成了许多设计院同志们的工作负担过重，往往拿平方米指数作考勤考绩的主要标准，造成忙乱、粗枝大叶、赶任务的现象。我们必须认识到建筑设计不是一种单纯的体力劳动而可以采用机械生产的流水作业法。所以，有的设计机构这样试验的结果，发现建筑设计组工作完了交到结构组作计算，依次再交到设备组，这样的流水作业常常会流不下去，必须送转来返工，造成倒流的现象。必须认识到建筑设计工作的高度综合性，要求运用广泛常识全面考虑问题，既要使用便利又要结构用料施工都适当经济，同时还不能忘掉尽可能的美观。自始至终都要随时联系到各方面的问题来考虑。所以工作的组织搭配，在很大程度上关系到这个工作的质量。像一个篮球队一样，这个分工合作的搭配合适不合适、好不好，就直接影响到能否夺得锦标。在审批工作当中，有些同志掌握预算指标过分机械，未能根据特殊情况适当照顾，影响工程质量、完工日期，总的结果并不经济。在学习苏联方面，生搬硬套不结合自然条件与生活习惯的不同，造成建筑设计脱离实际。有些工作同志听到别人强调某种主张，也就顺水推舟。明知这种主张不正确，也不坚持原则来说服他们，以致造成工程上的缺陷。我们设计工作者应进一步认识到我们对于国家建设、人民福利所应负的责任。

二、追求形式。解放初期各地建筑设计工作大体仍沿袭旧日做法，五花八门，各行其是。作法式样非常混乱，各国各时代的形式都有，向资本主义国家的杂志上抄来的也很盛行，这是我们还能记忆的。及至批判了世界主义、结构主义之后，在一种错误的理解民族形式下滋长了复古主义、形式主义。五脊六兽、重檐斗栱的大屋顶风行全国，宫殿庙宇的清式做法几乎变成了建筑师的日用手册，斧刃砖琉璃瓦成为建筑师的理想材料。追求形式的结果，许多不必要对称的房屋勉强凑成对称。屋檐下挂上了斗栱，内部外部都贴上了不必要的装饰，华而不实，浪费了国家资财。周边式的街坊布置，在一般情况下，既不合乎用途又不宜于我国一般地区的自然条件。有些房屋因为东西晒，完工后群众不愿意搬去住。有的因为总体布置未考虑到居民生活上各种服务设施的要求。如买菜问题、小孩上学问题常常得不到解决，乃至搬进去了又搬出来，虽然群体布置很美观但是不合用。在城市规划方面，强调中轴线，忽视自然条件，千篇一律地运用放射与环行的交通网，不分平原山野自然条件的不同，主观脱离实际的规划造成实施的困难。批判了复古主义、形式主义之后，情况是好了一些。但是有些同志又以为民族形式不要了，中国建筑从此没有用处了，可以不必研究了，我觉得这也是不对的。这仍然是一种形式主义的看法，而不是实事求是的精神。像北京大学同南京大学在原有的建筑群里形成了大屋顶的风格，以南大的做法在造价上所差甚微的情况下，中国大屋顶是可以考虑在南大继续采用的。今天若插进去一些迥然不同的处理方式，使这些建筑群的整体性受到破坏了，就是在可能条件下不注意美观了。不但如此，某些重要的纪念性建筑物若是条件符合，亦还是可以考虑采用大屋顶的。

三、片面观点。单纯的重视形式也就是片面观点的一个突出例子。这个情况在批判复古主义、形式主义以前是很普遍很严重的。因为忽视了实用要求，未考虑到材料、结构、施工各方面是否合乎经济原则，就给国家带来了很大的损失。批判了复古主义、形式主义，学习了反对浪费厉行节约的号召后，在建筑设计中又出现了片面的纯经济观点。只顾当前一时的单价低廉而忽视了工程质量与长远打算，使有些房子尚未完成就出了问题，不能如期交工，影响使用。或是当年修好，当年就漏，还得再花钱修理。有些设计把3层楼的承重砖墙做成25厘米自上而下，这在地震区盐碱区是很不相宜的。目前一般红砖质量不够标准，在盐碱地区接近地面部分很快就会发生粉化剥落。若是墙内还要走管道的话，这个承重墙只剩了12厘米左右，岂不太危险了么？更谈不到延年的问题。像我们学校去年造的五五楼，窗子作的很大，有好几扇，但是中间梃子省去了，又把窗扇料作的那么细，而木料很差，已经有许多地方翘了裂了。风钩又是那么细软，玻璃就容易破碎。屋面是用石棉瓦，很轻，屋架因而也做得很省，但是我怕这座房子的寿命就成了问题。岁修也很麻烦，长远打算不见得是经济的。

四、乱扣帽子。我们批判了个人英雄主义树立纪念碑的思想。在复古主义盛行时期，不问在实用经济各方面是否恰当，几乎除掉宫殿庙宇的大屋顶样式受到欢迎外，别种处理方法或建筑形式的运用都会被扣上一顶帽子。若是平屋顶简单一些的设计就说是结构主义，或者干脆就称之为玻璃方盒子。使设计人感到只有抄袭搬用一些旧形式这一条路可以走，除此以外都行不通。除非摹仿一些苏联建筑，在学习苏联的口号掩没下尚可免于指责，致使一些新建筑不切合实际用途，并且限制了创造性。批判了复古主义、形式主义之后，民族形式的呼声不大听见了。但是今后的具体设计工作究竟应该怎么办？许多人在彼此相问。建筑界思想上是否存在一定程度的混乱？有些建筑设计工作者就执笔踌躇，莫知所从，怕扣帽子。这种消极情况若不迅速扫除，对于我们今后的建筑创作的发展是有很大阻碍的。

五、工作条件。另外一个问题是，比较有经验的建筑师往往担负很多的行政事务，使他一天到晚开会，不能集中精神搞建筑设计。大家讨论的多，具体研究设计的时间少。或者机构经常改组，不能及时稳定下来。最近虽然是好了一些，但这种情形还是存在的。有的工作同志经常留在绘图房里，任务加的很重，没有机会到工地去了解情况，多结合实际。没有足够的参考书同各项有关的资料，不能得到充分的时间详细研究思考。有的同志宜于作教学或研究工作，但作了行政干部，使他的业务逐渐荒废下去，造成精神上很重的负担。有的同志对民用建筑设计很有经验，就应让他仍搞民用，发挥他的专长，不要让他轻易转业。一时派不到适当工作的人员，就该让他们去支援人手缺乏的机构，以免工作推动不起来。

六、集体创作。集体创作集思广益本来是一件好事情，但是运用不得当也可以产生流弊，建筑思想学习之后乱扣帽子的结果，使有些设计人员精神颓废，不求有功但求无过，乐得利用集体创作的名义，任其你一言我一语，然后把大家的主张尽量熔结于一份设计图上。没有经过详细分析研究所提的意见是不可能都妥当的。这样无形之中就把设计的责任大家分担了。若是房子盖起来群众满意便罢了，若是群众有意见就很难找哪一个来担负这个责任。我认为集体创作必须要有相当的民主集中。主创人要有职有权，听取大家意见是有用处的，是好的，但还必须经过主创人的详细考虑，全权处理。当任务交下之前，必须慎重考虑某项工程的性质与设计人的条件、能力、资历是否恰当胜任。经过慎重考虑选定之后，就该让他负责去做设计而不要妄加干涉；庶几这座建筑物的设计才能作好。作得好可以授奖，作得若是不好亦应受到批评。这里我还有一个意见，一个建筑师做一个建筑物的设计有些类似写一篇文章著一本书，文章著作都可以署名的，为什么对于一个建筑物的设计者就讳言其名？相反的，我觉得署名的作用不但能够发挥创作的积极性，而且可以增加设计者的责任感。

我认为上面所提到的这几个问题是值得详细研究的。为了使建筑设计更好地为社会主义建设服务，就应当把一切可能发动的积极因素都发动起来。当前建设任务繁重，人少事多，分配不均匀，工作不恰当，影响甚大。我们应该批判本位思想，照顾人力不足的机构。有步骤地适当地调整机构、调整人员似有必要。进一步给予建筑设计工作者以相当的工作条件、工作环境与培养进修机会。在建筑创作中应认真贯彻中央提出的“适用、经济、在可能条件下注意美观”的全面观点的原则。任何片面强调经济忽视工程质量、适用、美观都是错误的。复古主义、形式主义、结构主义我们都已经批判了，今后的建筑设计具体工作究竟应该怎么办呢？我们的建筑设计既然是为社会主义建设服务，那么它的性质就应该是社会主义的，而且亦是应该符合现实要求的。只要我们不单纯追求形式，避免片面观点，老老实实地实事求是地根据中央提出的设计原则去作，就会逐渐形成我们新中国的民族形式了。它应该是生气勃勃的，富有创造性的，并且是充分反映了我们的社会生活。但是这需要有一个过程，随着我们建筑师的业务水平的提高，新材料新做法的发展而逐渐成熟。为了达到这个目的，除了继续认真学习苏联与各兄弟国家的经验和成就，并吸取任何其他国家在建筑设计方面适合于我们用途的优点外，还必须结合我国实际情况，大力展开建筑设计方面的科学研究工作。必须研究利用某些种类的建筑标准化，材料工业化与施工机械化，装配式做法，设计模数制以及有关的工程结构构造材料各种设备等，庶几在十二年内能赶上世界在建筑设计方面的先进水平。同时不能忽视我国的具体情况，要尽量利用地方材料做法同大量劳动力的特殊条件，例如竹材、土墙等在适当情形下都应该充分利用。党中央提出了“百花齐放，百家争鸣”的号召后，在各种科学技术、文学艺术方面都呈现一种蓬蓬勃勃的新气象，我们建筑设计方面亦不例外，不管是在业务方面或教学方面，都像得到了一种新的推动力量，使我们对于改进建筑设计工作中的一些问题增强了信心。我们应该同心协力，健全设计机构，提高创作水平，改进教学质量，使我们的建筑设计工作在国家的社会主义建设中发挥更大的作用。

国际建筑师协会第六届大会*

国际建筑师协会第六届大会将于1961年6月29日至7月7日在伦敦召开。这次大会和以往历次大会一样，除了一般的建筑师之间的社交活动和游览以外，将有学术讲演和小组讨论。已公布的大会主题为“新技术和新材料——它们对建筑的影响”。

我个人觉得这种会议对我们建筑师来讲是十分有意义的。我第一次参加这种大会是在海牙；第二次是在莫斯科。在这两次大会期间，我都与世界各地的建筑师们广泛进行接触，同时也交了许多朋友，从他们那里学习了许多有益的东西。不仅是建筑方面的看法和各国建筑经验，还有各民族的生活方式和知识等。至于大会组织的游览特别是对我们建筑师有益身心。

每个国家都根据他们自己的政治制度、经济基础和地理等方面的特点来进行城市规划和建筑。我在参加第四届大会期间看到了荷兰须德海的填平工程，装配式农村建筑和圩田城镇的规划等，对这些我都感到了极大的兴趣。同样，在莫斯科逗留期间，使我有机会学习了城市规划方面的经验，对他们新建城市的规划和城市建设的规模和速度有很深的印象。同时，我也有机会去更多熟悉那里的人们，交了朋友。对我来说，参加海牙和莫斯科的两次大会都是十分有益的。

一起去参加大会的中国同事们有着和我一样的感受，那里的所见所闻后来在他们的工作上，不论是在建筑实践或建筑与城市规划的教学工作中都成为有用的参考。

在这方面，我谈一谈中国建筑师的工作情况。当然，我们中华人民共和国的建筑事业正在大规模飞速发展。1949年新中国成立后，建筑师们即获得了在旧中国梦想不到的机会来展示自己的能耐。“全体建筑工作者正在中国共产党的英明领导下，遵循着党的社会主义建设的总路线，在建筑实践中以无比的热情和积极性工作着”。十年来，全国已有数百个城市，数千个县镇和极大数量的人民公社居民点进行了规划和建设；仅用国家基本建设投资就建成了多类建筑五亿二千多万平方米。“中国的社会主义建设新风格也在这些实践中，在亿万人民的要求和评鉴下逐步显示了它的方向”。

---

* 原载：1961年7月伦敦国际建协第六届世界建筑师大会会刊

现在我们即将在伦敦举行国际建筑师协会第六届大会。召开过我们第一次大会的所在地伦敦是世界上著名的、具有丰富的建筑艺术的城市之一。在伦敦和它的周围，我们可以看到许多有趣的东西。我曾两次到过英国，但时隔很久，我很渴望再一次访问伦敦。

通过和我们的接触，不少西方同事有机会更多知道社会主义国家中的真实情况，不论是建筑业务，或者是政治经济的发展情况。不难看到这种接触是有意义的。除了交换职业上的看法和经验，还可以使世界上的人们彼此增进了解。我们建筑师可以从各方面及时知道社会政治思想对建筑和城市规划所起的影响。我们都是坦率和进步的，因此，国际建筑师协会的成立就是要在不同国籍、种族、专业训练和建筑学派的建筑师之间，不问其不同的政治、经济和美学界限，把大家团结起来以使彼此得以自由交换意见，扩大知识范围，相互学习，有所裨益。这样他们可以更好地改建旧城市，建设新城市，提高住房标准，改善人们的生活居住环境。诚然，国际建筑师协会大会并非寻常社交集会可比，它是有助于建筑师和人们之间的更好了解，有助于保卫和平和人类社会的进步。

我们的伦敦同事们正在为即将到来的大会准备工作而努力工作着，我愿在此对他们表示感谢，并借此机会，祝大会成功！

关于建筑风格的问题*

在春暖花开的日子里，建筑界同志们在党的“百花齐放、百家争鸣”方针鼓舞下，热烈地展开了有关建筑风格的学术讨论。解放后，建筑事业和其他各项建设一样，取得了辉煌的成果。全国新兴和改建的城市、工矿企业、人民公社居民点，首都以及各地为工农群众服务的建筑设施在在皆是，至若北京的人民大会堂等工程，不惟国人自己感到兴奋，即国际友人亦无不称赞。目前，广泛开展学术讨论，总结经验，提高理论，对今后更进一步提高建筑工作质量是有极其重大意义的。但是看到报上大家对于建筑风格的论点尚存在着一些分歧，我对于这个问题亦有一点不成熟的看法，拟请指正。

我觉得，有必要首先明确建筑和风格这些名词的定义，许多争论是由于对这些名词的不同理解引起的。有人说建筑就是盖房子，这似乎是太狭义了。是不是一座纪念碑就不算个建筑呢？有人把风格只指形式而谈，甚至还有人把风格限于艺术效果。我认为建筑与风格都应采取广义的解释。那就是说，建筑不唯是指个体的建筑物，而且也指群体的，包括城市规划和居民点的设计。风格是综合物质和精神方面因素而产生对人的感受。风格有可能是好的，也可能有坏的。资本主义社会里某些离奇古怪的建筑，他们认为是好的，我们就不以为然，但这并不等于它们就没有一种风格了。

建筑是适用、经济和美观三者辩证的统一；相互关联，相互制约；根据具体条件，它们所占比重有所不同。建筑风格可以说是人们对于一个建筑在功能处理、物质运用和精神表现的综合反映。它是由多种因素广泛地、错综地结合而成，随着具体建筑的不同性质与客观条件而产生不同程度的影响。这些主要因素可以归纳起来成为下列几方面：

一、自然条件。山川地势、寒热气候、风沙雨量都会使建筑处理产生不同的印象。华北平原许多历史上遗留下来的城市都是根据东西南北方向很工整地规划的，而且居

---

* 原载：1961年6月14日《光明日报》

住房屋多系向阳。为了避寒外墙还造得特别厚。南方多水，许多城镇都是由水运码头发展起来的；川岭山区那些城镇，街道均崎岖蜿蜒；长江流域气候温和，板壁可以过冬；广东就要尽量通风。在山区除了傍山靠水，悬崖结屋，还大量利用当地材料，如石块石片，竹木捆绑；平原地区就利用板筑砖瓦。

二、社会制度。在资本主义社会里，私有地皮，各自为政，自由发展；带来了城市面貌杂乱无章，贫富对比悬殊。建筑在阶级社会里总是要反映阶级性的。在社会主义制度下，民主集中，有计划有步骤地进行建设，特别强调对人的关怀，便利群众，不惟城市面貌条理分明，而且一般的人民公社的住宅与托儿所幼儿园各项福利设施，亦迥然异乎资本家投资修建的高利出租楼房。公共建筑如北京人民大会堂，尤足以充分表现新社会的伟大气魄和社会主义制度的优越性。再如苏州园林，多系旧社会官僚地主私人享乐之地，小桥流水，曲径通幽；而今日新建的人民公园则是海阔天空，便于成千上万的群众欢度假日。

三、科学技术。过去我们多采用天然材料，现在逐步采用工厂制品。过去多系人工操作，现代则用机器安装。工程结构、通风、采暖、卫生、照明等各项设备亦均反映科学技术水平而影响建筑的风格。我们最近落成的能容纳一万五千人的北京工人体育馆的比赛厅，采用了新的结构方式和完美的通风采光设备，标志着我们在建筑上的科学技术水平。很显然，对于这座建筑的总效果是起了极其重要的作用。

四、生活习惯。在我们广阔的国土上居住了六亿五千万人，我们又是个多民族的国家，地区不同，风俗习惯亦各有差异。不惟一般少数民族各有自己的历史传统和习惯，使他们的建筑各有特点。如西藏、新疆和内蒙古的建筑处理相差很远；即在汉族居住地区南北两地的建筑亦有显著区别。同时这些生活习惯又在随着国家的生产建设的发展而逐渐改变，就不能不影响到建筑的风格。

总而言之，以上这些因素都会多少发生些影响，要看建筑的性质和具体条件而发生不同程度的影响。建筑是人们的劳动产品，是具有社会性的。建筑风格作为社会经济基础的上层建筑，应随着社会生产的发展而不断在变化。在一定的社会制度下，一定的历史阶段，一般建筑风格应具有特点。但是建筑风格绝不是少数个体建筑所能代表，而是带有共性的特点。其形成需要有一个过程，不是一朝一夕所能产生的。我们相信通过这次学术讨论，我们的建筑设计理论一定会进一步的提高，为今后我们的建筑创作提供更为有利的条件。

谈谈建筑教育*

在国际建筑师协会第八届大会期间，我们要讨论“建筑师的教育”这一主题。这确实是我们大家很关心的一个题目。我们将看到世界各地有着不同经济、社会和政治背景的人们从不同的角度上是如何看待这一问题，作出不同的结论的。

我们的西方同行们已熟悉建筑师的学院式训练，如过去年代里的“法国布扎学院”制度。它在许多国家中，至少有那么一个时期产生了一定的影响。至于现代教育法的趋向，看来是多种多样的。从最古老的传统到最新的方法之间，在世界各地，在不同的时期中，还试行过各种各样的方法。虽然如此，我们经常听到的还是许多西方国家所采用的方法。也许我们同行建筑师中有些人易于特别强调：鼓励人们设想出不寻常的方案，而采用这些方案去取得强烈的建筑效果。但有时不幸，如果我们可以这样说的话，竟牺牲了正当的功能和经济性。对少数特殊的建筑设计来说，可能影响不那么严重。不过，它们肯定不适用于一般的设计。现在的问题是：我们应该不应该主要为了这些特殊设计来据以确定对建筑师进行的教育呢？

我想，建筑师要具有一个正确的世界观，树立雄心壮志，要全心全意为广大劳动人民群众服务，力求改善他们的生活环境。必须朝着这个方向来办建筑教育，以便正确地强调基本训练。这一点是十分重要的，特别是对那些发展中的新兴国家更是如此。在这些国家中，总是有许多建筑设计需要很多、很快、很好、很省的完工，来迅速改善人民的生活条件。不过，对重要的工业厂房来说，则要不同对待，要特别给予考虑，以便于安装最新的现代化设备，以利生产。

哥本哈根建筑学院强调住宅建筑的方法给我留下了相当深的印象，丹麦感到居住建筑比别类建筑更是需要。我相信一定还会有许多别的有用经验和在不同的国家强调不同的方面。

我国教育工作者的基本任务，是在中国共产党和政府的领导下，按照建设社会主

---

* 原载：1965年7月巴黎国际建协第八届世界建筑师大会会刊

义的总路线，发扬自力更生，奋发图强，艰苦奋斗，勤俭建国的革命精神，多快好省地培养社会主义建设所需要的建筑专门人才。在建筑教育中，贯彻“适用、经济、在可能条件下注意美观”的建筑方针，使青年一代在德育、智育、体育方面得到全面的发展。

我们的建筑教育包括下面几种形式：高等院校、业余大学、函授学校和中等技术学校；对研究生的培养也相当注意。大学教育一般为五年制。有一些大学还设有三年的进修课程。他们必须经历基本业务训练，参照有用的传统经验和学习最新的技术成就，以有助于他们创作出为人民所喜爱的建筑设计。为了促进技术理论和业务水平的不断提高，我们还贯彻执行“百花齐放、百家争鸣”的方针，用以鼓励学术上的自由探讨。

现在，我们必须从国际建筑师协会的这次大会中去获取最大的益处。它不单提供了一个良好机会，给大家看看其他国家建筑行业上的情况，还能使人们有机会接触其他国家的建筑师，相互交流思想和业务经验。从这一点来说，也可以当作是我们高等普通教育的一部分。学校给我们以初步的基本训练，而专业的参观和各国建筑师的自由接触无疑能有助于开阔我们的眼界，增加我们的知识，不用说还有机会去促进各地同行之间的友谊和相互了解。

我是怎样开始搞建筑的*

一个人年纪大了记忆力会逐渐衰退，可是幼年时代的事情有许多还记得清楚，闭起眼睛好像就在眼前，有些小事能不知不觉地影响着人的一生。

我的幼年是在农村长大的，母亲很早就过世了，我在乳母家过着贫苦的生活。家乡小朋友玩的风筝很有意思，例如用竹篾糊纸做的蝉和蜈蚣都能迎风放得很高，眼睛还能转动。我父亲有一位朋友，虽然没有读过书，但他能用木头制成纺纱机，比传统的纺纱机效率高得多。这些利用物理机械的原理做出来的玩具和机械，在我童年记忆中留下了很深的印象。

河南南阳是汉代张衡的家乡，他是石桥镇鄂城寺的人，我到姑母家总要经过他的墓地。我父亲常讲张衡制作浑天仪的故事。夏日夜晚，他还教我认识天上的星宿，从天河两岸的牛郎织女星谈到传说中鹊桥相会的故事。这些都引起了我极大的兴趣。

我从小爱画画，后来读小学时，遇到一位同学画得很好，我受他的影响，渐成嗜好。

1915年我考进北京清华学校，学了生物，又学了两年物理。后来出国要填写学科志愿，填什么呢？我考虑过将来学习机械，一度想从事天文，也想学习绘画，幼年时代的经历影响着我的决定。

我在清华学校六年中，学校正在修建大礼堂、图书馆、体育馆与科学馆，我从砌墙到盖顶部经常去看。我看到建筑学是雕刻、绘画艺术和多门科学技术的综合科学，涉及的知识非常广泛，能满足我多方面的兴趣，因此，我选择了建筑的专业。

我体会到，幼年时期除广泛地学习书本知识外，还要向生活学习，培养自己对周围事物的观察力。幼年养成的品德、兴趣和学习习惯，往往能决定一个人今后的一生，望你们能自觉地培养自己，成为更有作为的一代人。

---

* 原载：1981年6月2日《新华日报》

处处留心皆学问（一）*

我一辈子从事建筑事业，在几十年的学习和实践中，我感到，每个人的学识，来源不外乎两个方面：一方面是通过书本得来的，靠老师在课堂上的讲授，这是很必要的；另一方面是从社会实践得来的，这主要靠自己在接触社会生活的过程中注意观察学习，这方面得来的学识，对一个人也极有用处。

我年轻时在国外学习的全都是西洋建筑方法和建筑艺术。回国后，我对我们中华民族的传统建筑方法和建筑艺术则比较陌生。但要做一个中国的建筑师，就必须了解、熟悉和研究我们中华民族古老的文化艺术传统，如果没有这样一个基础，单凭读过的几本外国书籍，就想在中国的建筑事业中作出很有价值的建树，创造出为中国的老百姓所喜闻乐见的建筑形式，那是不可能的。因为它就像没有根基的树木，没有源头的水流，是丝毫也不足取的。所以，我回国后就十分注意在实践中学习，努力从中华民族古老的文化艺术传统中吸取丰富的养料。

我在天津基泰工程司工作时，所里有许多木匠、石匠和油漆彩画匠，专做建筑模型。我常在事务所的绘图房里画建筑图样，画累了，就走出去看看工人师傅们的操作，跟他们攀谈一些有关建筑方面的情况。工人师傅们看到我主动跟他们谈话，很高兴，边谈边做示范，就像教师在课堂上做实验一样。我从这些工人师傅的谈话中欣喜地发现，他们每个人几乎都有一套关于干活的诀窍，跟他们谈话，虽然不同于在课堂里听课，但在这无拘无束、有说有笑的谈话中，我得到了很多书本上没有的知识，而且印象很深刻。每次谈话结束，我总要把他们谈话的内容记在笔记本上，通过记录，留下来的印象就更加深刻。这样经过一两年后，我对祖国的传统建筑方法和建筑艺术就比较熟悉了。

解放前我在北京接受了一项任务，要修理北京城里的九处古建筑，其中有天坛圜丘坛、祈年殿、东南角楼、西直门箭楼、紫光阁、五塔寺、玉峰塔、碧云寺的罗汉堂，

---

* 原载：1982 年 1 月 5 日《新华日报》

等等，在完成这些任务的过程中，我感到平时向老师傅们学来的那些知识，都发挥了作用。为了进一步充实自己的头脑，我又在分事务所内请了若干位老师傅作顾问，有石匠，有木匠，他们都是六七十岁或是七八十岁的老人，都有丰富的实践经验。在正式修理这批古建筑以前，要造计划，造预算。我就把这些老师傅请到现场去观看，请他们发表意见。例如修理石头建筑物，我就把八十多岁的石匠郝师傅请去。因年久失修，好多石头建筑物都有残破，有的上面还长了杂草树木。我问郝师傅：这么复杂的任务怎么办呢？他说，有办法，一块石头，如果修一尺见方的平面要花一个工，带线角就得两个工，雕花就得三个工。经他这样一说，我心里就有数了。我按照这个比例计算，很快就把预算方案搞出来了。再比如，我国的古代建筑都有大屋顶，大屋顶的四个角要往外面翘起，这要多少材料呢？我请教木匠师傅。他们说：这个容易，口诀为“方五斜七”，意思是：如果方形的边是五尺长的话，那斜形的木材就是七尺长。诸如此类的口诀很多，还有“柱高一丈，出檐三尺”等。我觉得我从他们那里得益很多。再有不懂的地方，就把老师傅们请到工地，问他们怎样搞。有时也会遇到这样的情况，他们几个人讲的不一致，怎么办呢？那时，我的事务所设在王府井大街，我就到附近的东来顺羊肉馆定个座，备些酒菜，把几位老师傅都请去，让他们边喝酒，边讨论，在他们讨论的基础上，我就可以作出比较正确的结论来了。

我国有句古话，叫作“处处留心皆学问”，这话很有道理。只要你处处留心，发现对自己有用的东西就随时记录下来，便可积累许多知识，而这些知识在许多时候是非常能解决实际问题的。所以我常常跟年轻的同学们讲：口袋里要随时装个小本子，看到什么东西就把它记录下来，有的还要画下来，图画就是我们的建筑语言，倘不留心，就会失掉很多学习机会。一个人想在学校的课堂上就能掌握一切知识，这是根本不可能的。要通过实践，在实践中处处留心，像海绵吸水一样不断吸取新的知识，这样对自己的成才帮助很大。

中国古代建筑的艺术传统*

摘要

中国古代建筑艺术，是结构与造型及装饰工艺经长期发展而成的协调统一的艺术体系。它是世界上古老的、成熟的、风格独特的建筑体系之一。

中国古代建筑以木结构为主体，它的基本造型特点来自结构的内在要求。

中国古代建筑常由若干单体组合成群，形成有层次、有主从、有韵律的空间布局，用逐步展开和先后对比的手法增强艺术效果。常常形成对称布局，但在非对称布局方面也有丰富的经验。

中国古代建筑有丰富的内部空间处理手法。空间的垂直分割和水平分割互相贯通穿插，极为灵活多变。

中国古代建筑，除了对建筑构件进行艺术处理外，还采取多种材料用于装饰，发展成为多种专门工艺，重要的如木雕、石雕、砖雕、金属件、镏金、琉璃、镶嵌、织物、编竹等工艺，作为建筑和陈设的装饰手段。

中国古代重视色彩效果，并且发展了壁画和木构上的彩绘，以及琉璃、金箔的色彩和光泽特性的运用，形成绚丽多彩的风貌。

中国古建筑遗产中包含着极为丰富的经验，是发展现代中国建筑文化的源泉。

世界各国不同历史时期遗留的著名建筑物反映了这些国家或民族的经济文化发展水平和各自的民族特色。人类所创造的各种事物中，建筑居有特殊地位：重要的建筑往往是集中了全社会的劳动和智慧的成果，具有历史里程碑的性质，持久地对后世产

* 杨廷宝、郭湖生合著，系受国家文物局委托，为联合国教科文组织出版《中国建筑艺术与园林》专辑而作。原载：《南京工学院学报》1982年第3期

生影响。

建筑，无非就是使用天然或人工的材料，利用其某些特殊属性来形成人们所要求的空间环境；建筑作为艺术手段，则以所形成的环境气氛，或者说感染力，给人以预期的精神影响。建筑艺术有自己的特殊规律，并且在不同民族的历史发展中形成各自的特殊风格。不过，一切成熟的建筑体系，都表现为善于运用材料，结构合理，手法洗练，富于表现力。古代两河流域的人民是使用黏土材料的能手；古代埃及人、希腊人、罗马人是运用石料的巨匠；中世纪欧洲哥特式建筑的巧匠们，把夯笨粗糙的石料，变成非常迷人、优雅、庄重而又轻扬、柔和的艺术品，令人钦佩不已。

说到中国古代的工匠，则称得起是运用木料的大师。在这一体系中，木料的一切特质和优点可说是发挥得淋漓尽致，毫无遗憾了。当然，在中国，木料不是唯一使用的材料，石、土、陶质材料、琉璃、金属，等等，都有重要用处，也有以砖石为主要材料的建筑，但是，总的看来，木建筑体系是主流。

比之砖石材料，木材在力学性能、防火防腐等方面有显著弱点。然而，它也有不少优点：容易采伐运输，容易加工，施工快，灵活适应性大；尤其造型上有丰富的表现力，可以赋予不同性质的建筑以各种表现：庄严、肃穆，秀雅、华美、简朴、奇谲，等等。这是它在一定条件下得以存在和发展的原因。

中国古代建筑体系，如参天大树，叶茂根深，独立不群。不过，中国历史上许多伟大的建筑物、宏伟的城市、精美的园林、瑰丽的宝塔等等文化珍宝，多已毁灭无存。现在保留的，多数是较晚期的遗物。虽说如此，其中蕴藏的文化财富仍然值得珍惜，足可引作借鉴。中国地域广袤，又是多民族国家，有很多地区和民族的差别，因此，这里只能举其大要加以论述而已。

一

中国古代建筑风格独特，它最根本之点，就是结构和艺术造型合理地融洽一致，而不是削足适履，相互抵牾；许多造型艺术上的特点，实际上来自结构本身的要求，并非矫揉造作。我们首先说明这一点。

木结构的施工步骤：首先选择木材，截料取长，审曲面势，斫削成形；然后，在基址上组合安装。因此，计算用料，绳墨卯榫，要求精密准确，否则会造成施工困难，甚至不能组装。然而，误差总是难免的，为了防止因误差而出现不利情况，须采取预防措施。例如，柱和枋的结合，依靠相互之间榫卯穿插来结合，在节点处应当形成压力，避免出现外倾拔榫。为防止外倾，采取有意使柱内倾的做法；柱的截料加工，计入这个倾斜度，这在宋代的《营造法式》中称作“侧脚”。我们观察许多古建筑物的外围柱，就能明显看出这种内倾做法。外围柱由中心向隅角逐渐加高，也是为了使重心内倾，《营造法式》称为“生起”。这种做法使屋檐成为曲线，檐角微翘。同样，为了使重心内倾，屋脊和房檩也有从中间向两端增高的“生起”。屋面纵坡呈微凹的曲线，也是出于构造要求；因为，屋面铺瓦，如果垫层凸起，容易出现缝隙，引起渗漏，匠师术语叫“喝风”；为了避免喝风，宁可使屋面微凹，实际也是预防措施。中国古代建筑的屋面加工为奇妙的曲线，固然有艺术的夸张成分，但它源起于构造要求，并非故弄玄虚。

其次，简单分析一下中国古代建筑的单体的特征。

中国古代木结构是骨架系统 (Frame System)，屋面和楼层的各种荷载，由梁柱负担，传至基础。通常，外围的墙体不承重，厚重的外墙用来增强骨架刚性，抵抗水平荷载（风、震动、摆动等作用力）；因此，中国古建筑的平面形式，以构架柱网的布局为基础。由于木料的天然尺度和力学性能，柱网常呈矩形，而且尺度变化幅度有限。建筑的规模即用柱网布局和尺度来表示：四柱形成一“间”，正面叫“面阔”，纵深叫“进深”，建筑术语称以“面阔几间、进深几间”表示规模。

复杂的平面，往往由几组简单矩形柱网合成。中国古代建筑很少用曲线平面，若用，也是构件尺度比较单一的扇形、正圆形之类。这都是由于木结构的特性所致。

木结构的构件，以梁、柱、枋为主，还有一种特有的“斗栱”构件。它本来起重要的结构作用：一，层层出跳，来承托深远的出檐；二，承于梁、枋、檩下，增加支点长度，减少挠度；三，在内外柱列上形成纵横交错的结构层，用以增强整体性、刚性。后来，它逐渐失去结构性能，蜕变为装饰性的构件，如所谓如意斗拱和南方常见的象鼻昂，造成华靡奇谲的外感。但是，由于斗栱曾是用料数量较多的构件，唐宋时期形成了以栱的用料尺寸作为基本单位来确定其他构件的用料尺寸的制度，在《营造法式》中称作“以材为祖”，“材”就是栱的断面高。清代官式做法中殿阁大型建筑的构件尺寸则以“斗口”为基本单位。这样，斗栱的结构作用虽已减弱，但仍保持了作为尺度单位的性质。

早期（唐以前）中国木构建筑很少纯装饰的附加件，一般即对结构构件本身施以适当的艺术加工，而且和构件的力学性质相适应。例如，柱，有称为“梭柱”的做法，柱身有轻度柔和的卷杀 (Entasis)，上段收杀稍甚，增加柱的稳定感。再如梁，选用木料，利用其天然曲度向上拱起，以减少挠度；于是，着意加工为曲线优美的弧形梁，称为“虹梁”或“月梁”。构件加工所依循的原则是，反映构件的力学性质，给人以简捷轻快、有弹性而不沉重压抑的感觉。柱、梁、栱的卷杀，似乎增添了弹性和韧度，虹梁、飞檐，给人以轻扬的快感。其他如驼峰、托脚、蜀柱，一经加工，变平凡为神奇，夯笨的原料成为生动的艺术品。这就是中国古建筑处理构件的内在旨趣。

中国古代建筑的单体造型中，屋顶占有重要地位。从简单庄重到繁复华丽，变化幅度很大。早期屋顶形式简单，唐代开始渐渐复杂。例如敦煌壁画中，除了习见的庑殿、悬山、攒尖、歇山，还有圆、八角、十字脊等；宋画黄鹤楼、滕王阁等著名建筑，以唐代建筑写真为粉本，形体相当复杂。正如杜牧《阿房宫赋》所写：“廊腰缦回，檐牙高啄，各抱地势，钩心斗角”，十分华美。现存的古代建筑如山西万全飞云楼、北京故宫角楼、承德普宁寺大乘阁，都足可表现古代重楼杰阁的高度造型艺术水平。外形表现性格。北京天坛祈年殿就是一个典范。它整体稳重、庄严、和谐，三重檐圆攒尖顶，用闪耀金光的宝顶结束；具有崇高、向上的态势，这和祈祷上苍赐予福祉的思想是相适应的。

在古代中国，有经验的匠师处理建筑群，非常重视建筑单体之间的形式、体量，高下关系。屋顶构成建筑群轮廓线，必须避免单调雷同，要有主有从，跌宕起伏、疏密相间，富于节奏韵律。这方面，北京故宫建筑群是个范例。各地一些民间建筑，屋顶组合自由活泼，切合实用，不乏优美动人的例子。

木构建筑所发展起来的种种造型和装饰艺术手法影响了砖石建筑。许多砖石建筑的构件形体脱胎于木构建筑，乃至整个是木构仿制品，早期就是如此。例如汉代石阙，即模仿木构阙，以至栌栱椙椽，瓦当脊饰，无不毕具。又如砖石塔，早期自有体系，形体简洁优美，如北魏嵩岳寺塔和唐法王寺塔所代表者；然而唐代中期开始逐步发展仿木倾向，愈演愈烈，乃至用砖石雕砌出柱、枋、斗栱、椽瓦、门窗、栏杆、平座等等，尤以辽金密檐塔系突出。这种现象，在砖石结构的墓室、无梁殿、亭、牌坊等类型上也很普遍。从砖饰面工艺发展起来的琉璃饰面工艺，也沿袭了这种仿木倾向。

仿木倾向促进砖石雕刻和琉璃饰面的发展：花纹题材丰富，构图细腻活泼，出现不少精美的作品。但对砖石结构本身，如不摆脱木构体系的窠臼，就会受到束缚。中国古代石工，只有石拱桥这些类型，摆脱木构影响，得以出现隋代赵县安济桥那样技术和艺术成功结合的惊世杰作。

总起来看，木结构始终占有中国古代建筑的主流地位。它有自己的结构、造型、艺术处理和组合布局等方面的特征。我们由此进一步来分析一下几个方面的问题。

二

中国古代建筑通常以组群形式出现。

把使用功能上不同的若干空间包容在一个单栋建筑之内，中国某些山区住宅也是有此式的；但是，空间数量超过一定限度，就会引起屋顶排水、采光、通风和结构安排上的困难。因此，通常采取把不同功能分属于若干单栋建筑，而把使用上相互有联系的单栋组成单元的办法来解决。这样的单元通常就是由单栋建筑（主要的与附属的）、入口（门）、廊庑（交通连接）、墙垣（分隔）等所围绕形成的“院”。一个大建筑群，由若干不同性质要求的“院”组成。组成院的建筑，其形式、尺度、数量等，取决于使用功能要求。

例如住宅，最简单的只有一个院，如云南的“一颗印”式住宅和江南的三合头天井院，由主房（楼房）、配房、垣墙组成院。典型的北京四合院住宅，用垣墙和中门（垂花门）界分内外。内院为居住生活部分，由上房、厢房等组成，外院是客人所到处，大门位于侧近。内院是住宅的主要部分，比较华美的装饰，富有生活趣味的树荫、藤架、花台、鱼池、陈设等等，都聚在内院。复杂的大型住宅，则有多组居住内院。

再如祠庙，主要空间是献祭偶像的殿宇和对面赛神的戏台所组成的院，两侧是观剧的楼廊。其余的院，则是从属的。主要空间占有宽敞的足够众人活动的庭院，精美华丽的装饰也集中于此。

再如宫殿。故宫的中心是太和殿，皇帝大朝会所在。因此，主要殿宇要表现皇帝的崇高尊严，殿前有可容万人的广庭以供朝会仪仗和百官班列的回旋。殿庭周围建筑，并没有实用意义，它们属于礼仪性质，其空间体型的艺术要求占主要地位。

一个大建筑群，在到达主要空间之前，要经过一些空间单元作为过渡性层次，逐步加深印象，前后对比，使高潮的到来感觉更为强烈。这和中国绘画中长卷形式的道理一样：你不能一览无余，必得逐步领略。晋代大画家顾恺之，吃甘蔗总是从梢端开始，别人问他为什么，他答："渐入佳境"。空间艺术尤其要有过程、有层次，来达到预期效果。

例如故宫，在到达高潮太和殿区之前，先要经过两组性格不同的过渡部分——天安门和午门。天安门是皇城的正门，前临金水桥的广场，以宏伟壮丽为特色，它以从大清门开始的千步廊纵长通道为前导；午门是宫城（紫禁城）的正门，以森严威猛为特色，雄大的城楼，踞于高峻城阃之上，气氛肃杀，给人压抑之感；它以端门开始的千步廊为前导。穿过午门的逼仄空间，到达太和门前广场，顿觉开阔宏大，气象万千；然后进入巍峨壮丽的太和殿广庭空间。

从进入正阳门起，故宫主要建筑层次全在一条中轴线上，前后连贯，采取严肃对称的布局。而故宫的轴线，延伸为北京全城的轴线，北起鼓楼、钟楼，南抵永定门，长达七公里半。这一安排，使故宫居中为尊的地位更为突出。故宫建筑群的强烈空间效果，不是以单体建筑的体量取胜，而是依靠空间层次的处理和纵贯全城的轴线构图来突出它的伟大壮丽。这是中国历史上长期都城规划经验积累的结果。

在到达主题建筑之前经过的空间层次，要为突出主题作铺衬。例如北京天坛祈年殿一区。进入天坛外垣，是参天的柏树林，肃穆绝嚣，似乎隔离尘世。经过幽静冗长的林间道路，登上祈年门前高台甬道，宽敞坦平，解除了闭塞的感觉。进入祈年门，优美庄重的祈年殿呈现眼前，孤兀特立，超出林海之上，四望寥阔，惟见天际浮云，令人产生神圣静谧，与天相接的心情。这正是祭天场所所要求的气氛。这里，密集的树丛为突出主题作了很好的铺衬。祈年殿一区的造型、尺度、色彩、绿化都很成功。

同为祭祀建筑，太庙与天坛不同。太庙四周也用柏树林形成隔绝的气氛。但是太庙本身用高大墙垣封闭，太庙大殿与两庑，均踞于高台之上，进入殿庭，人所处位置低卑，产生严肃敬畏的气氛。这和天坛的孤立而开阔的空间性格全然不同。可见，空间的封闭与开放，建筑的尺度和形体，乃至色彩、绿化、装饰手法，都是影响空间性格的因素。

在组成院的各单体中，主建筑体形大、地位高，居于正中；次要附属建筑，则列于两侧，形体较为低卑；入口门庑，常正对主建筑物。从古代建筑的若干例子看，门庑与主建筑的距离和尺度大小，存在一个基本原则，即：从入口处当门而立，通过门庑的柱、檐楣（或门券洞）所构成的景框看主建筑，应是一幅在景框内剪裁得体的完整画面。从蓟县辽代的独乐寺山门与观音阁，到明清故宫、天坛的门殿关系，均遵守这一基本原则。这显然是一种长期传统的建筑空间构图手段。从这里可以看到中国古代建筑那种斟酌入微，须得细心体察才能发现的艺术手法。许多细节，都经过深思熟虑，都表现出高度的文化艺术素养。

中国古代建筑长期形成对称的布局方法。这是因为建筑群内总是有主有从，为突出主建筑的地位，最明显直接的办法就是中轴对称布局；举凡住宅、官署、宫殿、庙宇等，莫不皆然。但是，由于地形或地基位置不能采取对称布局时，也表现为灵活巧妙，颇惬人心的非对称的高超手法。中国名山大川，许多寺庙错落其间，不乏优秀的非对称布局杰作。最常见的方式是主殿与门庑一组保持对称，而附属各院与过渡部分采取灵活自由的安排。例如镇江金山寺，以山巅宝塔为主，杰峙江头，为运河入江处标识；周围随地形高下，自由布置亭、廊、小殿，而在山麓的山门大殿一区，采取局部对称布局。拉萨的布达拉宫，是非对称构图的杰作。宫踞于山巅，建筑和山岩联成一体，轮廓线也高低参差如峰峦起伏，气势愈觉雄伟。至于中国古代园林，取法自然山水，尤其摒弃规则对称布局，着意自然情趣，发展了自由构图，有很高成就。这些，都表示中国古代处理非对称构图建筑群的范围，也很广泛；特别南方民间住宅，有很多空间组合、形体都很巧妙而又切合实用的佳例。

中国古代在处理建筑群或整个城市与自然环境的关系时，表现为利用和改造两个方面。中国古代重视利用，因此就重视选址。除了地形、水源、交通、防御等因素之外，城市、建筑群在艺术构图方面的要求，也常是选址考虑的重要因素。例如秦始皇造朝宫（阿房宫），“表南山之巅以为阙”（《史记·秦始皇本纪》），以高峻的山峰当成宫前双阙，构图意境气势很大。隋炀帝建洛阳宫，指定以伊阙为宫阙，也是此意。陵墓建筑群和自然环境关系尤为密切，中国古代优秀范例不少。第一数秦始皇陵。陵以骊山主峰为屏障，负山面河，俯临平原，左右岗峦环抱，拱绕陵体，其间数十里苍茫原野，以陵体为中心。这个气势宏伟的环境，本是天造地设，只有陵体是人工筑成。再如唐乾陵，以梁山主峰为陵体，前有两次峰对峙，作为陵域阙门，筑高台，数十里外遥可望见，突兀天际，极为壮观。这些山峰也是天然既存，只是善于选择利用，顿成佳妙。再如明十三陵，以天寿山为中心形成陵区，周围山峦萦回，中为广阔的河谷盆地，形成完整的内向的环境；南侧入口处两小山对峙，恰如门阙，其前选址建石牌坊，正遥对天寿主峰，构图效果极好。整个陵区，自然地貌并未改造，只是在适当位置缀以适当建筑，形成前导和层次，便收到画龙点睛的妙用，是高超的利用手法。

其次为改造。为建筑群环境气氛所需，对自然面貌加以改变，高者堕之，低者培之。例如故宫后景山，是故宫构图终点，乃人工所筑。园林中更多人工峰峦洞壑，制造山林气氛。然而中国古代历史上，城市最大改造自然的工程，是治水，除河渠运漕所需之外，绿化、美化环境亦是目标之一。例如汉长安昆明池、魏洛阳天渊池、南朝建康玄武湖、北宋开封金明池、北京颐和园昆明湖与杭州西湖等等，均为人工拦截溪流、汇成水面，成为著名的风景胜地；许多水面，也是城市景区空间的主要成分。

中国古代建筑外部空间艺术包含单体合为群，群组合为城市，建筑群、城市与周围自然环境的关系等问题。在这些方面，中国古代建筑有自己的特点和高度成就。

三

中国古代建筑采取木骨架系统，给室内空间带来很大的灵活性。

内部空间范围，可以由地坪直到屋面底层，因为许多情况下，梁架范围也可以使用。所以，由屋顶、外墙所包围的全部建筑体积内，可供使用的内部空间比率常常是相当高的。

中国古代建筑的外观分层和内部可以不一致。外观是单层的房子，内部可以局部是两层；这种方式南方民居常可见到，宫廷府第也有，例如故宫宁寿宫养性殿和乐寿堂、恭王府的锡晋斋等。或者反是，外观是多层楼阁，而内部却是完整的单一空间，例如大佛阁一类建筑。唐代密宗倡行，开始造大佛像，常高达 20 ～ 30 米，超过木料的常用尺度，不得不叠接数层来容纳佛像。这种楼阁形成空腔，佛像穿透各层，直达屋顶。例如蓟县独乐寺辽代所建观音阁（两层），正定隆兴寺宋铸千手观音铜像所在的大悲阁（外观 3 层），承德清代建造的普宁寺大乘阁（外观 3 层）等等。藏族寺院经堂供佛处也常为高楼，亦属同样性质。

以上两方面，都说明中国古代木结构体系内部空间竖向布局的灵活性。

室内顶部处理，基本上分两种方式。第一种，敞露梁架结构，最为简洁，宋《营造法式》称为“彻上明造”。梁架各构件既敞露于外，例如月梁、驼峰、托脚之类，有时并加雕刻和彩画。屋面底层和椽条也可以组成明快的图案，加以彩绘。这种装饰方法在敦煌石窟北魏窟中可以见到，起源很早。露明梁架在南方极为普遍，从简单的住宅到寺庙的殿宇楼阁均有采用。

第二种方式，是在室内顶部做天花层，起源也很早。古书上称为“承尘”、“重橑”、“平綦”等等的，都是这种天花层。它有减少室内灰尘、稳定室内温度，增加室内亮度的作用，更是室内装饰的重点。天花层用料纤小，结构轻巧，附着于梁架，不承担屋面荷载，因此，它的位置高低可以在一定范围内调整。于是，室内不同处所可以有不同高度、面积、形状的天花。加之，对它的装饰，可以非常华丽，也可以极其朴素，这样，在不同的室内环境情趣要求时，可以有很大的选择幅度。一般地说，天花层力求轻快、明亮，避去屋顶高处容易产生的阴暗和压抑的感觉。

较早期的天花，用木支条组成小方格，上加背版，不再加修饰。例如唐代佛光寺大殿所用，是简洁的形式。方格网距大，背版面积也大，可以绘彩画图案，后世更发展用贴雕，成为华美的装饰面，故称之为“天花板”。

在室内中央位置，用装饰更为华丽的“藻井”或“斗八”，它们向上隆起，形成较高的空间，以强调作为室内重心的处所。藻井源起很早，东汉班固《两都赋》有：“渊源方井，倒植荷蕖”的句子，用水藻荷蕖作图案，有厌火的含义。应县净土寺保存的辽代藻井，加有斗栱、天宫楼阁等小木细雕；而明清宫殿的藻井，中央雕盘龙，龙首下垂衔宝珠，称为“龙井”，全部贴金，辉煌灿烂，极为豪华，是最高级的顶层处理。故宫太和殿、乾清宫等重要殿宇内均用龙井。

“斗八”是在八边形底架上用弓形支条形成的一个隆起的空间，它用于佛像上方，可能是由伞盖原型转化成的小木作装饰。如著名的独乐寺观音阁和应县佛宫寺塔，就采月斗八作佛像顶盖，其上还可以加彩色装饰。

民居的顶层变化更多。北方常用纸裱顶棚，比较素净。南方民居有的露明，也有用复顶层的，形式很多，素雅轻快，尤其弧形顶更觉轻巧。复顶层用椽与望砖组成。一屋之内，可以有高下不同、弧形不一的几种顶层，也可以一部分用复顶层，另一部分露明，自由不拘。苏州住宅厅堂用的各种“轩”，可以作为代表。在复顶层以上隐蔽部分的屋架用料，只需满足结构要求，不加整形，称为“草架”；这种结构在宋《营造法式》和明代《园冶》一书中均有记载，源起很早。

由于中国古代建筑采取骨架系统，室内空间分割相当灵活；柱网之间可以自由分隔，也可以完全敞通不加隔截；已经分割的空间，可以根据需要重新调整。这种内部空间分割的灵活性是承重墙系统建筑所无法比拟的。

完全分隔，办法就是在柱间镶板或砌薄砖墙，适当位置留门作交通用。但是，中国古代建筑室内最具特色的是多种形式的半分隔——即室内空间彼此沟通而又稍作区别的划分办法，如：

碧纱橱：硬木细料所制轻质槅扇，槅心糊薄纱，呈半透明状，或裱以字画，雅洁可喜；裙版镂雕，或可透空；槅扇或镶嵌螺甸玉石。槅扇可以拆移，可以开阖。

博古架：博古，是指鼎彝洗盂之类古铜器，以及古玩、名磁、琴、剑、钟表、瓶花、盆景、鱼缸之类陈设，用来置于架上供赏玩。架界于二室之间，两面穿透；庋物处依器物外廓布置搁板，错落枕椅，组合成壁面，两方面都可以观赏，又有空透感，极富生趣。

罩：由附着于柱间的细木拼花或木雕形成的分间手段。一般，下至地面的为“落地罩”，形式甚多，随类赋名，如栏杆罩、圆光罩、花瓶罩、芭蕉罩等。细木拼花常作几何图案或软锦；木雕则题材多用植物、花卉、动物，最为喜闻乐见的如“岁寒三友”——松、竹、梅以及相应的松鼠、仙鹤等，或用藻蔓葫芦，浓密厚重，细腻华丽。另一种，只及柱半而止，仅附于梁楣作示意性质之分隔，称为“飞罩”。飞罩更为轻质空透，构图意匠层出不穷，使室内空间穿通，气氛活泼，极有魅力。迄今中国室内设计仍常采用。

屏风：是中国古代最常用的室内分隔手段，也是装饰的重点部位。早期屏风独立不倚，后来附着于梁柱的屏版是由它演变而来。屏风用木制骨架，表面裱糊大幅绘画，置于室内正中位置，是厅堂内最主要的装饰。唐宋时期的宫殿、官署、住宅普遍采用。故宫乾清宫、养心殿用裱糊屏版，书写古训箴言。苏州住宅园林的厅堂常用硬木实拼屏版，施以细腻雕刻的山水花卉及书法等，填以白粉或石绿，极温润素雅，充分运用中国绘画和书法艺术和室内环境布置相结合的传统手段。

独立的屏风本身有支架，或数片相互勾连，彼此倚扶，乃可稳定。用作室内分隔手段，优点是轻巧便利，随时随地可设可移。屏风面可用纺织品，可裱糊字画，可镂刻镶嵌，方式种种不一，或素雅或华美，富于变化，迄今仍然是普遍使用的室内分隔物。

中国古代常用帷幕在室内构成一个独特的空间。帷幕范围有限，只限于把活动空间——例如生活起居处——和其他范围分隔开来。帷幕本身有支架，可以不依附于建筑结构物。帷幕用麻、毛织物或丝织物；高贵者质轻如烟，隐约朦胧，似无还有，饰以金玉，缀以明珠，十分富丽。室内帷幕唐以后渐趋淘汰，只留下床帐形式。

室内与外部空间的联系。由于中国古代建筑的围护结构一般不承重，可以由完全封闭到完全敞开，因此，不同角度的要求，如通风、采光、出入、眺览等，均能以适当方式予以满足。古代出入用门，采光通风则用窗。窗口用帘帏调节光暗通风量，用竹篾编织网眼来防雀虫。早期槅扇槅心图案，和织篾图案有承替关系。帘网会产生影闪动效果，宋《营造法式》记载的“闪电窗”就是利用窗棂的光影效果产生闪耀波动，寓动于静，造成趣味。有时，门窗的开辟，还讲究轮廓和方向——使之成为眺览景物的画框，选择适当的轮廓尺寸，剪裁景面，使景物更为生动突出，园林中的各种空窗、地穴，常起画框作用。至于登楼极目，挹揽江山，抒发胸臆，这种可以不受拘束、纵览四方的观赏范围，中国古代建筑体系可以毫不费力地办到。中国古代的这些传统手法，细腻、贴切，服务于现实生活，有很强的生命力，迄今仍在运用、发展。

四

中国古代建筑有丰富的装饰手法。

装饰有多种类型：一种是构件本身的成型和雕饰加工，例如瓦饰，月梁、梭柱、雀替、驼峰等，前已述及；一种附丽于结构体，本身不是独立成分，但为增强艺术气氛、表现建筑性格所必需，例如建筑上的木雕刻、石雕刻件；一种是独立的雕刻或陈设，用于室内外环境布置，常常是组成空间的成分之一。例如华表、门狮、碑碣、器座之类。从广义上说，许多小品陈设、联匾、书画、家具、盆景、帐帏之类也起装饰作用。这里，只就木雕、石雕、砖雕、琉璃、瓦饰、金属件几方面作简单说明。

中国古代建筑的屋顶是触目的部位，因而瓦饰是重要的装饰内容。瓦当、瓦钉、脊兽等，最初都是由结构用构件转化而来。尤其正脊，构成建筑主要轮廓，常用特制的脊砖或金属件作脊饰。正脊两端，常设“龙吻”，是高级建筑物通用的瓦饰；它原作鱼形，称为鸱尾，传说是海中有鱼可以灭火，以其形置殿屋上为避火用。它虽然来自迷信，然而确实为建筑增添了生动矫健的态势。

屋顶用金属件作装饰起源也很早。汉武帝时建章宫凤阙屋脊铜凤，高一丈，张翅迎风，有转轴可随风向而动，这是最早的风标，又是装饰品。曹操建铜雀台，用铜雀为脊饰。屋面铜饰件进一步发展为镏金件：北魏永宁寺塔的宝瓶，通身镏金；唐武则天造洛阳明堂，顶端火珠金光灿烂，与星月同辉。经元代的发展，明清时期的镏金件相当普遍。如故宫的角楼、中和殿、交泰殿，天坛祈年殿等镏金宝顶，映于晴空，朝霞夕晖，光彩夺目，奂美无伦。

中国藏族的寺院有纯用镏金铜版制成的屋顶，非常富丽。级别高的寺院如拉萨大昭寺、布达拉宫（达赖驻地），日喀则扎什伦布寺（班禅驻地），青海湟中塔尔寺（宗喀巴诞生地）等，均有此类金殿。清朝乾隆年间在承德避暑山庄近侧造须弥福寿庙，主殿遍用镏金铜瓦，脊饰镏金行龙；故宫雨花阁也仿造此式。实际上这种屋饰已成为精致的高级工艺美术品。

中国古代建筑使用石材，约可分三种：一是全用石材造的塔、亭、殿、桥。二是建筑本身的构件如台基、栏杆、踏级、柱础、石柱等。三是建筑群内列置的石刻品。如石阙、华表、牌坊、碑、石兽等。

中国古代石建筑少。汉代有一些阙、祠，以后各代有石塔、石亭、石殿之类，但比之木构，数量微不足道。大量使用石料的是石构件和列置用石刻品。举要说明于下。

秦汉曾在宫殿前列置铸铜工艺品如翁仲、飞廉、铜驼之类。列置石刻品，最早是汉末坟墓。后来，宫殿、陵墓的前导，入口部分所列置的石刻品题材逐渐丰富，艺术质量逐渐提高，成为建筑艺术的重要内容。

华表。秦汉时立木柱于桥头、渡口、邮亭等处，作为标识，行旅遥望可见。后来，石柱用于宫门，陵墓神道口。散布于南京附近的梁朝陵墓所置神道标、天禄、辟邪等像，比例匀称，造型优美，是南北朝最称文物鼎盛时期的代表作。明代华表作盘龙柱，柱上贯以云板，顶盖蹲有朝天吼，是糅合历史上华表（望柱）造型的几种特色而成为一种新柱型，天安门前华表，明十三陵碑亭华表是其代表。

碑，常见的列置石雕刻品。汉碑简朴，面北朝碑造型和雕刻已相当精致，碑首、碑身、碑座三者已明确。唐代是碑型发展高潮，有的碑硕大华美，如陕西华阴庙碑、河南登封嵩阳观碑，有的碑刻工细腻，花纹秀丽，如西安碑林诸唐碑。重要建筑群如陵墓、祠庙常有碑亭。明长陵的神功圣德碑，碑亭体制宏巨，是著名的代表作。

石牌坊常用在入口处，由木构的棂星门、牌楼演变而来，因此带有明显的木构特征。明代石碑坊盛行，十三陵牌坊形制宏伟，比例、雕刻俱佳。民间各地均有遗物，上乘精品亦不少，富有地方特色。

建筑所用石构件，如台基、栏杆、踏道、柱基、螭首之类，唐宋时期逐渐发展，明代臻于成熟。其中，须弥座式台基，原型是佛座，后转为塔基及用于殿阁门阙基座。明初南京营建宫殿陵墓，其石须弥座线脚简练健劲，很少繁缛花纹，最为得宜。北京故宫遵循南京成法，三大殿须弥座台基三重，全用汉白玉石雕琢，色调洁白纯净，布局宏伟壮观，可称建筑石雕刻登峰造极的作品。其中保和殿后阶石，是建筑石雕刻件尺度最大的一件（16.57 米 ×3.06 米 ×1.70 米），遍镌云龙，刻工极精。

宋代出现用石柱代木柱的办法，柱身镌刻花草人物，活泼生动，别开生面。明清也现盘龙石柱，曲阜孔庙大成殿石柱是其代表。福建惠安石雕水平很著名，盘龙石柱用透雕方法，龙形腾踔欲飞，矫健有力。

各地民间建筑也大量使用石构件，其中门枕石、柱础、栏杆数者，由于位于经常出入经过之地，也是着意加工，装饰性最强的品类，手法细腻，富于生活气息，南方各省尤为突出。

细木工装饰分两类：一类是细木工镶拼活，如槅扇、挂落、飞罩等，一类是雕花活，如各种木雕刻。二者匠工属于不同专业分工。早期朴素简洁，雕饰不多，宋代以后，细木工日益精巧，木雕刻愈演愈繁，发展了多种雕刻技法，如圆雕、深浮雕、浅雕、透雕（垂莲、花篮、绣球、狮、龙等）、贴花（用于天花、桶扇裙板），并有与镶嵌珍珠、玉石、象牙、贝壳等精致的工艺美术相结合。木雕集中的部位，通常就是装饰要求高的部位：大门、中门（垂花门）、厅堂正面槅扇、栏杆、室内的屏槅和顶棚等处。广东、云南一带木雕常以黑漆为地填金，极为富丽；宁波木雕则喜朱红填金，各有强烈地方特色。浙江东阳以传统木雕技法著名，常用黄杨木雕贴华于槅扇、装修上，内容多为戏曲故事，活泼有趣。徽州明代住宅，木雕集中于天井周围的槅扇、靠、栏杆上，刀法委婉丰满，简繁适中，堪为明代民间木雕代表。泉州开元寺大殿梁架间的木雕伎乐飞天，手执乐器，姿态各异，非常罕见。以上所举代表性例子，可以大致表明中国古代建筑如何运用木雕装饰，它们又如何影响环境气氛。

砖饰也是起源很古的工艺，分为模制装饰砖和砖雕刻两类。模制装饰可以溯源到战国、汉代的空心砖图案。南北朝时有大幅由模制画像砖的画面，如“竹林七贤”“羽人戏狮”等。辽、宋、金代的砖塔、砖墓则盛行砖雕刻仿木构的槅扇、栏杆、挂落、平坐、门窗等。明清时期，民居广泛施雕刻于砖照壁、门罩，山花、墀头等处。因为民间不许用彩色琉璃饰件，促成了砖雕普遍发展。北方的北京、山西地区，南方的苏州、徽州一带，迄今保存着传统的砖雕工艺；北方厚重，南方纤巧。苏州雕刻用砖为特制的，质地细腻均匀，可以透雕或浮雕三四个层次。当地习俗最讲究住宅中门门罩砖雕，奇巧繁缛，成为争奇斗富的题目。

琉璃，是色泽鲜丽而明亮的建筑材料。最初用于屋面瓦饰（北魏），用于贴面首先是开封祐国寺塔（北宋）。琉璃的大量使用，还是元、明时期的宫殿陵墓坛庙建筑。除了屋瓦、脊饰、影壁、山花、门脸用琉璃以外，还有全部用琉璃件拼组成的牌楼、无梁殿、宝塔。琉璃影壁的最华美形式是九龙壁，北京北海明代九龙壁可为代表。琉璃饰面工艺的最高级作品是琉璃宝塔。明代初年在南京所造的报恩寺塔，高逾 100 米，全用彩色琉璃砖饰面，光耀夺目、瑰丽无匹，是中国历史上最宏伟壮丽的大塔，可惜已毁。幸山西赵城广胜下寺明代琉璃塔犹存，可以看到琉璃饰件的动人效果。琉璃饰面须经过精心的设色图案设计，分块制坯着釉入窑，烧成后再组装为完整无瑕的成品，这是精密复杂的过程，由此也可以看到中国古代工艺的高超水平。

五

中国古代建筑，是色彩的建筑。到过北京的人，都会对故宫、天坛等古建筑群的壮丽而强烈的色调深有印象。

对于用色，中国古代建筑的发展过程中有很大变化。用色大体涉及基本色调、彩画、壁画三个方面。

大面积的屋面、木构和墙体的涂色，成为建筑外部基本色调。中国古代木质表面涂红，墙面以蛎灰涂白：红白两色成为早期基本色调，温润鲜明，悦人心目，如以树丛绿荫为衬，尤觉美丽。汉赋中说："丰冠山之朱堂""皓壁耀以月照"，就是指的红白两色基调。从汉代历魏、晋、南北朝以迄隋唐，一直保持这种朴素明朗的用色，并对当时的日本深有影响。

宋代以后，用色变化大，这和大量使用琉璃瓦从而增加了屋面色调的比重有关。宋代多绿色琉璃瓦。金代奠都燕京，宫阙以青琉璃瓦为主，但是开始有纯用黄琉璃瓦的殿宇；同时，广泛用汉白玉石制作台基、栏杆、石桥、华表等；木构部分以红为主，整个色调趋于浓重强烈。金代奠定了此后宫殿建筑用色基调，而与宋以前淡雅风格大相径庭。

元代琉璃生产有大发展，量大色多，有青、红、黄、绿、白诸色，出现几种颜色琉璃瓦组拼屋面图案的尝试，例如永乐宫三清殿；但是，未得到发展。明代强调用色单一，宫殿陵墓全用黄琉璃瓦，遂形成最终风格。

外部基本色调趋于浓艳，促使外檐彩画也要变化。唐代外檐彩画重点在柱身，作束莲或团窠，赋色颇杂。宋代彩画重点移至斗栱额枋，用色自五彩遍装至单色刷染，品类亦多，但趋向是突出青绿为地的冷色调彩画，即碾玉装；这明显地是为了加强与邻接的大面积原色的对比效果。明代以青绿为地的旋子彩画，由碾玉装发展而来，占宫殿彩画主要地位，这在色调总效果是好的：赋色对比层次清晰，使整体色彩鲜明强烈。

明代旋子彩画简繁适中，技法细腻，是彩画发展的炉火纯青阶段。现存的少量明代彩画，令人信服地说明这一点。明代旋子花瓣丰满婉转，以青绿为主，间以少许朱红，花心贴金，非常秀丽清新。

室内木构的彩绘起源很早，《论语》说的“山节藻棁”，就是指此。现存的早期彩绘，如敦煌窟檐和辽代义县奉国寺大殿彩画，大同下华严寺薄伽教藏殿内彩画，设色构图都比较自由。奉国寺的飞天，薄伽教藏殿平綦的牡丹，都很出色。明代宫殿内，除了素雅的旋子彩画，也有华丽的锦文彩画，用意如一幅锦缎裹在梁上，故谓之“包袱”；色彩艳丽，灿如锦绣，实际上是古代用丝织品装饰梁柱的遗意。故宫尚有后世重绘的此类彩画，而皖南一带住宅祠堂仍保存多处明代包袱彩画，至可珍惜。

皖南明代住宅内还有浅色作地，画木纹及团窠彩画，设色明快淡雅，表现民间活泼朴素的风尚。

清代盛行于北京园林宅第的苏式彩画，用退晕色带勾成边框，内画山水风景人物故事，成为绘画与彩绘相结合的新形式，颇富有趣味；但整体色彩效果逊色，而且画工技法拙劣时，不免流于粗俗。

清代沿袭明代旋子彩画，此外，创造了和玺彩画，其特点是：以龙凤为主要题材，大量贴金，成为宫廷建筑最高级彩画。彩绘上贴金，最初见于敦煌石窟隋塑佛像的衣缘、缨络、臂镯贴金。宋《营造法式》亦有贴金方法，称为“明金作”。金有良好折光性能，贴在凸起的底层上，可以多角度折射光线。在屋檐阴影下的彩画，以青绿为地，衬出金光闪耀的龙凤或菱花图案，很远就可以感到金质折光的强烈效果，正所谓“金碧辉煌”。清代主要宫殿内，藻井、斗栱、梁架、柱身几乎全部贴金。金箔有成色差别分偏赤和偏白两种，用于图案的不同部位，互为对比衬托，层次丰富，更为醒目。

汉唐时期，盛行壁画。也成为建筑色彩绚丽的一个原因。壁画起源早，战国屈原《离骚·天问》，就描述祭祠墙上所绘壁画的情景。不久前发现的咸阳秦代宫殿遗址有壁画残迹。汉代主要宫殿画古贤烈士容像于壁，魏晋相沿不改；唐凌烟阁绘功臣像，也是壁画。从晋代起，宗教壁画盛行，大画家顾恺之、张僧繇均曾为佛寺作壁画；下逮唐代吴道子、尉迟乙僧等，都以壁画杰作震惊世人。敦煌等处石窟为我们留下古代壁画的珍贵实物。古代画师在大幅壁画上创造了气势磅礴，构图潇洒，彩色缤纷的画面，千载之下，令人神往。

我们现在还能看到金、元以来的佛、道庙宇中的壁画，虽然已经是壁画趋于衰落的时期，仍然有宏伟的巨制，设色绚丽，用笔遒劲，不失为佳作。山西繁峙岩上寺金代壁画、芮城永乐宫元代壁画，都是珍贵遗物。明代壁画如北京法海寺，青海乐都瞿昙寺规模均宏大可观，但是受到藏族喇嘛教寺院壁画的影响。藏族壁画精致工整，设色浓郁，有独特风格和技法，是中国古代建筑彩绘的重要分支。

建筑外部色调，还要顾及周围环境：要能突出建筑群的轮廓，就须有明显的色调对比。因此，宫殿、陵墓、寺庙等大建筑群，常用赭红色墙垣、琉璃瓦、灿烂闪光的金顶等，和周围灰沉色调的民居、青翠的田野树丛，形成强烈的对比，引人注目。南方民居常用大面积粉墙构成基本色调，接近中性，与葱茏遍地的自然景物对比不强烈，毋宁说是调和融洽。这又是一种用色方式。许多地方，民居强调轮廓线，用起伏婉转的山墙，或在墙面绘彩色图案、加缘带，来达到使建筑轮廓在自然背景中更为醒目活泼的目的。

世界由千差万别的特殊事物所组成，丰富而且活跃。艺术尤其要有特色，没有差别和个性，艺术也丧失了活力。我们主张发展民族文化，尊重传统，在建筑艺术领域也是这样。在中国，古代建筑艺术传统一贯受到重视，并且不断创造，推陈出新。

中国古代建筑的若干原则，今天仍可研究学习，特别是它讲究空间层次，讲究造型和灵活的构图，讲究建筑与自然结合等方面；它有非常丰富的用色和装饰手法，使建筑得以表现其个性。中国古代建筑艺术，由多种专门工艺所组成，并经历了长期的发展。

中国古代建筑艺术是成熟的，富有感染力的，它为今天的中国建筑师所取法，也受到世界人民的重视和喜爱。本文的浅显介绍，如果能引起世界上更多的人对中国古代建筑艺术产生兴趣，有进一步欣赏的愿望，我们将由衷地感到愉快。

二、学术言论

建筑师培养的几个问题*

我国建筑教育事业和其他专业的教育工作一样，在建国后，特别在1952年院系调整以后，在党和政府的领导下，在苏联专家的协助下，有了很大的发展。教师的队伍扩大了，学生的人数加多了。采用了苏联先进的教育组织和制度，学习苏联并采用了苏联的教材，开出了一些为教师们过去所不熟悉的课程，实行了生产实习和毕业设计等先进的教学过程，使教学的质量，每一年每一班都不断有所提高。在完成教学任务的同时，年轻的新师资也飞速地成长起来。去年2月间建筑工程部召开了设计施工会议，对建筑教学中所存在的形式主义、复古主义的错误倾向提出了批评，我们各个学校的教师们通过学习，批判了资产阶级唯心主义的建筑思想，改进了教学，结合了祖国建设的需要，重视了建筑业生产和生活的实用要求和经济问题，注重了先进科学技术的利用。就我所知各个学校一年来都取得一定的成绩和提高。

但是，我们目前建筑教育的情况还是不能认为是满意的。按照国家社会主义建设的需要，我们仍然非常落后，远远赶不上需要。我们要大力加强建筑教育工作。当然，加强建筑教育工作首先是要我们建筑教育工作者积极努力，我觉得有必要提出两个问题。

第一，关于建筑师的培养和专业方向问题。首先，我想在这里提出的是关于建筑师培养数量的一些看法。我曾经不止一次听到过认为由于有了标准设计，中国今后不需要多少建筑师的这样看法，这是我们所不能同意的。当然，推行标准设计，这是我们今后的方向，也必然会大大地节省设计力量，这是对的。但制定设计质量很高的标准设计（目前一般民用建筑的标准设计质量是不能令人满意的），巧妙地组织和运用标准设计，标准设计的不断改善，建筑各方面科学研究工作的开展，城市规划的工作（这是不能有标准设计的）等，都需要大量的建筑师。从各个国家建筑师数量也可以看出对建筑人才的要求。莫斯科一市就有2 700多建筑师；列宁格勒有1 000人以上；乌克

---

* 1956年2月在全国基本建设会议上的讲话。来源：《中国建筑学会会讯》第3期

兰共和国有6 000多（这些都是建筑师协会的会员人数，实际建筑师的数目还不止于此）。日本建筑学会有会员14 402人，美国建筑师协会有会员10 369人。要说明的是在美国持有开业证的建筑师才能入会，为他们私人开业服务的就有大量的大学毕业生肄业生，因此美国的建筑师数目实际上还不止于此。但我们中国建筑师的数量不用我说大家都知道太缺乏了。我这里没有统计数字，但我估计相当于大学毕业生的水平的恐不会超过2 000人，而放在我们面前的建筑量可能超过以上有些国家。因此，发掘现有建筑学校的潜力，大力发展建筑教育事业是非常必要的。这就应当给他们一定的师资，一定的图书等物质设施。目前在这些方面，还是远远不能满足各高等学校建筑系的要求，而对这个问题一直也没有得到足够的重视。

设计机构应按专业化的原则进行调整和建立，这无疑是正确的。这个方向是和建筑教育密切有关的。建筑学校中学生学习到一定的阶段就要分为工业建筑、民用建筑、城市规划（将来可能还有农业建筑）的专门化。目前有些学校已经或将要这样划分了。但现在我们就不明确各种专门化的比例应该如何，全国建筑学校是否应该就已有的基础和发展的要求进行分工。所有这些问题不是一个高等学校或高等教育部能单独解决的，这是人才培养全面规划中所要解决的问题。

我想再谈一谈关于加强建筑师培养工作的领导问题。在高等学校中学科种类繁多，高等教育部不可能，至少目前不可能对我们专业的业务方向问题进行足够深入的领导，这只能有赖于各个建设部门。但目前建筑教育和业务部门还是脱节的。虽然在学校方面作了一些努力，但问题仍然存在，在地区比较遥远的学校，问题可能更大些，这种现象应当扭转。目前我们建筑教学中还存在有很多问题，例如我们批判了形式主义、复古主义的错误后，作了一些改革，也获得一定的成绩。但这种改革是在分散的、没有统一领导情形下工作的。进一步要求如何，还应该作哪些根本方面的改革，这是值得研究的。去年11月4日苏共中央和部长会议在《关于消除设计和施工中浪费现象的决议》中，就指定苏联高教部和国家建委在今年3月1日以前制定关于改进建筑师培养工作的建议。我们希望我们的领导也能给我们类似的指示。

从目前高等学校和业务部门配合不够的情况可以看出来，建筑教育单位对技术政策了解是很少的，很多情况也只是道听途说，没有见到正式文件。为教学迫切需要的有关文件资料，除了自己奔走索取是得不到的。去年建筑工程部设计施工会议后情况稍稍有些改变，但有些单位还是“打不通”。有些在华南和内地的学校，每年总要派人到北京来一趟或数趟，以累月的时间奔走各设计机构之门“跑资料”。但由于种种原因，还是不能满足要求。假使有了较好的制度，这样时间、人力是完全可以节省的。

总的一个问题，我们要求建委和其他业务部门的领导单位对我们加强领导和督促，请不要拿我们当外人，对我们很客气，敬而远之。

我要谈的第二个问题是建筑教育、科学研究和实际工作相结合的问题。作为一个高等学校的教师，主要的任务是培养干部，这是当然的道理。差不多自1952年院系调整以来，我们全部教师都忙于开课，无暇他顾了。这在过去一阶段工作是完全必要的。但建筑教育工作者的工作在某一方面和医学院的医生一样，教师自己不能脱离实践。可是像我们这样的"医生"，很多人都好多年没有作过"临床诊断"了，这怎么能行呢！我认为一个建筑教育工作者是不能和建筑实践和科学研究脱节的，教师没有实践，纸上谈兵，教学质量当然难以提高。现在高等学校就要开展科学研究了，但如果没有实践，科学研究也会流于空洞和脱离实际的。因此需要将教学、科学研究和实践三者结合起来。建筑学校的教师要抽出一定的时间参加实际建设工作。此外，我们也非常希望实际工作中的有经验的优秀建筑师们分一部分时间从事教学工作。他们只要分很少一部分时间来教学，把他们的丰富经验介绍给同学，将生产的单位和学校的讲堂沟通起来，对提高教学质量是大有好处，他们会非常受同学的欢迎。当然这可能增加了某些建筑师的负担，但这也是十分值得的负担。提高了教学质量，就帮助了将来实际的建设工作。在苏联、波兰和其他许多国家乃至于资本主义国家也莫不是这样的，这是行之有效的好办法。我想这也是由于建筑工作本身的特点所决定的办法。但这个问题在目前还没有很好地解决。我感到各单位的门都可能关得太紧些，因此我在这里提出来谈谈，提请注意。

以上问题的合理解决，我想可以使建筑师的培养工作大大地向前推进。我坚信，我们领导上也一定会将这些问题加以合理解决。

对资本主义国家建筑的一些浅见 *

昨天，在大会上，听到了关于资本主义国家建筑师的流派，他们的作品以及特点的介绍，也看到了有关的幻灯片。这些建筑师在学术上的确产生很大影响。在杂志、书籍上也常看到有关他们的文章、作品。但是，是不是这些大师们关于建筑设计的主张，都在世界各地很广泛地实现呢？我们到资本主义国家去旅行时所看到的，并不是满街都是 F.L.Wright 所设计的房子，不是 Mies Van der Rohe 所主张的建筑。Le Corbusier 有一个理想，想在巴黎盖若干幢高房子，但巴黎并未照这一方向发展，也未根据他的说法实现。到资本主义国家一般城市看看，所得的印象，都差不多。当然乱七八糟，像幻灯片所放的那些离奇古怪样子的建筑物，却见到的不多，但也可以看到若干幢。资本主义国家的城市面貌，究竟怎样形成，掌握在什么人手里，我们自然会想到这些问题，关于这方面，我想补充一些情况。

美国城市，在市中心比较繁荣热闹，大多数是商业机构，影戏院、银行和写字间等，是大家活动的一个中心地方。一般城市总有几条街是最繁荣的。这些情况是怎样形成的呢？美国是土地私有制的国家，商业及其他各方面都主张自由竞争。在城市中心地区，商业荟萃的地方，地皮很宝贵，房屋建筑要多容纳人的活动，如不容易向旁发展，就向上面发展。在地价很贵的情况下，市中心地区乃逐渐有高房子出现，这一地区成为商业和其他活动的中心，人口也增加了。有人盖起高房子后，市中心附近的商业机构，由于在市中心租不到房子，就到高层建筑租房子。房子盖得不平衡，就会把城市某一地段的商业机构和人口集中到中心区来，造成那一地段的萧条，那一地段的房子租金马上会降低下去，房地产投资机构就要开始另外考虑办法。美国城市的地皮，有的属于个人，但大都属于各式各样组织起来的房地产公司，或是银行企业直接管理。他们彼此不商量，各有各的打算，都想得到最高利润。在这种情况下，很自然地造成了城

* 1959 年 5 月 26 日在中国建筑学会“住宅标准及建筑艺术座谈会”上的发言。来源：中国建筑学会档案室

市建筑面貌的极端混乱。

我记得，有一回是在费城，那里有若干大房地产公司，各自掌握着一些价值高的地皮，谁也不肯放手，随时都想办法来获取利润。在费城南郊的芦苇塘荒凉地带，房地产公司早已下了棋子，准备在那里举办150年纪念博览会。原来那里很荒凉，地价很低，没有人肯去住，想通过博览会的建设，使附近地价大为高涨，发一笔大财。但其他一些房地产公司，在城市别处掌握了大量地皮，就不赞成。这些房地产公司，在市议会各有其代言人，为了开博览会选择地址问题，在费城吵得天翻地覆。结果，力量最雄厚的公司战胜了，博览会果然在南郊荒凉地带举行。这样看来，在美国或其他资本主义国家，城市建筑面貌，实际上不是掌握在建筑师手上，往往只在绘图纸上做了不少工作，而实行起来却很困难。有一位搞城市规划的建筑师曾经对我说，虽然他们有些计划，大家也认为是合适的，但实行起来总是办不到，阻力重重，结果，还是要根据某些大房地产公司的意图去实现。

建筑师们的情况，据我所知道，除少数有名的建筑师，固然可以发表一些论调，在杂志上，学术界，学校中，引起很多议论，好像影响很大；但实际上，城市中大多数房屋的建筑设计，还是由一大批不那么有名的建筑师做的。在电话簿上可以看到他们的名字。他们做了很多平方米，这些平方米是投资公司建造的，一两个高房子的面积抵不过这些房屋的总面积。在他们这些建筑师中，业务上也要自由竞争，各个建筑师，往往都有各自找工作的道路，有各种各样的方式，聚餐会、俱乐部，各人有各人联系的方面，往往通过这些方式得到一些工作。可是，也常发现，在建筑师与建筑师之间，竞争还是很激烈。因此，他们设计的房子，有时候，不得不迁就一些投资公司方面的意见。假使建筑师名气大的，也许可能贯彻一点自己的看法，但这样情况毕竟是少数。F.L.Wright替一个搞地板蜡的化工厂设计一座房子，是根据他的意图，但其中也有一番道理。这一幢房子还经常漏水，我去参观那一次，外边正挂了活动脚手架，有二人在玻璃管中嵌油灰之类的东西。后来，找到包工详细谈了一番。他说，这房子造价要比一般房子贵上20%上下，我问厂方是否同意，他说，厂方没有怨言，因为这座房子的广告价值很大。房子的古怪引起全国各地，甚至其他各国的人慕名而来，常常一天到晚有人参观，组织了专人招待，每人看完临走时，还送一纸匣货色样品，如胰子、地板蜡等。

这些建筑师做业务的方式，我也有一个体会。我在美国学校里读书时，暑假想找一个工作，到城内一个建筑事务所去接洽要短期工作。他们为一个印刷厂设计一个办公房子，厂里对蓝图看不懂，对设计不大满意。我替他们绘一幅透视图，用水彩渲染，他们镶了一个镜框，拿去给厂方看，说是很好，就把这个工程交他作了，我因此也得到了工作，其实他的工作并不很忙。在那种情况下，主要是满足业主要求，并不是自己想怎样设计，就怎样设计。不过，话又得说回来，虽然在资本主义国家中，是像我刚才所说那样情况，但也有在个别地方，偶尔做得不错的。如在美国，曾看到一个新厂区，钢铁框架结构，成片地盖起来. 能够按照一个总的计划在小区中实现。法国北部一个小摩卜施（Maubeuge）城市，由于战争破坏而重建，一位老建筑师是个共产党员，费了很多心思作了新的规划，是逐步按计划实现的。后来知道，这一城市的市政府中也有共产党员参加工作。他们说，实现这个计划也不是一帆风顺，是经过说服，经过不少艰巨工作才实现。法国西部勒阿弗尔（Le Havre）海港，战争时破坏，重建时有个总体布置章法，从海面上也能看出这个城市的轮廓是经过考虑，最后了解到这一位市长也是个共产党员。他们给这些地主、老板做了很多说服工作，向他们说明，地权仍旧归他们所有，房子盖好之后还可让他们优先选择店面，使他们觉得有好处，比他们原来单干的意图要好得多，比狭窄的街坊能多做一些生意，经过很费事的说明工作，才能组织起来搞。从这一情况中可以看出，在资本主义社会中，也不是完全不可能实现一点城市规划的；但要有合适的具体条件，有共产党员领导加上一定的艰苦说服工作。在工程技术、建筑材料上，也可以看到有些东西是不错的。欧战时我到美国，看到很多水力发电站，由于电价降低，造了一些制铝厂，战争中用铝很多，战争结束后，制铝过剩，这些厂家就研究如何大量用铝做门窗，做活动的隔断墙等等。在一定条件下，也可能产生些新东西。但不像我们样样都能有计划地发展。另一方面正因为他们自由竞争，抢生意，在这糟糕的情况下，也可能偶尔产生一点有用的东西。如门锁五金，竞争很厉害，大家杀价，但又必须保持自己的利润，因此迫使他们研究改进、降低成本。但各有专利限制推广。结构方面，也有采用装配式的，在一个星期内将全部厂房盖好，但这些东西是个别的、小量的。施工上的好办法，不能大量的很快地使用。城市面貌，也不能很快改变。这是由于社会制度的不同，他们办不到。

我觉得对资本主义建筑的看法，他们个别人的某些见解即使是不差的，但在他们的社会制度下，要大量实现，是绝对不可能的。而仅仅在某些个别情况下有实现，是昙花一现，而且也费了很多的力气。在施工和建筑材料方面，虽有一些发明，但不能大量应用，许多发明有专利权，由于他们还有这样一种专利权限制他整个的发展。把资本主义社会的设计和施工完全看成一无所取的话也不现实，同时亦必须看清在它的社会制度下有其局限性。

对建筑艺术问题的一点浅见 *

这几天听了各位谈到建筑艺术问题，使我学到很多东西。这方面，我在平常工作中没有什么研究、分析；在学校中主要是帮助同学看图样，改设计图。我也参加一些别的设计工作，主要是一些讨论会，提些意见，因此，在这方面自己还是一个小学生。今天提出一点看法，请同志们指教。

我觉得对于“适用、经济、在可能条件下注意美观”这句话的理解应该是三者相互联系，相互制约的。我们不能使美观脱离功能、脱离经济来单独考虑。我觉得建筑与绘画、雕刻有所不同。绘画或雕刻可以通过色彩或线条形式作出图案，用以表达作者心中所想的事物，雕刻又可以通过材料来表达形体，但装饰性毕竟是他们的重要方面。然而建筑，它首先应该满足功能使用上的要求，所以建筑就有它的阶级性。建筑物在阶级社会中不可能没有它的服务对象，是为资本家服务，还是为工人服务，从功能、从平面布置以至于尺度、材料、质量等各方面，是很容易区别的。

那“适用”“经济”和“美观”三者的分量是否一样呢？我看，有时可能有所不同。换句话说，根据不同的性质，不同的功能要求，在一定的经济条件下，以及不同的美观要求，使建筑物在三方面的分量有所不同。例如医院建筑，功能要求比较严格，各部分的组合联系、相互关系等等要求较高。这种建筑在适用方面的分量占得重些，当然由于地区的不同经济要求也会有所不同，但美观方面的分量总是轻一些。

就居住建筑来说，三方面的分量应该相差不太远；至于纪念性建筑物，在很多情况下，美观与艺术处理要求就高些。

谈到美观问题，尤其是纪念性建筑物，美观与复杂装饰是否成正比例呢？我看不是这样。复杂的装饰，可能产生艺术效果，但有时简洁的手法，也可能产生艺术效果，但它必须经过创造性的脑力劳动，作很大的努力，进行艺术处理。比如列宁墓，体型简单、

* 1959 年 6 月 2 日在中国建筑学会“住宅标准及建筑艺术座谈会”上的发言。来源：中国建筑学会档案室

庄严，确是很美观，但它与结构主义不同。因为在简洁的轮廓中可以看到经过很多的艺术处理。

总起来说，我们对于“适用、经济、在可能条件下注意美观”不应片面强调哪一方面，否则就会堕入功能主义、结构主义或唯美主义、形式主义。

下面我想通过一些实例来说明我的想法和实际运用问题。

关于国庆工程总的来说，在艺术处理上有的采用了不少装饰，有些采用了传统手法，有些采用了西洋的手法，也有些采用了新的结构方式和新的技术处理。很多人的印象是，国庆工程表现了采用多样化手法来解决建筑的艺术处理问题，也可以说在国家建设的现阶段，在建筑事业中，表现了百花齐放、百家争鸣的气氛。

我觉得建筑应该是为政治服务。国庆工程就是充分表达了政治上的要求。天安门广场整体规划，包括东西长安街，宽阔的新辟的道路、天安门前新建的革命历史博物馆与人大会堂以及广场的各项处理和绿化设施都充分表现了社会主义建设的伟大气概。在政治要求上是会起很大的作用。再看天安门广场以及附近的国庆工程，包括整个城市规划处理，能在这样短的时间里实现（从五一观礼那天就看到天安门前两大工程已基本上完成了结构部分而进入内部装修阶段），施工速度本身也表现了社会主义制度的优越性。在同样的条件下以这样短的时间来完成这样大规模的工程任务，在资本主义国家是不能想象的。只有在集体所有制的社会主义制度下，才能发挥计划性的协作精神。这在我们城市规划及建筑群方面全国各地都能充分看到的。

在个体建筑的讨论中，大家都谈到了美术馆和电影宫，有人说美术馆在批判大屋顶的复古主义后，为什么又运用了这样浓厚的传统手法？也有人认为，馆内要陈列的可能是当前的一些艺术创作，新的画陈列在民族形式的老手法的房子里，是否会不相称？我觉得这个美术馆完全可以运用较浓厚的传统手法，当然这也并不是唯一的手法，还可能有许多别的手法处理，但在当前这个处理手法还是相当成功的。尤其是当我们还没有找到第二个更好的办法之前，它是能得到多数人的喜爱的。美术馆是否原封不动地搬用传统手法了呢？我认为不是的，尽管采用了类似古代的装饰细部如柱子、额枋、椽子、琉璃瓦等等，但不能很呆板来看待这一个问题。如同一个戏剧故事内容一样，也许用京剧排演不错，也许用河北梆子，或评剧也很好。排演一个剧目是否只能用一种方法来表达呢？当然不是，我看有些剧目可能是用某样剧种去表达效果更好一些就是了。在具体运用时，如美术馆的廊、亭及某些部分的运用，还可以这样来比喻，好比用不同的字句或词藻，但毕竟“词藻”是工具，想通过词藻表达一个什么意思，美术馆采用了传统手法的词汇来表达建筑物的精神上的要求。有人说这是否是生搬，我认为不能这样理解。假如某一个房子，简单的一个方盒子头上顶一个大屋顶，这是生搬。但美术馆不是很机械的搬用，如廊子的处理就采用了创造性的手法，单从形体来看可能是一个古老体型，是不是廊子上也一定要挂上展览图呢？那也不一定，不能硬要求在每一处都须显示出它的明确功能作用，那是不容易的。总之运用廊、亭是把它们当成“词汇”表达了一种快美感觉，精神要求解决得相当好。我估计大多数人会发生兴趣的。假如有人说传统手法的运用是要不得的话，我还不能马上明白。但是这个美术馆在满足功能之外，在艺术处理上的确达到了某些要求，从经济来看也不见得花很多钱。从国庆工程的全部总面积来看，这个美术馆的面积也是有限的，而对这类建筑性质的效果来说是好的，为什么不可以用呢？当然全国各地若都照这个美术馆去进行建筑，那就不对了。

这座电影宫的设计采用了新结构，形式上运用了不是千篇一律的手法，有人提出是否表现了结构主义或是抄袭了资本主义国家的建筑了呢？当然单从形式上考虑可能会这样想，但分析一个建筑物我们一定要全面考虑，不可抓住一点做文章，否则就会犯了片面的错误。我认为在复兴门外，坐北向南，地形不规则，路南有广播大厦，体形大，高的广播塔，是一个很严肃对称的建筑物，在对面设计一个新建筑的话，不能不考虑四面八方的环境，这是个难题。假如不考虑环境而闭门构思的话，可能会有所不同。但处理这个设计的手法我认为一定要考虑总体布局，和环境的关系。由于基地较小，体形也不大，要与路南的广播大厦对称起来是不可能的，或在式样上采用同样的细部也很难达到好效果，因此只能采用变化的手法来处理。电影宫采用了新结构——薄壳形式，前面有廊，前立面是不对称的，这样手法我觉得很好。从城里坐车向城外去，很远就能见到广播大厦，看到大塔。如路北也是同一体形，由于体形小很容易使人忽略过去，现在采用了变化的手法会引起人们的注意。平面布置基本上也满足了功能的要求，外形不像很面熟、到处见惯的立面，而采用不常见的形式结合功能及经济应该是可以的。

这两个建筑物大家谈得多些，但也没有认为功能不能满足或浪费了大量资金。往往单纯从形式来看就发表不同的说法，尤其是过去我们批判了功能主义、形式主义、复古主义等等，很容易一下子对新建筑物单纯过分从形式来判断，这是不够全面的。所以对于建筑物的判断还是应该以“适用、经济、在可能条件下注意美观”的全面观点为依据，要从适用、经济、美观三方面辩证统一的看法来进行分析，同时也应该注意到今天我们一切建筑物都是要为无产阶级政治服务，要考虑到它们的政治影响和政治结果。

在把我国建设成为强大的社会主义国家中发挥应有的作用 *

中国土木工程学会和中国建筑学会在广州召开的第二次全国工作会议，从1月10日开幕，经过全体代表8天来的紧张工作，现在就要胜利结束了。

这次出席会议的代表，方面很广。有中国土木工程学会的理事15名，中国建筑学会的理事30名；13个专业学术委员会都有主要负责人参加；各地学会有27个省、市、自治区学会和49个市学会的代表出席；还有2个专区学会和2个县学会代表出席。专区和县学会参加会议，这是过去还没有过的。加上为讨论设计方案而来的同志和全国科协以及某些地方科协的代表，总共有152位同志参加了会议。人数比第一次工作会议更多，代表的地区和方面也更加广泛，这是我们两个学会工作开展，走上新阶段的一个标志。

会议听取了茅以升理事长为代表的两个学会常务理事会所做的工作报告，并进行了讨论，代表们一致同意和拥护这个工作报告。

会议通过分组讨论，大家发言和书面发言，交流了各地学会的工作经验，介绍了专业学术委员会的工作情况和今后工作打算。在交流学会工作经验里，大家认为德惠县学会的报告，对各地学会启发鼓舞很大。他们坚决依靠党的领导，把学会各项活动置于党的领导、监督之下，紧紧地围绕党的中心任务进工作。他们的经验是“结合中心，两当为先，抓住关键，走在前面”，是“层层建立三结合的技术领导核心”，是“由点到面，点面结合，专业为网，上下相连，加强协作，左右配合，互相支援”。我们认为德惠县学会工作，方向对头，战绩显著，可供各级学会参考。参加会议的同志对于东北三省学会召开地区性工作经验交流会的办法，认为很好。他们在会议上交流并总结了建立党的绝对领导，加强组织建设，制定工作计划的经验，并创议开展地区协

* 1960年1月17日在“中国土木工程和建筑学会第二次全国工作会议”上的闭幕词。来源：中国建筑学会综合部，标题为主编后加

作。他们指出“层层靠实，事事挂帅”，提出制定计划要“三结合（上下结合，内外结合，学会计划与会员个人计划结合），三征求（征求党委指示，征求行政部门意见，征求广大会员意见）”，计划内容要“三结合（远近结合，难易结合，提高普及结合），四定（定项目，定时间，定人员，定单位）”，计划要“不断平衡，修正落实”；提出三省大协作的内容范围，组织领导，协会项目和具体安排。这是我们土木工程学会的一件创举，值得各地参考。同志们也很重视沈阳学会关于配合技术表演竞赛，包头、苏州等学会关于发展会员以及其他各地学会的许多宝贵经验。

会议还进行了五项学术报告，组织了对北京和无锡的建筑工作者之家，以及山东、上海、江苏等地某些重要工程设计方案的审议工作。这些学术报告，由于反映了党的领导，由于内容结合建设实际，同时由于这些报告大多经过领导同志和技术专家反复研究，准备出来的，所以虚实结合，既有学术性，又有思想性，受到听众的欢迎，认为对于今后工作有所帮助。对于各地设计方案的讨论，大家认真负责，各抒己见，是对地方重要建设的具体帮助，会后还准备组织一部分同志到武汉和桂林去，研究某些规划和设计方案。北京的建筑工作者之家设计方案审议结果，准备扩大范围，再进行一次设计竞赛，在全国建筑、结构会议期间，提出评审，仍由北京市建筑学会主持其事。无锡的建筑工作者之家设计方案审议结果，基本上同意上海市建筑学会主持下所做的综合方案，拟带回北京，经建筑工程部领导同志的审查，再结合同志们提出的意见，加以修改，制出施工图纸，交付施工。

会议由于广东省和广州市同志的关怀帮助，组织参观了广州市、新会县和其他地方的建设成就。新会县在党的领导下，依靠群众，坚决贯彻勤俭办一切事业的精神，建设与生产相结合，就地取材，以园建园，做出很大的成绩，不愧为前年青岛全国城市规划座谈会上所树立的中小城市改建的旗帜。新会县是根治白蚁土专家李始美同志的故乡，现在我们又认识了建筑上的土专家钟鸣同志和一批青年技术人员，这是新会县委从生产实践中培养人才，按两条腿走路的方针培养技术专家的一个很重要的方法。其他为花县一位原任人事科副科长，在县委的领导下，负责规划设计工作，规划设计了永乐大队 1 200 人的居民点，将在三个月内建成。佛山县用了 16 万元，60 天时间，解决专家认为须要投资 100 至 200 万才能解决的排水工程。大良人民公社在华南工学院协助下，建成了 55.04 米 ×55.04 米的薄壳屋面、能容纳 5 000 人的大礼堂。还有其他许多事迹，使参加会议的同志大大地解放了思想，认识到有了党的正确领导，群众的冲天干劲，再和技术专家结合起来，我们还有什么办不到的事情呢?

这些就是我们第二次全国工作会议的丰富多彩的内容，代表们一致认为会议开得很好，收获很大，对今后学会工作起了推动作用，是1960年我们土木、建筑学会工作的开门红。

尤其重要的是建筑工程部杨春茂副部长代表建筑工程部党组给我们会议做了指示。杨副部长的报告分析了当前的形势和任务，指出学会的工作方向、工作方法和工作作风等问题，非常具体，非常透彻。这是对我们各级学会一个极其重要的指示，我们应该认真传达并遵照这个指示积极地开展工作。

杨副部长告诉我们：在20世纪60年代里，我们国家要建立起一个完整的经济体系，基本上实现工业现代化，农业现代化，科学文化现代化和国防现代化。今后几年内，不仅工业体系要建立，城市要大规模建设，而且农业上的机械化，电气化，水利化，化学化一定也是要实现的。国家的基本建设任务就是要为了这个总的任务服务，更多、更快、更好、更省的去完成或提前、超额完成计划。我们土木、建筑学会的工作，就必须坚决依靠党的领导，围绕党的中心任务来进行工作，以专业学术委员会为主体，以群众性技术革新技术革命为中心，大搞学术活动，解决土木、建筑事业中的技术关键问题，大力支援农业建设，培养壮大既有马列主义水平又有高度技术水平的又红又专的土木建筑队伍，大力地发展学会组织，在把我国建设成为一个强大的社会主义国家的光荣伟大的任务中，发挥应有的作用。

为此，第二次全国工作会议向各地学会和全体会员号召：

一、坚决服从党的领导，主动地、自觉地贯彻党在各个时期和各项工作上的方法政策；围绕本地区党委的中心任务，制定学会和专业委员会工作计划，大力开展活动，每个会员都投入技术革新、技术革命的热潮中去。

二、努力学习马克思列宁主义和毛主席的著作，掀起一个学习毛主席著作的高潮，加强改造自己的非无产阶级思想，树立无产阶级的思想，发扬共产主义的风格。

三、努力提高自己的技术理论和技术经验的水平，立大志、下决心，掌握技术尖端，攀登科学高峰。

各地学会和全体会员都要鼓足干劲力争上游，响应第二次全国工作会议的号召，才能使我们土木、建筑学会真正成为党在土木建筑事业中有力的工具和助手。

以下我想就一些具体的问题，再简要地说明一下。

（一）组织问题

1、建立学会组织——省级学会要求在今年上半年全部建立起来，省辖市、专区、和专区辖市的学会也希望尽可能地普遍建立，县级学会视当地需要与条件，能建立的我们希望他们建立。各级学会的专业委员会或专业学组，虽然其数目与内容可以因需要的条件的不同而因地制宜，但是要注意上下对口，便于业务活动上的联系。

2、发展学会会员——各地学会要向包头、苏州等学会看齐，解放思想，大力发展会员。把符合全国科协所规定的入会条件的有关领导干部、土建专家、青年技术人员、先进的工人同志，更加广泛地吸收入会，特别要注意吸收群众中的先进人物入会。北京市和武汉市学会的负责同志在听了杨副部长报告以后，已经相互挑战应战，这是积极的态度，值得我们重视。会员人数增加以后，必须注意基层组织（支会或会员小组）的健全和活动的开展。

3、密切业务联系——上下级学会之间的业务联系应该跟随着学会组织的大发展而更加密切。过去，我们学会只有全国一级和大、中城市一级，联系比较简单直接，现在有了省、市、专、县各级学会，不可能都采取和全国性学会直接联系的方法。今后凡已有省级学会的，原则上我们联系到省，省级学会还没有建立的，市学会暂时还可以和我们直接联系。偶有重大的或紧急的业务事项，也可以同时向省学会和全国学会进行联系。今后，省级学会每一季度请将组织建设和工作开展情况以及业务上发生的问题或要求等，向我们做一次报告，我们也通过“会讯”或其他方式，把我们的活动情况向各地学会报告，以便上下通气，进行业务指导。

（二）工作计划问题

各专业学术委员会和各地学会都已将今年工作计划草案在会议中印发，请各专业委员会根据杨副部长在会议上的指示，再加研究修改，在二月十五日以前送常务理事会，以便综合成为学会的工作计划，通过“会讯”，传达到全国各地学会。各地学会也可以在杨副部长指示的精神下，结合当地情况，配合全国性的各项学术活动，加以改定。地方学会的工作计划只要当地科协和行政业务部门的领导批准，就可以执行，但要把正式计划报送全国学会一份。各地学会的专业委员会或专业学组的工作计划和活动情况，也请按期送报给上级学会的对口专业委员会。

同志们，学会的各项工作，最根本的问题是紧紧依靠党的领导，认真走群众路线，密切结合生产建设实际，这是所有在大会或小组上介绍经验的同志所共有的深刻体会。我们要坚持不渝，时刻不忘，这是学会工作能不能做好的根本问题。会后，请代表回到各地立即向党委、科协和有关行政业务部门汇报和请示，广泛地向会员传达，结合实际情况，改定计划，开展工作。如果这次会议是一个开门红，那就预祝各地学会的工作，月月红，季季红，满堂红，红到底。

这次会议承广东省委、广州市委、省市人委、省市科委科协、省市建工局关怀支持，承全国科协派同志参加，全体代表和会议秘书处的工作同志的努力，多方面有关同志的帮助，使会议开得很好，我们敬致感谢之忱。新会县委会和江门市委会指导我们参观学习和热情的招待，我们也深为铭感。

考察蓟县独乐寺的谈话 *

这一建筑从历史、艺术、科学三方面来评价都可以说称得起特等。从历史价值上说，它已有970多年，快到1 000年了，在全国木构中像这样保存完整的，已经没有几处了。两座唐代木构南禅寺、佛光寺虽然年代早一点，但它们都是单层单檐的殿座。而观音阁则是高达二十多米的楼阁，是全国现存楼阁中最早的一个。从艺术价值来说观音阁也是非常突出的，不仅外观造型优美，内部的构件处理，天花藻井等都非常好，还有十一面观音的造型也很好。观音阁的科学价值从木结构来说也很突出，用了双槽相套的构架，对抗震有作用。听说曾经经过几次大地震，但仍旧屹立不坏，经受了考验，这是了不起的成就。

关于加固维修的方案，现在观音阁的大木构架基本完整，有些斗栱、枋子拔开了一点，关系不大。四个檐角上下支顶的小木柱子很吃劲，直径虽然不大，但是一木顶千斤，很管用。观音阁最大的一处损伤是中层明间的柱子向内闪，拔榫很大。其原因是观音像身上的铁箍后面拉在柱子上了，地震时大像晃动，把柱子带动拉着向前内闪了。我看暂时还不要紧。为了安全起见，目前可采取一些加固措施。其办法有二：一是在下层后部内外柱子之间加一个刚性的门框，下面还可以通行人，也不妨碍观瞻。这个框子要很强，用钢结构制作。再有就是用钢杆把四周柱子上下两层都围拉起来，使整个木构架不致散动。拉杆件不宜太粗，要隐蔽，颜色也要随旧。在柱子身上拉杆接触的地方要用扁钢并衬垫，不要伤柱子和其他构件。这两项加固办法还需要找人做仔细验算，认真研究，不要马虎进行。

---

* 1962年4月考察蓟县独乐寺时的谈话，罗哲文整理。来源：《杨廷宝建筑言论选集》

降低建筑造价 *

解放以来，我们建设了大量新的工业城镇，改建了许多旧城市，大批的公共和居住建筑在全国各地如雨后春笋般地出现了。建筑事业的蓬勃发展，成绩辉煌，中外共睹、颂声载道。我们不能不归功于党和政府的正确领导和有关技术人员的社会主义建设积极性。现在正当各方面雷厉风行增产节约和调整、巩固、充实、提高的时候，为我们建筑事业今后的跃进，准备有利条件，就必须进一步提高质量降低造价。要想达到这个目的，我认为首先要从下列几个方面考虑：

一、关于建筑材料方面。在一般的建筑工程造价中，百分之三十左右是属于人工，百分之七十左右是属于材料。因此，建筑材料的价格与搬运费用对于工程造价影响很大。材料的质量又直接影响到整个建筑物的质量。所以我们必须特别重视这个问题。近年来，一些主要的建筑材料生产，如水泥、钢条、玻璃、陶瓷等等是有很大的发展，不惟满足了国内需要，而且还能出口。但是为了今后建筑事业的进一步发展，必须增加品种，提高质量和降低价格。我们不能满足于现状。必须严格要求一些基本建筑材料的规格。例如常用的砖，就必须定出一定的几何尺寸规格，耐压标准，以便于设计人员在采用时作为依据。问题好像不大，若是在这一点上不注意就会带来一系列的问题，造成莫大的损失。设计人员心中无数，宽打窄用，更无从考虑建筑模数、高层承重以及建筑工业化等问题。希望有关部门早日制订一套标准，要求全国各地严格遵循，这应该说是起码的要求。其他一些常用材料亦有类似情况。

我们今天一般使用的建筑材料主要是一些传统习惯使用的材料，也就是砖瓦木石，不但我们老祖宗使用了几千年了，世界各国亦都用了很久了。搞建筑设计的同志们一天到晚在砖瓦木石里翻筋斗是翻不出多少新花样的，是受到一定的局限性的，绞尽脑汁也不容易创造出多少奇迹。为了今后建筑事业提高质量，缩短工期和降低造价，必须抓紧时机，划出一部分力量，开始研究试制各种新建筑材料，以便能够及早掌握生产技术工艺过程，达到价廉物美，便于推广采用。例如，利用工业废料，煤屑、油渣、

* 1963 年 11 月在第二届四次全国人大代表会上的书面发言。来源：《杨廷宝建筑言论选集》

碎石棉等料制成各种砖、壁板、吸声材料和化学铺地材料，既轻便耐久易于施工而又新颖美观。若发展薄壁多孔空心砖，既能节约泥土又能节约燃料，而且搬运轻便。其用途甚广，既可代替楼板屋面板，又可加筋制成各式小梁搁栅，大量节约木材，又可作隔墙和漏窗装饰之用。再如泥土中掺胶溶沥青制成土坯砖，可以增加防潮避雨作用。若能掌握技术，大量推广，对今后农村建筑进一步发展，具有重要的实用和经济价值。

若是有了一些现代建筑材料，工厂制品的建筑材料，就有可能给建筑设计工作开辟一些新领域，探讨新办法，免除建筑工地大量的复杂水作业，如墙皮抹灰之类。因而提高质量，缩短工期，有利于发展装配式的建筑，使建筑事业逐步走向工业化，大幅度地降低建筑造价。

二、关于施工管理方面。我们施工队伍的连年成长，亦是惊人的成绩，都是干劲十足，历年来，完成或超额完成国家的施工任务。在突击工作中，更能出色地表现他们的能力和积极性。为了今后进一步提高工程质量降低造价，我认为一般工地还可以力求减少工人数量，提高工作效率，大力精简组织管理人员，进一步简化各项手续，压缩管理费用和上缴任务，改善材料商业部门的供应条件与运输部门的密切协作，合理计划工地的小搬运，避免停工待料以及一切不必要的窝工。在大型工业民用建筑工地与大规模居住区的工地上，可根据工程性质选用适当的大型吊装运输机械。在一般建筑工地上，宜尽量利用简单吊装转运设备，以减轻体力劳动强度。

总之，在施工方面应该全面贯彻多快好省的要求，而不可只顾多快忽视好省。有条件的地区宜考虑不同的专业工种在各工地轮作调配，以免窝工。有些地区还可考虑在农闲季节，使用临时壮工，既支援了工地劳动力，又增加了部分农民的收入。尽可能避免或减少以技术工代壮工。应千方百计提高效率以降低建筑造价。

三、关于建筑设计方面。解放以来我们的建筑设计队伍亦有空前的发展，设计水平都有飞跃的提高。各类型的建筑物，都能够自己解决，这是足以令人兴奋的。近年来，在提高建筑质量降低造价方面，确实作了不少努力，亦得到了相应的效果。不过在这里应该说还有很大的潜力可以挖掘，还有不少窍门可以开动脑筋，许多建筑群的总体布置不够紧凑，使用不便。有些工业厂房的结构还不够合理，不够经济。有时计算保守，或者沿用过时的规范依据。我们应尽可能想办法加速设计人员的技术训练，提高业务水平。常到工地视察，多与外界接触。除参加科学研究业余补习之外，还可充分利用专门学会的组织，经常举行报告会与学术讨论会；布置展览会和组织国内参观调查，交流经验；进一步提高学报质量。凡此种种都有助于提高设计人员业务水平。他们的工作，需要广泛的常识，若终日埋头于绘图房中赶任务，就易致孤陋寡闻，殊非所宜。

浅谈建筑材料的发展问题＊

俗话说得好："巧媳妇难为无米之炊"。建筑材料对于一般工程来说也像粮食一样。

在我国建筑事业的现阶段发展中，可以说建筑材料是带有相当的关键作用。我们迫切需要突破现状，无论如何，不能满足于少量的传统建筑材料，一天到晚只在砖瓦木石当中兜圈子。随着工业的蓬勃发展，就应该跟之而来许多种工业产品的建筑材料，尤其是利用化工的副产品而制造出来的新颖品种。若是讨论研究，创造试制，改进工艺，提高性能，降低成本，推广应用，不惟足以带动建筑设计的发展，而且可以促使施工的逐步现代化、装配化，以适应我们社会主义建设蓬勃发展的要求。但必须有计划有领导地统一去抓新材料的生产、推销、使用各个环节。既要下达任务生产，还要保证推销使用，充分发挥社会主义大协作精神的有利条件。

在当前的情况下，我觉得就是在一些传统建筑材料方面，也还有大量潜力可以继续挖掘，在提高质量的同时，要大力提高产量，增加品种。例如：

一、砖：

1. 标准砖：要严格要求尺寸、标号、颜色（荷兰砖能防水，北欧、瑞士17层建筑用砖墙承重，使用要求400公斤／平方厘米，实际达到500公斤／平方厘米）。

2. 带色釉砖（里斯本、莫斯科建筑展览会上展出）。

3. 异形砖：钩子砖（据说南京初搞，西北推广，武汉展出）。

大方砖（广州屋顶隔热）。

铺地方砖（小缸砖，唐山生产，深红色，便道用）。

面砖（各种粗细面、颜色、型号、拐角，据说过去常州、宜兴都生产，上海机场使用，北京使馆区要用买不到）。

4. 空心砖：国内外均大量使用。南京从前亦生产，用途广，用作护墙、隔断墙、

＊1972年11月在江苏省南京市建委"建筑材料座谈会"上的讲话。来源：《杨廷宝建筑言论选集》

空心砖楼板（在意大利看到用作预制小梁搁栅、楼板，还有扶手墙以及贴面空心砖）。

二、瓦：

1. 挂瓦：需要抓尺寸准确，边角平整，颜色均匀。形式似乎不妨有多种多样，方的、长的、鱼鳞的，脊瓦天沟瓦。

2. 蝴蝶瓦：修理旧式房屋用，南京大量旧房失修，材料买不到，勾头滴水的异形瓦更是没有了。

3. 筒板瓦：大屋顶用，具有隔热效果，云南民居多用。

4. 水泥瓦：可试制一些新式样，大型折板瓦、双曲拱型瓦结合结构。

三、木：

1. 可否有计划地与林学院、林业机构等协作，引种一些有用的质地较好的树木，像苏南山区就有极好的条件。

2. 锯木厂进一步地和设计单位、施工单位密切协作，与家具厂、玩具厂紧密挂钩，尽量发挥木材的综合利用，消灭废材料（如丹麦及北欧其他国家）。

3. 改进胶合板，解决胶合材料的困难，增加品种。减薄三夹板，提高五夹板质量，使之可作地板、隔断墙等用处（如加拿大的木材厂）。压制胶合三夹板的空心内门门框及门扇，发展各种成品，制订目录，便于设计单位选用，促进装配式建筑的发展，使房屋建筑日益多快好省。

四、石：

利用农闲或其他劳动力，有计划、有组织地开山采石，如苏州花岗石，宜兴、高资等地的大理石。据说南京附近亦有，可开办大理石厂，附设预制磨石厂，发展一种石料联合企业，以支援国内建设和出口各项任务。

随着工业的蓬勃发展，我们完全有条件来考虑各种新颖材料的制造。其实像我们这样大的一个国家，花百分之一乃至千分之一的力量投入建筑材料的试制生产，应该不算太多吧。因为厂矿企业、行政、学校，凡是有人的地方总都少不了需要房屋以蔽风雨。我们江苏现在已经有了几座水泥厂、钢铁厂、玻璃厂、炼油厂等大型工业，若能稍稍分一点力量投入建筑材料生产，需要的原料应该是不成问题的。例如下面这些建筑材料。

一、金属：

1. 钢窗厂：有了钢铁企业，创办一个钢窗厂，应该是不成问题的，还可以考虑出口任务。

2. 小五金厂：当前全国许多地区，建筑上用的小五金奇缺，至于品种及质量更不用说了。普通用的插销和我半个世纪以前所看到的差不多，似乎没有人肯在这上面动脑筋去改进。从前我在美国考察过一座小五金厂，已有几年的历史，积累了不少实际经验，有一个很大的样品展览室，还附设一个研究室，经常钻研怎样改进产品，精益求精（包括卫生用具上的五金）。

3. 灯具厂：现在各地设计新工程，稍微要求特殊一点，就感到新式样的灯具缺乏，要办这样一个厂，我想可以先从很小的规模办起，以生产一般常用的廉价灯具为主，同时承接一些特殊灯具的制造。

二、玻璃：试制大块平板玻璃，双层玻璃以及三层玻璃，中间抽真空以便能达到隔热保暖的效能，进一步提高质量。还要试制各色玻璃，钢丝网玻璃，瓦楞玻璃，以及各种尺寸的玻璃砖，砌墙用，可使通道透光。

三、陶瓷：

1. 卫生用具不能停止在老一套形式上，当前还有一个缺货问题必须很快解决，以前宜兴曾经生产过，后来停止了。带色的浴缸、脸盆、便斗，还可以发展考虑出口。

异型的浴缸，长方形的、方的（瑞典的一种浴盆）。

2. 各种瓷砖：方的、长的、转角零件，胰子架、手纸架，各种颜色的磁砖。

3. 小马赛克：方的、小长方的、六角的，各种颜色的。

四、化工：

大力发展各种胶合材料，利用炼油厂的下脚（料）制造各种新产品，新的建筑材料，提高石油沥青的熔点及耐炼的性能和（油）毛毡的质量，使平屋面的防水寿命延长。试制各种类型的地漆布，减轻混凝土楼板的层层粉面工作。

发展胶木制成的各种建筑装修材料：如新型的胶木开关，塑料瓦，塑料制成的马桶盖、马桶水箱、淋浴盘以及各种小五金零件的代用品。

还要发展各种花纹的贴面材料，各种防水修漏材料，以及各种类型的油漆及颜料。

江苏省完全有条件来解决这些材料问题，不但能够帮助一部分国内供应，而且也有可能担负一定的出口任务。只要我们下决心抓住时机来攻占这个阵地，我认为是一定能够成功的。

这一项工作的组织领导，看来最好是由基建局负主要责任，会同有关单位协作进行。可否建立一个材料中心，例如伦敦建筑材料中心那样，把他们全国各地生产的建筑材料都汇集陈列起来，还收集了他们的说明书，经常和厂里取得联系。不但可供一般建筑师们、施工方面和建设单位随时参考咨询，还可提供学校作为教材实例。有些产品还附有活动彩色电影，表示如何施工应用，由教师约定时间，带领学生前去观看学习。他们已开办多年，很受各方面的欢迎称赞。荷兰早已仿照创办，成绩亦是卓著。

另一方面，还可以在下达某些材料的试制生产任务的同时，举办报告会或书面通知各建筑设计单位以及建筑学校。最好及时地安排试点工程。开现场经验交流会，邀请有关各方面参加，以利推广。否则，生产了东西，无人知道，无人采用，则必致生产搁浅。以往就是没有人负责推广使用，乃至造成积压滞销，打击了生产的积极性。

考察山西古建筑时的谈话＊

一、太原晋祠

1. 晋祠要做全面的规划、整体的考虑。晋祠是国务院公布的第一批全国重点文物保护单位。北宋时期的圣母殿，殿内的宋代塑像，殿前的鱼沼飞梁，金人台上的宋代铁人，以及唐碑、宋代献殿，都是十分珍贵的古建筑和文物。明清时期的建筑和塑像很多，也都有很高的价值。更难得的是晋祠的泉水和古柏等自然的风景名胜，与古建筑文物结合成为一个整体、一组完整的不可多得的古建筑群。对这样一组珍贵的古建筑文物风景名胜群体，我们必须从整体去考虑，做全面的规划。

首先是要从城市规划的角度去考虑，它与太原的城市规划应一并加以考虑。对晋祠本身和相邻的建筑风景关系也都要作整体考虑。同时还要考虑到形势的发展，因为今与昔不同了。在过去，晋祠这个地方只是庙会时的人多，平时的游人较少。而今天则不然，太原的工农业发展很快，工人农民对文化休息的要求越来越迫切，游人会越来越多的。因此，我们规划晋祠要从大多数人的需要去考虑。只是着眼于圣母殿、鱼沼飞梁、难老泉这几处中心地区已经不够了。随着游人的日增必然会出现中心部分拥挤的情况。因此，必须考虑扩大游览区，如像在后山上和旁边绿化种树，开辟游览小道，修建凉亭等，增加几个游览点，以吸引游人，使游人不致在大殿和泉水附近久留。这就需要做一个长远的规划，使之既能扩大游览又能更好地保护文物和古建筑。

2. 水源问题。晋祠的建立是以此水源为依托，水源是晋祠的命脉，晋祠之所以能成为这样的著名风景和有这许多的珍贵文物与古建筑，全靠这一丰富的水源。如果水没有了，这处名胜就要黯然失色，连大殿和其他古建筑的基础也会受到影响。听说晋祠的水源近年来被上游的一个化工厂把水断掉了，这是一件十分严重的事情。因此，

＊1973年8月20日至9月3日考察山西古建筑时的谈话，罗哲文整理。来源：《杨廷宝建筑言论选集》

应该通过有关部门和厂方协商，不要在上游取水，等水从晋祠流过以后才用水，使晋祠的水位回升，保住晋祠名胜和古建筑。

3. 祠内的房屋布置要疏密得当。多少年来晋祠内的房屋由于无计划地修建，有些地点过于拥塞，有些地方又较空旷。因此，对一些不重要的晚期建筑可以考虑迁在外围作休息用的建筑小品。有些过于空旷的部分还可有计划地添一些东西，但一定要慎重行事，不要乱搬乱添。有些在外面难以原地保存的古建筑可考虑迁到附近空地上来，这样不仅可以多保留一些古建筑，还可以节约费用。

4. 晋祠的大门问题。新修的晋祠大门比例过大，好像与内部建筑换了一个比例尺，不很协调。最好能把原来的景清门加以修复，旧门的比例适合，布局不必强调笔直的中轴线，前一部分让它有些变化，曲折一点也好。后一部分是晋祠的中心，是历史上形成的格局，应好好保存，不要改变原状。

5. 绿化很重要。晋祠是闻名中外的风景名胜，除了古建筑和文物之外，绿化很重要。种什么树都要加以考虑，不能乱种。尤其是对古树要加以爱护，每棵树都应该像医生对待病人那样去保护它，不要轻易去断肢切臂。北京故宫中有些古树的枝干很美，但是被无情地砍杀了，很是可惜，我看了几乎落泪。

6. 塑像的保护问题。晋祠圣母殿内的塑像十分名贵，是宋塑的精华，应很好地保护它们。如何保护法也要加以研究。日本唐招提寺的鉴真像平时是不让人进去看的。有些塑像、雕刻等则是在一定距离加一些护栏，使游人摸不着碰不到，也起保护作用，这些办法都可作参考。加玻璃罩等办法并不好，不仅参观不便，而且对保护也并不有利。

7. 圣母殿的加固问题。圣母殿的大木构架还比较完整，如果能加一些钢铁辅助加固附件和必要的支顶，再维持几十年、百来年还是没有问题的。但基础还应解决地下水的问题，也就是要恢复原有水位，不然久之地层变化了也会影响基础下沉的。

8. 茶座小卖部的位置问题。适当设置一些茶座小卖以方便游人还是可以的，但不宜设在显著的位置，不要妨碍参观路线。中轴线上和重要参观点上，绝不宜设茶座小卖。

二、南禅寺的保护维修问题

1. 是否要全部落架问题。南禅寺大殿是全国现存最早的木构建筑（图 1），处处

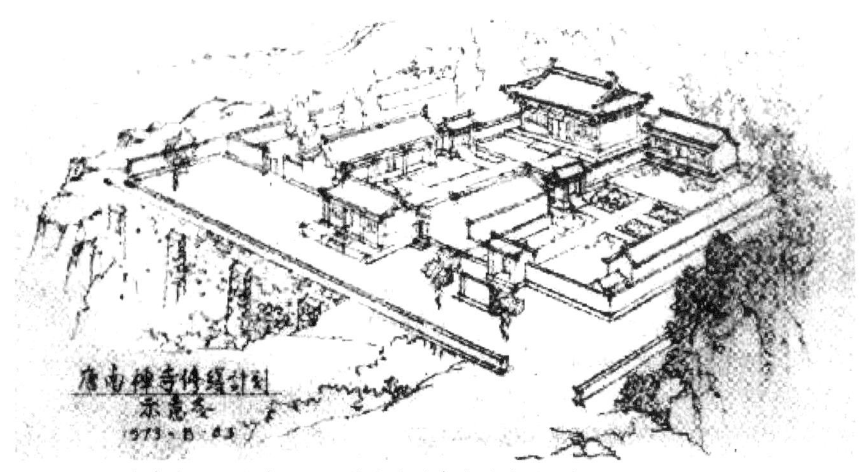

图 1　1973 年考察山西古建筑时所作唐南禅寺修缮计划示意图

都要十分慎重。落架问题更应仔细研究，慎重考虑。如果能不落架最好不落，如果能落一部分，看需要而定。大梁的加固问题，是否可以将工字钢、槽钢入梁内，外面包封，保持外观原状。看起来大殿的上架是需要动了。缴背已成三段不起作用了，需要另作补救。

2. 佛像要很好保护。南禅寺的佛像是国内佛寺中现存最早而又完整的一堂塑像，艺术水平甚高，在维修揭顶时必须做好安全保护措施。

3. 檐子问题。根据唐代建筑风格推断，南禅寺大殿的檐子太短了，是后来锯掉了的，赞成把檐子放出来一点，以符合唐代建筑风格。

4. 门窗、彩画、瓦件等问题。门窗究竟如何做，要仔细考证一下，我印象唐代应是直棂窗才好，现在的窗子形式是后来改过的。彩画重作我有点担心，应尽量保存原来的为好，不必重新绘制。瓦件可以配制，我赞成大吻恢复唐代的样式。总之要保存古老的气氛。

5. 环境问题。南禅寺处于小土山之上，地形狭小，汽车最好不要开到院子内来，在山下最好，开进院子来大煞风景。周围开一些曲折道路，环境绿化、园林化。

6. 搬迁问题。听说有人提出要搬迁，理由是这里偏僻，参观不便。我认为此事要慎重。应想尽一切办法在原地保存下来，加以修缮保护。因为这一寺院和当地有联系，群众也有感情。总之，应想尽办法在原地维修保护。

三、佛光寺

1. 佛光寺树木的调整。佛光寺里的绿化工作做得不错，种了许多树都长起来了，但是树种和位置值得研究，建议作一些调整。佛光寺大殿台子上的古松很好，与大殿配合得得宜，不能动。台下院子内的柏墙与寺庙不相协调，是外国的路篱的形式，欧美的东西，种在大街行道上还可以，种在古庙内就不好了，而且把整个院子都塞得满满的，古寺庭院的气氛都没有了。建议去掉它。院子空一点好，要种点花木，也不宜拥塞高大，妨碍视线。去除的柏墙、小树干如能支援农业做锄把很合适。台子半坡的树也不宜多了，遮挡大殿的景观，可去掉一些。

2. 大殿前台子蹬道的改善。现在大殿前的正中是一条狭陡的蹬道，上起来很费力，也非早期的原状，可以适当改善一下。可以采用自大殿台子下几步之后置一平台，然后向左右两侧上下的办法。这样或者可以好一些。

3. 从山下到寺的山门的整理。从山下到山门有一段较长的路，原来可能有一些建筑，现在没有了，比较单调。可否增加一些建筑小品，如像牌坊、门楼、石柱之类，逐步引人入胜。庙门前的树木也应整理一下。

4. 文殊殿的利用。在文殊殿内现在甚是空荡，而这一寺院的历史和文物也正缺少陈列，能否利用殿内面积，搞一些辅助性的陈列。此外，南院内的房子也较多，也可加以利用。

5. 其他。在山下过河的地方可建一个漫水桥，以便车辆、行人过河。自五台县到这里的途中路程较远，也可考虑约 10 公里许有个歇脚点，以方便远道游人。如在大石村有一个庙，虽然年代较晚，也可以整顿一下，休息一下也好。

四、应县木塔

1. 维修的方针。应县木塔是国内纯木构的唯一古塔，历史悠久，价值重大。在当前的财力和技术力量上，都还顾不过来，工程量很大，要彻底修理恐怕有困难。因此，需考虑目前可以进行的办法。我认为可以做一些救急的工作。以“带病延年”为出发点，等时机成熟再彻底修理。意大利的比萨斜塔都还健在，应县木塔比它好得多，如无特殊情况是不会倒的。我想，如果把重要的破坏点予以加固，还可以维持多少年的。主要是把它稳定着，破坏部分不要发展。

2. 加固的方法。中国建筑以木构为体系，这是重要的成就，我们应该保持和发扬它。因此在加固的时候也最好用木构方法，除了必须之外，尽可能少动用钢铁材料。当然为了坚固的需要少量用点钢铁也是可以的。个别地方用点铁活，尽可能暗藏在平座之内，不要影响外观。二、三层一些地方需要加固，可以加斜撑立杆等构件，已经拔榫了的不易拨回去，可以加拉杆、角铁。楼板对稳定很起作用，现在已有空挡或是要断未断的板子要补上，以保塔的安全。栏杆的寻杖有的已经断裂或残缺者，也应加以修补添配。

3. 关于佛像。现在的佛像在“文化大革命”中破坏得很多，不可能全部恢复它，也没必要。我们保的是文物艺术，不是信神佛，新塑就没有价值了。但是现在残破难看，摇摇欲坠也有危险，因此需要清理一下，能补的补一下，以保安全。我们只补残损有损安全的局部，不要重塑新添。佛内脏在检查过程中索性进行清整一下，然后立即封上，佛座的孔也应封堵起来。柱子下的气孔要疏通。

4. 其他。塔刹上的链子要处理一下，但要仔细检查受力的情况，不要起反作用。脊兽有缺了的看去很不舒服，好像缺了耳朵似的，应添配一下。台基的踏步缺了的也应恢复一下。院子和环境比较乱，建议清整一下，院内的树也要清整一下，去除杂树杂草，有选择地保留和补种一些花草。

五、云冈石窟及其他

1. 云冈石窟。云冈是我国著名的石窟艺术，思成[①]、士能[②]先生他们调查过，我看过他们的文章。我早已得知一些情况。解放初期我曾经来过一次，那时这里只有些小房和树木，景象凄凉。但是当我看到大佛和石刻时，被古代艺术吸引了，为之惊叹。第二十窟的大佛是云冈的代表作，头部非常之美，非常完整。而下部则逐渐风化了，一直到泥砌的石块，逐渐消失了原来的形象。现在用大片的水泥补砌座子，很不协调。还有石窟前面的洋灰路面也很不协调，我想是费了很大的力量的，但是效果不好，很是可惜。现在要翻工恐怕不好办，用些日子该修缮时再作改动。

关于新油饰彩画的亭子等问题，颜色太跳，火气太大了，看去很不协调。现在刚修完也不必去动它，四、五年以后可好一点。古建筑艺术品的修缮很不易，工作艰巨。现在已经做到这样的程度，只能尽量想办法改善一下。云冈的修缮工程最好请一个古建筑专家和艺术家来参加。

窟前的树太整齐了，一看是新搬去的。最好能让它自然一点。

云冈的大环境太不平静了，火车运煤震动很大，汽车往返也太频繁。这对生产来说是个好现象，但对石窟的保护很不利，尤其是对环境更不好，太热闹了，不像古迹名胜区。这个矛盾需要很好地研究，想法处理好。

关于云冈的窟檐问题，我认为如果有条件建造，恢复一些，对雕刻保护还是有利的。但不要急，慢慢地来，方案多方面征求意见。五、六、七窟有檐，内部雕刻风化程度好得多。现在的方案多征求些意见再定。

大门的颜色太突出了，刷成了黑色，黑白对比过于强烈，很难看，不如以前的好，希望考虑一下。

2. 维修工作注意事项。这次十多天看了很多的维修工程，在这方面国家文物局和山西省文物管理委员会、太原市、大同市、五台县等都做了很多的工作，成绩很大，值得赞扬。在此我想提点注意事项。一是保存文物价值的问题，重点保存的文物，主要是它们在历史上的价值（历史、艺术、科学的价值都是在历史上形成的），作为历史的例证，研究的参考，其中当然也包括艺术哲学的价值。因此，在修缮的过程中必须注意保存它们的历史原状和艺术的价值。千万不要把文物本身现代化、近代化，加以改造，那就失去文物古建筑的价值了。二是要提倡节约，有些地方花了很大的力量很多的钱反而把文物修坏了。如像修高台子，修马路，把遗址都破坏了。要发扬少花钱办好事的勤俭节约作风。

3. 古为今用。古为今用非常重要，我们保护维修古建筑的目的就是要发挥作用。文物现在在打开外交局面上很起作用。这是很好的，还要更好地发挥作用。但是还不要忽略了对内对人民起教育作用的问题，起爱国主义教育、历史唯物主义教育、革命传统教育等等。因此要大力宣传，除讲解介绍之外，还应出画片、画册、书籍等等。

注：①即梁思成，清华大学建筑系教授。
②即刘敦桢，南京工学院建筑系教授。

对江苏省连云港城市规划的意见 *

连云港的条件是很好的，有山有水，后方腹地很大，很有发展前途。连云港地区虽然地形狭窄背阴，但比香港的条件还是好的，比国外其他一些港口的条件也是好的。

城市规划要考虑尽量缩小城乡差别。城市的发展也不能脱离现实条件，要方便生产，方便生活，要节约用地少占农田。连云港是对外通商的港口，城市发展要考虑对外开放的需要。

一个城市只有一个大门是不够理想的。也就是说城市对外只有一条公路好像少了一些，应该多几条，而且最好环行。墟沟地区的山峪地带只有一公里宽，地形比较狭窄，中间又要穿过一条铁路一条河，对于城市都有些干扰，总是不大好办。如果铁路从隧道穿过不影响市区，当然是理想的，但是近期从经济上和技术上还不容易实现，有朝一日还是能够实现的。现在我国已经有了用钻机钻隧道的技术，所以说还是应该把隧道的进出口留好，不要安排建筑物，以利将来隧道方案的实现。铁路编组站设在海边，海边的地少，将来港口再发展，编组站要扩大，地就不够用了，以后还要迁出去。海边的地是很宝贵的，海岸线只有那么长，铁路占了很大部分，不大合适。规划要考虑到港口使用方便，当然铁路动起来也有困难。从战备的角度来看，海河联运还是要搞的，光靠铁路不行。

连云港的水源还是可以的。美国纽约的用水是从 300 公里以外送去的，香港的用水是从大陆送去的。我们供给他们的水，主要是考虑到港澳同胞。一个城市的水源很重要。日本的鹿儿岛原来是一片荒滩，现在已经成为一个近代化人工港，建设得很好。鹿儿岛为什么能发展起来，就是因为那里有两个湖，可以有充足的水源，否则它是发展不起来的。连云港附近山上是否可以搞些小水库补充用水。

城市的人口要随着港口的发展而增多，怎样来控制人口的发展是很重要的。墟沟地区面积不大，又要通过一条铁路一条河就更没有多大地方了。因此我有个看法，要

---

* 1976 年 1 月视察连云港市规划时的谈话。来源：《杨廷宝建筑言论选集》

把视野放大一些，要考虑到将来的城市，发展到云山（山南）老君堂，那一带地形很好，都可以发展。交通可以搞电车搞地下铁。墟沟可以当作港口的一个区域或者一个镇来考虑，将来发展就连成一片了。日本的东京和横滨原来是有一段距离的。五十年前我到日本的时候，到了横滨说要到东京去看看，记得还要坐火车走一段路。可是 1973 年到日本去的时候，我们坐汽车从东京到横滨就找不到什么界线了，已经连成一片了，所谓界线就是一座桥，桥这边是东京，桥那边是横滨。日本在城市里坐汽车上下班是赶不上的，交通非常拥挤，车子很多，一辆接一辆，汽油味对城市的污染也很厉害。所以人们都情愿住到郊区去，离开城市几十公里的地方去，因为他们地下铁很发达，住得远一些上下班从地下铁走还是方便的，而且也很快。地下铁有时在地下，有时又到地上来了，谷口可以在地上，可以透透气。

山区的道路不一定全要直，应结合地形设计，这样工程量小又节省投资，稍有些弯度还可以得到些变化，可以增加街景的美观，我就喜欢看有些弯度的马路。房子不一定要一个方向，要结合地形。我就不主张在山坡上盖房子一定要平整了以后再盖，可以有高有低结合地形，这样又美观又省钱。这就需要现场设计。我建议盖房子要集中盖，形成一个居民点，这样面貌容易改变。

搞油码头是要有些污染的。污染是城市规划应该注意的问题，一些有污染的工厂应该离开城市远一些。

从墟沟到连云港这一带狭窄土地是很珍贵的。在日本许多城市沿街的建筑不要说前面没有一个院落，就连停车场也搞到地下去了，所以要很好地注意节约用地。承德的避暑山庄（康熙皇帝去避暑的行宫，离北京 240 公里，有富丽的建筑群）已经进行了修缮，对外开放。承德建城的地点也是一个很狭小的山洼子，他们想在“五五”期末建成十万人口的城市，将来控制在十五万人口以内。控制人口要注意不能建大工厂区。

风景区要搞得好一些，以适应港口建设的需要。要注意风景区和文物的保护，如花果山水帘洞等都应该保护和修缮，外国船员下来总要有个游玩的地方。

谈点建筑与雕刻 *

几位江苏省美术馆参加毛主席纪念堂前雕塑设计工作的同志前来拜访杨老，请教有关建筑与雕刻的关系问题。现将杨老的谈话，记述如下：

我对雕刻研究得不多，年轻时在美国学习，曾在宾夕法尼亚艺术学院夏令学校(Pennsylvania Academy of Fine Arts, Summer School at Chester Spring) 学习过一段时间。当时的老师是 Albert Leslay，原籍意大利人。我雕塑过一只鸭，教师说我干得不错。我又雕塑过一匹马。以后，我又参观过一些雕刻家的工室，看过许多雕塑作品和雕刻作品。

对雕刻工作者我总有这么一个愿望，我们的作品总得有点民族气氛。当然要看什么题材。

记得设计人民英雄纪念碑时，建筑师与雕刻家就是有矛盾，争执不下。建筑师认为，碑座须弥座间的蜀柱应宽一点表现有力；而雕刻家则认为，浮雕的尺寸非要那么大才行，寸步不让。怎么办？后来，我在一次会议上和了稀泥，总算解决了。我看，作为建筑物上的雕刻，建筑师与雕刻家应当相互配合。在这种纪念性建筑物上，某种意义上讲，雕刻应与建筑彼此相协调。因为建筑需要照顾到整体（图 1）。

回到原来的话题。我说，要有点“民族气氛”，那就得了解我国雕刻艺术的传统。远古的且不提，一般地说，器皿上和建筑装饰上，我国三代的铜器、祭器上的花纹，有的是回纹，铜器上偶然突出夔纹。河南南阳、江苏徐州等的汉代画像石，主要刻的是平的凸面，是轮廓性的图案。赵州安济桥石栏板上的龙就是立体的。就是说，从平面的刻花到立体有个过程。佛教传进中国，带来了许多外来建筑与装饰艺术，但慢慢地就中国化了。山西佛光寺的塑像，中国味就很浓，它已不像印度的佛像。虽然从外国进来，但经过中国艺术家的手，就变成了中国的风格。唐代昭陵六骏，你看那雕得多好！可算是高浮雕。在西安的以及被盗走放在美国费城的，我都看过。再往后，有的雕刻立体感就更强了。有的是装饰，但实际上是圆雕。曲阜孔庙大成殿的明代蟠龙石柱已几乎完全立体了。

---

* 1978 年 8 月与江苏省美术馆几位美术家的谈话，齐康记述。原载：1979 年 8 月《建筑师》第 1 期

我这样想，对历史遗产必定有个继承与批判。从内容上讲，古代雕塑和塑刻的题材不少是欺骗愚弄人民的迷信物，但艺术上的一些处理手法，不无值得借鉴之处，可以“古为今用”。我们年轻的雕塑工作者不妨研究这些资料。

广东佛山的祖庙，建筑装饰甚多，作品是晚清时代的，有些东西不登大雅之堂，有些题材内容是戏剧中的情节，很复杂，有点像欧洲的巴洛克。但其中有些构图组合方式很有参考价值。如有个明代的供桌雕得就不错，仔细一点观察，可以发现上面刻有“大明”的年号。不过仅根据这一点也许还不足以确定它的创作年代，也可能是当时的艺人不服“满清”的统治，故意刻上的。此外，广东汕头、潮州一带的木雕，有些我认为也是不错的。

我讲了这么些是什么意思呢？就是说青年的雕塑工作者一定要研究过去的历史，在这个基础上去创新、去发展。江苏的国画家就是在原有的基础上去创新，这不是很好吗？雕刻这一行在旧社会是不受人重视的，出国留学回来没有事做，在那时混口饭吃都不容易。今天，你们有了广阔的题材范围，又有优越的创作条件，这真是幸福。

解放初，在研究武汉长江大桥建筑设计方案时，我曾想，建筑上有点雕刻该多好，但后来搞着搞着不成了。在人民英雄纪念碑上总算得以实现。建筑与雕刻结合起来，这是开国以来的第一次。以后，在北京农展馆前的群雕，有中国味，受到群众的好评，还是很不错的（图2）。

不论怎样，我们学习古代的、西方的传统经验，创作出来的作品要有我们自己时代的民族风格。我总期望发挥这两句话的作用：“古为今用，洋为中用”。

现在有些群雕洋味重了一点，而中国味少了一点。雕刻和纪念建筑一样，它是创作，既然是创作，就应讲究点风格。

我们不是正在设计纪念堂南北两组群雕的新方案吗？这里是先塑后雕刻的，我看南北两组要有点变化，不宜雷同。北面是主要入口，主体是纪念堂，群雕是陪衬，体形不宜过长，而宜近乎长方形。南边出口面对着正阳门是个古建筑，这边的群雕民族味可以浓些，座子可以短些。新方案的群雕，在轮廓与形象上，不论远看近看都应当明确而有特征。

中外古代雕刻艺术在构图上似乎有一个共同的经验，就是题材要有一个中心内容。围绕它来组织全局，就容易使观赏者印象深刻，取得成功，题材中心散了就不大好办。举个例子：中国古建筑大门前的一对石狮子，一边它玩着个绣球，一边它玩着个小狮子，有个构图中心题目，看上去就生动了。

建筑与雕刻具有时代性。法国巴黎雄狮凯旋门[①](Arc de I.Efoile，1806—1836) 实墙面上雕刻是吕德 (Rude) 的作品——马赛曲，这一题材就把那个时代定下来（图3）

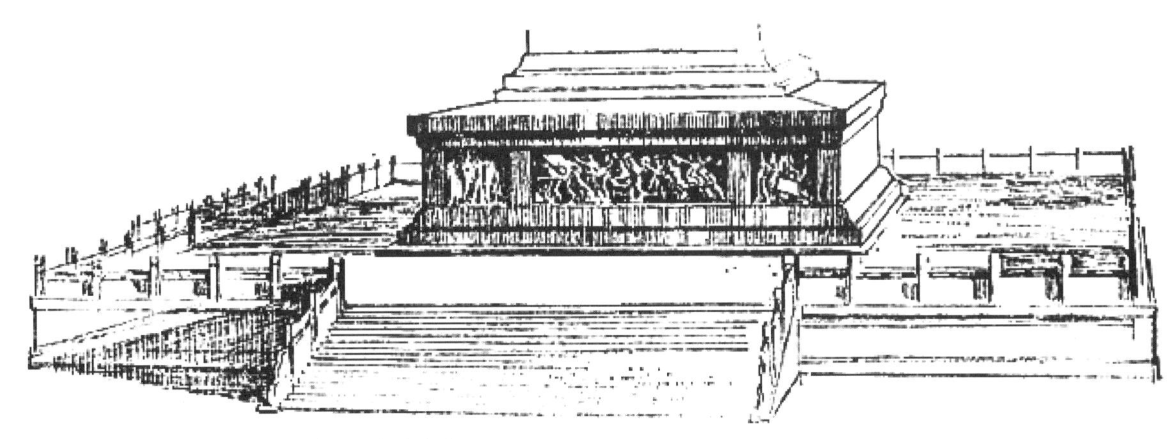

图 1　北京天安门广场上人民英雄纪念碑基座

图 3　法国巴黎雄狮凯旋门

图 2　北京农展馆前大型群雕

了。又如巴黎大歌剧院，建筑和雕刻配合得那么好，一看就知道是法国文艺复兴后期(1861—1874年)的作品。其他如巴黎公社社员墙纪念碑[②]等等，这些都反映了时代。我们的艺术创作能这样，不就更深刻了吗？

美国有位建筑师名叫Frank Lloyd Wright，他设计的建筑作品就打上了他那时的“新时代”的印记。他一度住在美国北部。他的房子，石料由他的学生砌，家具也是学生们做的。1945年我曾到他家做过客，他安排我住在他的地下室。那虽是美国房子，但东方的风味很浓。我问他为什么这样设计，他说：“一个人的创作、举止、动作都会表现出他生平的经历。”他早年来过中国，看过老子的《道德经》，在日本他设计过东京帝国大旅社，受到不少东方的影响。在设计上他可以算是一个“怪人”，他的那句话给我留下了很深的印象。一个艺术家的生活经历，不可避免地会反映在他的作品中。这对我们是个启发，我们搞雕刻创作不可能凭空设想。中国人写字也是这样，你写的字很自然会带出你所学的那种碑帖的精神。所以，我们对历史上的各种雕刻的手法要熟悉一下，有了这个熟悉和没有这个熟悉大不一样。虽然题材已不是你原来所学的那些内容，但你却能自然而然地表达出某种艺术风味。你们如果认为这话有点道理，我劝你们对古代的一些优秀的雕刻作品切实地观察、临摹一番。要有这种磨炼。

问：雕刻对建筑的配合，在比例、尺度、体形、色彩方面是否有一个“从属”和“独立”的关系？例如西方古代建筑壁龛中的像和中国寺庙中的佛像，其间不是有这个关系吗？

对！譬如说，希腊神庙山花间的群像就受那三角形的影响；人物的排列，在正中的是站立着的，两侧的是躺下的。至于雕像布置在室外，就有个与环境协调的问题。如果处理得好，不仅建筑艺术效果好，雕像的特殊性也就突出了。

问：中国的雕塑和雕刻，特别在人物方面是否不如西方？

是的！但是只能说某些方面。我们历史上的工匠雕塑的人像虽然在人体结构上不如西方准确，但在人物的刻画上，如山西太原晋祠圣母殿的一些塑像，也有它意境独到之处。

我就谈这些，供你们参考。

(齐康、杨德安、赖聚奎绘插图)

注：①巴黎雄狮凯旋门1806年兴工，约三十年完成，居十二条大街交会中心。主要雕刻是吕德所作马赛行军雕像。其他浮雕满布凯旋门内外四周，以历次战役事迹为题材，面对四条大街，由十余位雕刻家负责。人像有的高达两米。门中央是第一次世界大战法军阵亡无名英雄墓。

②巴黎公社社员纪念碑。法国雕刻家保尔·莫洛·伏蒂埃的作品，建于1887年。

二十六年后——重访和平宾馆*

26年后，杨廷宝教授于1978年又来到了他解放初期设计的北京和平宾馆。一进院，杨老首先问道："这儿保留的几组四合院怎样，还住旅客吗？"和平宾馆的同志回答说："地震后不住了，但不少外宾还特别喜欢住四合院，有一次，斯诺夫人来，就想住四合院，因为地震，不能住。"杨老接着说：

"是啊！其实住四合院很好。有的外宾很喜欢，他们住惯了高层建筑，住一下四合院别有风味。目前，国外旅游旅馆不少就是两层的。我们有时是一股风，一讲高层，各地不论城市大小，地段状况，一律想建高层。为什么不可以结合实际情况修缮一批民居、四合院作为旅游旅馆呢？你看那阳光透过四合院的花架、树丛，显得多么宁静，住家的气氛多浓，还是个作画的好题材呢。"

来到大楼前的广场，一眼看到的是两棵大榆树和地面上划成"S"形的步道。在同一块地坪上运用不同的材料，既适合于人的尺度，又指明了步行路线，还可供停车，使人有不同的空间感觉。这一广场和一般公共建筑前的广场迥然不同，舒坦而又憩适，有一种亲近的空间感。杨老告诉我：

"为了保留这几棵大树、一口井和部分平房，我在设计构思时着重研究了环境。基地前后是两条平行的胡同，都是单行道。我决定采用主体建筑一字形，用过道穿透底层的办法，解决了停车和交通问题。把厨房和餐厅放在西边，这就尽量地避开这几棵大树，并把它们组织到室外空间中来，使之能够继续为人们'造福'。记得当时把固定起重架的钢索拴在那棵树上，真叫我担心了一阵子。现在，基建工作中还是有人为图一时方便，不爱惜树木。例如，南京五台山体育馆西面一片松树群本应保留，但施工时全砍掉了，真可惜！"（图1）

我们经过转门进入门厅，感到空间组织得十分紧凑，运用设计手法把不同功能的体形围绕门厅这个中心加以连贯。门厅面积不大，使人感到空间流通而凝固，安排得体而合理（图2）。杨老说：

* 1978年9月8日杨廷宝口述，齐康记述。原载：1979年8月《建筑师》第1期

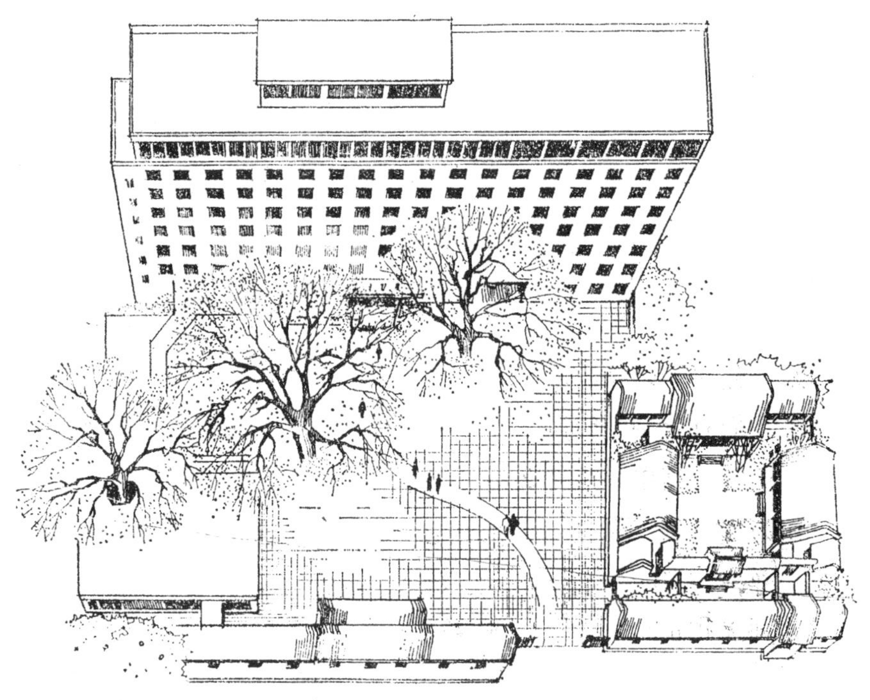

图 1　北京金鱼胡同和平宾馆鸟瞰

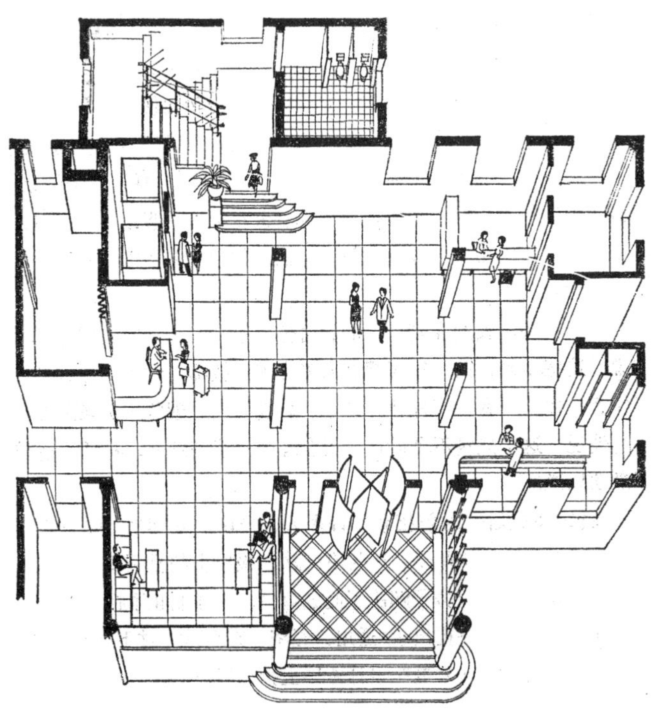

图 2　和平宾馆大堂、休息厅与楼梯间鸟瞰

“门厅是旅馆出入口交通的核心，旅客一到要办手续，看到服务台、楼梯、电梯、小卖部等，一目了然。我将它安排成一个‘港’。旅客休息处占门厅的一个角，不受来往交通的干扰。大片玻璃窗面对院内景色，使室内外空间互相呼应，浑然一体，到了这里就好似到了‘家’。我认为，一般旅馆的门厅没有必要设计得那么堂皇”。

陪同的同志首先带我们上顶层，那里是会议厅（当年曾作舞厅）。再上屋顶平台，我们极目远眺北京风光，又俯视南北四合院群组。杨老不禁回忆起当年建房的经过：

“开始设计时①，原是利用解放初社会上的游资，修建一座中等旅馆，且已建了四层框架。后来因为要在北京开‘亚洲及太平洋地区和平会议’，临时改为宾馆。当时正是建筑界复古主义‘大屋顶’成风，审批这个宾馆建筑设计时不予通过，不给执照。后来几经周折才批准了。施工时工人们日日夜夜辛勤劳动，进度很快，只用了50天就建成了，及时交付使用。我为什么采用这种设计手法呢？就是因为它便于施工，快，能及时赶上需要。”

接着，陪同的同志带领我们进入标准层。看了单间带脸盆的客房、单间带厕所的客房、双套间客房以及公共厕所卫生间等；觉得房间、楼梯间、走道的尺度都十分得体。话题转向使用情况。

“当时设计是考虑单间单床，现在摆的是双床，还是有前后挡板的床。有什么办法？！你看，这么紧的房间，还要放一张圆桌，真挤。客房的设计应当是整体的。你看天花板上的吸顶灯，当时条件下把灯泡半露出来，这是个简便方法，然而简便的方法有时会取得很好的效果。”

回到底层，我们在宴会厅的后台休息了一会。陪同的同志又介绍说，这些年来，几乎每年都有人来参观。教师、学生，还有设计工作者，他们一致都有好评。当年，敬爱的周总理曾多次来到过宾馆。他说：“这个建筑不是设计得很合理吗？”谈到这儿，杨廷宝老教授激动地说：

“宾馆建成后一时曾招致了许多人的非议，尤其是当时莫斯科一批建筑师说这是方匣子。听说有一次，报纸上的批判稿已经准备好了。总理说：‘这个房子解决了问题嘛！’，这才制止了报纸上的公开批判。之后，中央提出了‘适用、经济、在可能条件下注意美观’的方针，为我们设计人员在设计原则上指出了方向。”

陪同的同志又说：“总理曾多次来到宾馆，使我们一些老工作人员十分怀念。”有一次总理乘电梯，电梯稳而快，总理问：“这是什么厂家的产品？”服务员回答说：“OTIS是美帝货。”总理说：“这说法不妥当，这是美国劳动人民的成果，不能混为一谈。”至今，这位服务员还牢牢记住总理的教诲。有一年，在这儿开全国性会议，总理常来宾馆，告诉我们说：“我天天来上班，别把我当外宾。”每当我们回忆起人民的好总理的一言一行，大家都不禁热泪盈眶。

大家想着，走着。杨老打破了沉默说：“我来带你参观宴会厅。”面对舞台的活动隔板，装饰着中国式的花纹，杨老说：

“这后台可以接待客人，又可以作为小型演出的后台。活动隔板拆掉，可以从两边台阶通向宴会大厅，扩大空间，上下呵成一气，举行较大的报告会。你从小楼梯到回廊看看，如听报告、看演出，不又增加了座位吗？空间虽不高，用了槽灯，并不感到压抑。现在吊上了大吊灯，就不太好啦。”

从南边小楼梯转下，还布置了一个小服务台。空间利用可算是尽善的了。我们穿过小餐厅、厨房，发现原保留在厨房内的那棵大树已经锯掉，现改作贮藏间。厨房面积并不大，但布置得经济合理。步出厨房，来到了民居式样的茶室，当年是对外营业。我们看到了那口井。

“当年我想办法搬来了石望柱栏板做井栏。井水可以用来浇花，不很好嘛！”

看看宾馆的立面，虽然有点陈旧，但处理得朴素大方，进门处雨篷下花格的尺度与门框陪衬得相得益彰。

“啊！这木料真不错，20年多年了，还没有变形。”

穿过了过街通道，看了理发室和当年的弹子房，后者已改作临时住宿之用。出过街楼往北，杨老还带我们寻找了后来被砍去的另外两棵大树的位置，回转身看到两边的防火梯，形式现在看来也还新颖，杨老指着它微笑着说：

“就这个，在当年也是忌讳的。”

参观就这样结束了。归途中，我脑海中回旋着这样一些印象：环境的设计，合理的空间组织，多功能的使用，室外空间交通组织，朴素简洁大方的立面，还有那几棵大树……我问道：“这样的‘方匣子’怎样解释‘民族风格’呢？”

“我的看法是：那种功能性为主的，如旅馆、医院、体育馆，首先强调的是使用合理，建造经济，空间组合紧凑，有准确的比例尺度。至于那些有纪念性的公共建筑，成为象征性的建筑，代表一个时代，一个国家，一个地区，那民族风格、地方风格，不言而喻，要强调一点。

同时，还需要创新！”

注：①指 1951 年。

源远流长
——谈传统民间建筑的创作 *

问：你对传统民间建筑的创作有什么看法？

杨老沉思了一会说：我国古代建筑具有优秀的传统，它自成体系，在世界上独树一帜，在东方各国也产生了深远的影响。传统的民间建筑可以大体分成两类：一类是庙宇、祠堂、观、庵等；另一类则是民间的居住建筑。前者与都城的宫殿庙宇、陵墓有关，又与地方民间建筑相联系。而民居则是数量广大的人们生活聚居的建筑，它们都是劳动人民长期建筑创造的成果和成就。对建筑文化而言，也是我国优秀建筑文化重要组成部分，是劳动人民智慧的结晶。

我们国家幅员广大，民族众多，社会、经济、地理、气候、建筑材料、自然环境、风俗习惯差别很大。各地的传统建筑适应了这些特点，各有自己独特的风貌，平面布局，建筑群体，营建方式都表现了多种多样，丰富而奇丽的建筑风采。

如果说都城中的宫殿建筑受到封建礼法制度和法规约束和限制，那么民间的传统建筑是能较主动地、多样地适应地区特点来进行创造。自古以来，帝王和平民的建筑是有严格的等级差别。明清时的北京城，宫殿用黄色琉璃顶，一般王府的屋顶用绿色甚至黑色。老百姓的民房用的是灰瓦，而且还不许建两层。记得当年站在北京的城楼上，看到的是一片绿海，树比屋高。城中心则是金光闪闪的琉璃瓦顶，古城显得严整、统一、和谐，这是帝王的意志。即便如此，各地区，少数民族的传统建筑仍有许多创造，从建筑布局或是建筑细部、窗格、栏杆……等都可看出其特点。多样灵活的空间处理，活泼生动的姿态都具有巨大的创作精神，其优秀建筑处理手法亦值得我们今人研究参考和借鉴。研究现存的传统建筑，我们必须从使用价值、历史价值，艺术价值等三方面来考虑，以丰富我们的建筑理论。在方法上我们还可以从经济的、历史地理

* 1978 年 10 月杨廷宝口述，齐康记述。原载：《杨廷宝谈建筑》

的、人文的、社会学的观点去考察，并从个体到群体。一句话：即达到“古为今用”。

问：在这些建筑的创作中，民间的匠师，匠人起着什么样的作用？

答：我认为，当时当地的民间匠人是起作用的。如若某一匠人在某幢建筑上的样式有点创新，格调优美，那么附近的匠人就会来仿造。结果，有的建造得差些，有的还可能建造得更美妙。久而久之，渐渐地形成了一个地区特有的做法和风格。这就像地面上的流水，有的渗透到地下消失了，有的却汇成了河流。可以说，在人类历史上遗留下来的建筑文化，难道不要想到那些之所以能够保存的特定的条件。没有一批匠人的工作，地方的建筑艺术怎么能够得到发展呢？

问：你对各地的民居，传统的建筑风格和艺术有什么看法？

杨老笑着回答说：浓郁的地方建筑风格，常常使我入迷。想到九华山结合山势盖的寺庙，武当山的太子坡、南崖的寺庙（宫和观）以及浙江、福建、四川、云南的民居，真是庄丽而清秀。常常有这样的情况，四平八稳按规划来处理，往往缺乏创造性。记得我们参观北京恭王府的后院，屋顶细部就不甚寻常，可见王爷的眼皮下，匠人的手艺还是可以表现在那点可以自由处理的地方。在这些地方可以表达匠人的志趣和爱好，匠人的匠心就刻在建筑物上。我认为一切对人类有益的建筑艺术，绝不是随心所欲地创造出来。匠人和匠师们必定要在前人的基础上进行创造。各地区、各民族的审美观和表现手法既有共同点，也有其独特的个性。建筑艺术愈具有地方色彩，愈具有民族的特点，愈为人民大众所承认。民间传统建筑艺术的发展是不能割断历史的，只有从当时当地的具体条件去创造去发展才具有那个时期的时代感，才会有真正的艺术价值。由此引申到今天的创作，我是同意童老（指童寯）在《新建筑与流派》一书中的序言中提到“西方仍然用木、石等传统建筑材料来设计成具有体现新建筑风格的实例。日本近三十年更不乏通过钢筋水泥表达传统精神的设计创作。为什么我们不能用秦砖汉瓦产生中华民族自己的风格？西方建筑家有的能用老庄哲学，宋画理论打开设计思路，我们就不能利用固有的传统文化充实自己的建筑哲学吗？”撇开一切历史的文化传统，一味地去“创新”，我是不赞成的。

问：民间建筑文化的交流，对建筑创作的影响，你认为如何？

杨老说：匠人与匠人之间，建筑师与建筑师之间，在建筑创作中是相互影响的，是互相取长补短，有时可以从中得到发扬。他们之间，有的虽然在政治上、宗教上有差别和不同，甚至各有其学历和工作经验，包括社会背景，但总会相互影响，在总的建筑风格上引出不同的艺术色彩和格调。赖特早年来过中国、日本，他的建筑艺术风格受到东方的影响。我赞赏他的一些作品，那是比较有文化。文化的交流和流传，往往是潜移默化的，而相互之间又要受到熏陶。

问：那么时间的因素对传统建筑的创作有什么影响？

答：我曾这样想，大自然和时间是调和剂，有的建筑虽然当时设计和建造甚是一般，风吹、日晒、雨淋，年深日久的侵蚀，加以“加工”，它和周围的环境与自然会慢慢地协调起来。这同当时生产发展缓慢，建筑发展迟缓有关。

民居的创造性是建筑历史文化的表现，是人民的创造。从地区的历史、地理、风俗习惯以及建筑的特点去研究去探索，是十分有意义的。创造性是要有一定的文化和艺术素养。国外有的古代大教堂是一代代的修建，中国古代的庙宇也是在一代代地增添。日积月累，大自然、人工的，加时间的，物质的，精神的就会产生一个个时代的建筑风格。可以设想，当时对建筑的样式也许会有种种非议。随着时代的变迁，它们一幢幢都染上了调和剂，它们都反映了总的过去的时代，刻画出时代的印记，谱写了建筑历史文化。

我有时又想，民间的创作相互取个大概齐，即大体是那个模样，似像而又非像，这就容易跳出那原有的艺术形式，做学问要钻得进，跳得出。手艺高的匠人，在劳动实践中，熟能生巧，巧又变换出各种艺术处理手法。他们熟悉他了解的对象，就会不断地去琢磨和推敲。杨老想了一会又说：苏州寒山寺背后有一座楼，设计得饶有趣味，民间的创造形式丰富多彩，使用上合理，尤其与生活息息相关，依据有限的人力、财力和物力，用经济有效的办法，尽善尽美地使建筑达到功能和审美的要求。它们随着地形、用材、环境的变换和限制，迫使匠人构成一些奇妙的建筑布局和建筑样式。我在设计和平宾馆时，由于用地的限制，工期短，就逼着我设计庭院前茶室的抱厅。再讲细一点吧，明代的须弥座式样，南京明故宫的式样，那正是立国之初经济不那么富裕，所以线刻比较平缓，待迁都北京后，故宫的弥须座的线刻就变了，几乎有点像圆雕。当然石料的质地也是个重要因素，因为南京的石料粗，而北京用汉白玉石料细。不信你看太和殿前垂带的石刻花纹，鼓出的龙和凤，其造型栩栩如生。在建筑实践中，艺术的创作水平，有时不一定同时代的发展直接画等号。

问：现代建筑的发展，对那传统建筑，特别手工操作的建筑艺术会产生什么影响。

答：现代大工业的生产，现代化的施工，新的建筑功能，新的材料的变化，带出了许多新颖的建筑式样（有的不能不说是有点稀奇古怪）和新的建筑流派。新陈代谢这是必然的。但是许多人们的心理对那些手工艺的创造，还是有着不可思议的迷恋。因为它是用于手工劳动的。人的手工劳动反映了劳动者的艺术观点和爱好。我想用手工操作所创作的古代建筑文化，它很自然地留在人们的心目中。某种意义讲，手工创作的建筑文化，人们会永远保存它，为什么呢？因为它接近人。作为有创见的建筑师，他必须看到时代发展的总趋势，要为人类创造更新的建筑文化而努力。他要学习优秀的建筑文化，学习更新的科技知识，学习一些自然科学和社会科学发展的新知识。

问：你能从传统建筑的创作引申地谈到建筑创作中建筑风格问题吗？

答：我想着说吧！

Style（样式）往往是个古怪的东西，它给人们以印象，给人们以爱好和习惯，还给建筑带上了地区的特征。同样的建筑材料、地理环境、气候条件，也还会有差别。记得在国外旅行，坐着车子一站站地停留，你会看到一幢幢尖塔教堂，乍一看，像是一种样子，但不全都一样。如果你熟悉的话，你会辨别出是那一个城镇的尖塔，甚至能称呼出他的名字。我国各地的清真寺，不也是这样的吗？风格吧！就是以它所表露出来的形象寄寓在这种特有的样式之中。

风格、样式——使人们对建筑艺术具有强烈的吸引力，以及它一旦形成，人们往往会在一个时期，一个阶段去顶礼膜拜。我们建筑师的任务就是要有鉴别能力，在建筑艺术处理上，吸取那些合理有素养的，摈弃那些庸俗而又低劣的，这是不容易做到的事。现在你们设计的柱子总将柱基收一下，而我做学生时，设计柱础时总向下扩大。真好像太上老君给孙悟空头上戴上紧箍咒，是不容易脱下的。许多著名作曲家，它们的乐曲来自生活，来自传统，来自民间，演奏起来余音绕梁，一个时期一个时期在人们中流传。不同的名曲在不同的演奏家手中，会有不同的水平，好的演奏家还会带出新意。

至于谈到建筑风格，我想，像我们这样一个大国，地理幅员广大，各地环境有许多差别，建筑用途、经济的发展，生活水平也有很大差别，不可能设想用一种建筑风格来概括一切。建筑文化必然在一个历史发展中汇成一股主流，像滚滚长江，它有许多支流，有的支流水土保持得好，水流是清的；有的差，则是混浊之水；有的支流还会干枯。但在一个流域中，水流总是汇聚在一起。时代发展又是交替的，经济发展也是综合的，加之科技文化的影响，所以建筑风格总是有主流，又是多样的。

我还认为民间建筑，在一个历史时期，一个国家，一个地区，在生产、经济发展到一定的历史条件下，当时的建筑设计，总是适应当地社会发展总的需要，不然它怎么能够得以生存。他们总是得出当时当地的建筑风格。至于相互借鉴，那是十分必要的。在民间建筑中，诸如各地所建的会馆，江西的、河南的、浙江的，它们总会带出他们原有家乡的建筑风味。

至于今人的创作，我看不论是国内，或是国外，大量的建筑是普遍的、合乎常情的，至于那种离奇虚无颓废的只是少数、个别的，这是生产、生活，经济的条件和实践决定的。我不大相信到了2000年以及更长一些时间，人们都住上三角形、八角形的房子。青年的学生，青年的建筑师，你们参加实践一定要遵循符合国情这一原则，从最基本的做起，总不能一开始从事设计就想当个赖特。

漫谈建筑动态 *

今天我想就最近几年出国访问所得的一些见闻做个汇报。去年 11 月我参加教育部组织的高等教育代表团访问了美国，了解到高等教育和科学研究的一些情况，也借这个机会一起介绍一下。最后围绕国内建筑工作中值得研究的一些问题，谈点个人看法，供大家参考和批评。

美国建筑师出现了和所有资本主义国家一样，正在受到经济不景气影响的状况。生产在下降。美金在继续跌价，在国际市场上也不怎么吃香了。总的来说，不如前几年发展得那么快。现在美国许多大城市，市中心地带一般还有些高层建筑。从我们所走到的地方来看，固然还见到一些高层建筑，在杂志上还看到有关这方面的报道，但毕竟在中小城市中，高层建筑不多。许多人原来住在城市核心地带，现在逐渐移居郊外，住在离城市 20 ~ 30 公里的地方。他们的汽车很多，交通方便。所以即使住这么远也都不在乎。三四年前我曾经参加建筑工程技术考察团访问日本，看到日本很多人也都不愿意居住在市中心。虽然现在很多地方开汽车都不准按喇叭，但即使没有汽车喇叭的干扰，城市空气的污染是很严重的。在东京，一般的住户都住在离城市四十至五十公里以外的地方。进城时自己开车，到近郊后将汽车停在那里，改乘地下铁，这种办法相当普遍。东京的地下铁线路，从四面八方都到核心地带。他们的地下铁往往不只一层，而是有好几层。不仅如此，有些人想穿过这个城市，如羽田机场下来，就有高速道，等于一个很长的桥似的架在城市上空。行人在下面隧道上走路是很不舒服的。一般人都不肯在便道上行走，因为气味很难闻，声音很嘈杂。一般行人都走地下街。地下街有一层，二层甚至三层。日本大力发展地下街，有许多人到地下街去散步。地下街是用人工照明，灯光配置得很有趣。里面有商店、酒吧间、咖啡馆、小吃部等。假若想吃东西也很方便。我记得有个地方下去有三层，最底下一层街中还有一条河，河中养了一些鱼。我们在那里走着感到很有兴趣，想看看地下河里的水是从哪里流出

* 1978 年 11 月在安徽“铜陵市城市规划讨论会”上的报告。来源：东南大学档案馆

来的。当我走到尽头的时候，看到一个人工瀑布。后来发现这东西也不稀奇，它是用人工的方法把水抽到一头，这样循环的流来流去。乘地下铁一下车就可以到地下街，所以一般大商人在地上卖货还没有地下生意好。他们都到地下去开商店，这样可以吸引更多的顾客。

在修建地下铁的时候，地上的百货公司不能停业。资本主义国家因施工而停业造成的损失要付赔偿，所以他们施工都努力采用先进的方法。据说日本在发展初期，从欧洲和别的国家进口一些专利。我们在东京一个火车站附近，参观了一个施工现场。这是在车站下面进行地下铁施工。我们下去看了一下，据介绍，他们是根据意大利的专利，先是在地面上打钻，然后灌注一种液体，使那里的土质硬化，然后在里面开挖，据说这是国外先进的开拓方法，这要比自己创造一个开拓新方法快得多。都靠自己去创造新的开拓方法，一般都是很慢的。我们还看到他们将挡土墙做得很高。我们想土质里是有渗水的，而且水的压力很大，这样会不会挡土墙漏水？他们讲，有的挡土墙做得很差，是有漏水。于是他们便在挡土墙的隔壁再做一个高墙。挡土墙和高墙之间可以让水流出去。现在专靠防水材料还是不保险的。

日本东京地下铁运营非常频繁。一般运营管理都是自动化的。特别在上下班客流高峰的时候，一趟一趟的车那是很多啦！地下车站的空间很大，都是用很多柱子支撑起来的。里面人走得很慢，看上去也很乱，但是有指示方向的标志。地下铁车站的人流活动都由中心控制室监视，否则一旦出事怎么办？无论地下街也好，地下铁也好，人的活动都受到中心控制室的监视。我们参观一个控制室，看到房间不太大，里面红绿灯都排好了，上面电视屏幕，不管在车站的哪个地方出了事，都能在中心控制室观察到。每辆车进哪条道？走到哪里？都能看到进口和出口。若是中间出了事，便可马上通知救护车去救它。日本地下铁和地下街都用这种设施。但日本最近也和其他资本主义国家一样，受到经济不景气的影响。因而它们之间的竞争很厉害。现在都想跟中国做生意，找出路嘛！他们是不是全都在造新的建筑呢？是不是造的新房子都现代化了呢？不是的。有的老房子维修改造一下还可以用。中国香港有一个叫朋的斯半岛旅馆，我们去参观了一下。这个旅馆的老板很客气。据说他一生都是从事旅游事业的，很会做生意。他是瑞士人，搞管理很内行。这个旅馆的房子朴素虽然很古老，但内部都更换成现代化设施。古典房子一般都很高，他为了节约能源，把顶子降下来。进到室内的确感到很现代化。据说各国总统或国王，皇后等到香港来，一般都要住到那个旅馆。他这个旅馆的租金也特别贵。因为他的牌子已经闯出去了。如果哪一位国王来了，住不上他的旅馆，好像有失身份似的。

刚才谈到日本的高速道，往往架在城市的上空，行人在便道上走路感到很不舒服。在美国也有类似情况。如纽约吧！他们的高速道也是这样，地面有高有低，高的地方变成高架车，还搞一些转盘，这是行车的必然结果。你要是一不小心，走错了一条道路，那就会很长时间转不出来。结果想要快，反倒慢了。

建造高层建筑必须是一个国家的建筑材料发展到一定程度才行。条件不具备硬是要做高层建筑，那是会有很多困难的。日本近年来，因为钢产量多了。它有可能搞一些特种钢，可以在高层建筑上应用。欧战以后，还有用铝造房子的。譬如说，去年到瑞士，就看到一家铝业公司，整个房子都是用铝做的。门窗，楼梯等都是用铝做的。当然这也是作为广告用的。因为欧战以后，飞机用铝少了，资本家就想找个出路。美国也有一个铝业公司，它在欧战之后，用铝造了一所中学，整个校舍都是用铝造的。

高层建筑不仅在结构，材料方面有特殊要求。还要有耐燃的建筑材料。这样设计高层建筑时可以挑选使用。日本把建筑材料分成好几种等级，审查设计时，看你用的哪些材料，就可以确定这房子的质量。

我们国家的地毯是用大量天然羊毛做成的，这在国外已经很少了。他们都是用塑料做地毯。过去我们认为地毯的毛越长越好，其实不然，地毯的毛长了，走上去好像头发晕似的。现在国外地毯做得很薄，走上去很舒服。几年前我到保加利亚，看到他们大量发展旅游业。在海边建造十一二层的钢筋混凝土房子，里面全铺塑料地毯，看上去很舒服。我们国家有些房子是木地板，上面又铺很厚的地毯，又费事又费钱，不符合多、快、好、省的精神。我还发现保加利亚有一种多、快、好、省的建筑方法：他们的旅馆大都建在海边，许多旅馆的结构形式没有多少花样，只是在外立面上做些变化，如挑台处理的花式不一样，或者是灯具及门厅的处理变一些花样，而其结构都是用一种或两种蓝图到处盖，但从外立面处理看上去，这个旅馆和那个旅馆是不一样的。保加利亚这个国家很小，现在主要靠旅游业赚外汇。他们拿这些外汇到国外买建筑材料，发展自己的旅游事业。我国对它支援了一个项目，支援的钱数很大，项目完成后，它没有办法还债，便给我们造了一艘船。船做好了，要我们接收，特地邀请我们参观。我们上去一看，发现里面的设备大都是从外国买来的，他们只花些人工装配一下。

去年11月我们去美国考察时，是从北京起飞的。先到上海停了一下，很快就到了东京，住了一下，换上美国飞机直达旧金山。飞机横跨太平洋路程很远。我记得1921年我到美国去的时候是坐船，走了将近一个月才到美国。可是现在只用七个多小时从日本东京到了美国的旧金山。大飞机上的设备很有意思，一上去是个大统舱，中间是过道，两边两排椅子。除座位以外，当中隔不远就有一个洗手间或服务员待的地方。一上飞机，服务员就教你如何穿救生衣，万一出了事如何自救。当你坐下不久就开饭了，吃完饭也不让你闲着，从平顶上降下来一排排银幕，开始放电影。看着电影你就困了，不知不觉就睡着了。当你醒来的时候，发现那些银幕，不知什么时候又收上去了。大概让你睡一两个小时，就把你弄醒。他先把各式各样的灯具全都开亮，你不醒也得醒。醒了以后又让你吃点心。吃过以后又发单子让你填写，好让你下飞机后报关卡。总之七个多小时很快就过去了。要是在欧洲，因为那些国家之间相距很近，往往吃顿饭就到了，使你旅途中不感到寂寞。

中美现在还没有建交，所以我们这次到美国还不能通过官方接待，主要由联络处接待。但是我们到美国一些城市访问时，都有市长，副市长以私人名义来参加我们的宴会。可是一 会儿下来，便介绍某某是市长或副市长，这就等于是官方出面了。甚至到华盛顿，官方也接待我们了。总统秘书出面代表总统接待，还带着我们参观白宫和总统办公室。总之，以官方出面好像也若无其事。

美国的高层建筑是否在大量造呢？从我们接触到的来看，并不是在大量发展。因为资本家会考虑，造高层建筑要很多投资，这就牵涉利润问题。现在正值经济不景气，有不少高层建筑租不出去，还有不少公司倒闭，即便特殊的高楼大厦也很少。建筑业不景气，施工工程减少，因而，建筑师也好，工程也好，在本国没事干，他们不得不到近东，到欧洲去找事做或者改行。

美国一般小城市里两层建筑的小住宅最吃香。收入少的倒是住在高层住宅，收入多的一般都要住一二层房子，还有小花园和汽车房。有的一家有几部车，便有几间汽车房。小城市核心地带，仍可见到几幢高层建筑。但近年来高层建筑已不太受欢迎。我记得去年有一次接待丹麦的建筑师代表团，他们花了很多时间宣传，丹麦很多人不愿住高层住宅，他们现在已不盖高层建筑了，最多是盖五六层还比较受欢迎。因为现在的住户要求高了，住高层建筑的住户，做父母的都不让孩子到外面邻居家去玩，怕危险，这样对小孩智力的发展有很大妨碍。因为不让小孩到外面去玩，接触的人事少了，对智力发展就受到限制。住在低层的住户，做父母的可以放心让孩子在外面玩，对智力发展是好的。

我们访美代表团中大都是学别的专业，如化学、物理、计算机、数学等专业的人。建筑方面只有我一人，我很想在建筑方面多看一点。到华盛顿后，我便抓紧时间去几个学校并拜访美国建筑学会等方面的人。还是国际建协在保加利亚开会的时候，我遇到当时美国建筑学会副主席，叫恩瑞特。这次我找到他，向他提出一些问题。他谈到美国建筑业现在很萧条。美国建筑师大概有五万到五万二千人，参加建筑学会的只有两万六千会员，只及半数。全国有九千个建筑师事务所，但工作都不那么忙。全国比较出名的建筑专业学校有八十四所。每年大约有三千左右的毕业生。但毕业生中有半数不能做建筑工作，因为在本行业找不到工作。据说美国开国初期，有位建筑师叫托马斯·杰弗逊，是美国唯一当上总统的建筑师。他很早就想在大学里创办建筑系都未能成功，直到 1865 年才开始在一所大学里办起建筑学专业。开始办学时建筑设计和建筑结构两方面都要学，到 1871 年，美国已有好儿所大学设置了建筑学专业。

我在加利福尼亚参观了一所学校的建筑系。现在美国建筑系本科是四年制，头两年学一般基础课；两年后，学生就可以选修。我们国家的记分制是百分制。而美国采用的是 A、B、C、D 记分制。上学以后，达到一定的学分就算毕业。学生选课是比较多的，头两年是必修课，两年后方可选修，不仅学建筑学方面的课，也可以到化学系、物理系等去选学其他课程，学校并无限制。总的说，头两年各专业都要学许多社会科学。据介绍，现在因为经济不景气，学点社会科学毕业以后改行很方便。学生在学校学完本科四年后，还可以到学校再学一年，以得到硕士学位，但硕士在社会上还是不易找到事做。有些人宁愿又到学校读博士，以得到博士学位。美国能够培养质量较高的博士的学校有十五所。一般大学只办四年本科，硕士、博士都没有。在美国，四年本科学校共有一千六百所。有的学校只办两年，毕业后叫学士。美文叫作“埃苏西埃特”①。美国高等学校分公立与私立两种。据说美国宣布独立后，宪法里没有说设置教育部这一条，学校教育工作政府不能干涉。我们问这是什么原因，他们讲这有个历史来由。最初哥伦布发现美洲大陆以后，迁往美洲去的大都是欧洲传教士，有各种信教派别。教堂里有牧师，牧师要考虑接班人，所以他们自己筹款办学校，训练接班人。主要学拉丁文和用拉丁文祈祷，并教会有关宗教知识。这些学校全由教会管理，都是私立学校，为教会培养牧师，政府不能管。后来政府感到不对头，便由国家拨款建一些公立学校，想办法间接控制私立学校。

① Associate's degree，副学士学位，美国的一种两年制社区大学或社区学院毕业后取得的学位名称。

也有不少学校，为了争名气，停办四年本科，专门开办研究生班。如学校一位教授可以到外面找研究课题，如国防、军事课题等。拿到课题后，便向政府写报告，得到批准，这位教授马上就可以拿到三十万或五十万美元做研究费。这些钱一部分可以帮助学校，一部分拿来添置仪器设备，剩下的钱自己处理，自己也可以用，还可以给研究生补助生活费。当然这个生活费没有在外面工作收入多，但有不少人还是愿意当研究生的，因为总比失业好。一方面自己可以研究，还可以帮助教授做些研究工作。如果这位教授出了成果，也可以把研究生的名字写上去，这不也出了名吗？教授也增加了资历。如果一所学校有很多教授都能研究出重大成果，学校就有名了。一方面学校可以得到资金，威望也一天天高起来。

有的研究生虽然得到博士学位，但毕业后在社会上不会活动，找不到工作，所以还愿意回到学校跟某位教授当研究生，也能搞出点名堂。这种研究生叫作“博士学位已经拿到的继续研究生”，这也是个新事物。

美国公立学校和私立学校的学费相差很大。公立学校由政府从税收中给予补助，如每个学生在公立学校读书，每年交一千美元就可以了。私立学校全靠筹款来的，学费很贵。一个学生每年要交四五千美元，甚至有交七千美元的。再加上生活费，每年大概要达到上万美元，可见美国生活水平上升之快。我在 1921 年在美国上学时，每年交一千元就差不多了，和现在相比差了十倍。美国公立学校现在还是不多的。近来参考消息有个报道，说美国现在私立大学日子不好过。我们参观哈佛大学时，他们的校长就不愿意干了，说是现在生活很困难，而这个学校办得已很久了，要是在他当校长时学校关了大门那就不好看了。

另外美国一般学校上课，每周 42 ~ 4 5 小时的占多数。

我在 1921 年在美国上学时，全国研究生能得到博士学位的极少。大都是一些留欧留美回来才能得到博士学位，那是很了不起的，也很受人尊敬。可是现在呢？根据 1976 年统计，全国得到博士学位的有三万五千人。现在博士在美国并不那么值价了，差不多学校里教授都是博士，因为学校教授都要从博士中选出来。听说美国教授年工资少的有 2.5 万美元，特殊的有 5 万至 7 万美元。

我在加利福尼亚州的大学参观了建筑系的绘图房，他们还是采取大空间，比我们今天这个会场要大一点。里面每个学生只有一个台子，一般都画个草图，就开始做模型，用纸板做。现在美国建筑教学已不采取传统办法，即用巴黎艺术院那样的要求，画彩色渲染图。从画线描图起，一步一步地画。在国际竞赛中，图纸也是很草的，只强调方案好，不在乎画的技巧。

纽约哥伦比亚大学，那里是中国学生比较多的地方。里面有个图书馆，是建筑藏书最多的地方。该校地处纽约市内，校园周围全被外单位房子所包围，无发展余地。新建房屋只能向地下发展。像这样的图书馆，里面的书一天比一天多，实在摆不下去。学校教室也很拥挤，他们把院子底下挖空，做地下图书馆和教室。我们走下去到地下室。利用天上的自然光可以看到走路。我们看到有位老师正在给几位学生讲课，将画好的建筑方案贴在墙上，进行讨论。另外我们还参观了埃维尔大学，情况大同小异。现在美国的大学都不用建筑系这个名称。他们认为设计一个房子，也是人类活动的空间。再扩大一些认识，设计一个城市规划，也是人类活动空间。所有这些统统叫作“人类活动空间学院”。

现在美国许多学校都在发展电化教学。用各式各样的电教设备。我们参观一个大阶梯教室，两边墙上都有电视屏幕，这里一排，那里一排，坐在后排的，若看不清台上老师的活动，就可以看墙上屏幕，这是指大班讲课。假如学生进来没有座位怎么办？那可以到隔壁教室去，那里也有小的电视屏幕，也可以看到老师的活动。你在工厂里不能出来，厂里也安装了电教设备，也可以在那里听讲。有不懂的问题还可以给老师写信。现在电化教育在美国已相当普及。他们的图书馆都用计算机储存目录，读者可以通过计算机查目录索引。记得1944—1945年我到美国国会图书馆参观时，该图书馆是美国存书最多的地方，当时过道里还没有放置书，参观的人可以在过道里来来往往。可是现在过道里都摆满了图书卡片，查卡片的人也很多。图书馆后面新增加一栋楼，叫第三馆，楼的外表简单得很。现在美国盖新楼房，外表就是用钢筋混凝土的表里。近代化的建筑外表都不怎么处理，内部却很考究。即使是高层建筑，也没有多少人老是抬着头看它的外表。当然这也要看具体要求，有些建筑里面添置新设备，在外形上也要适应现代化。至于有没有大学盖高层建筑？过去也有过，但它不符合学校要求。如莫斯科大学，国际建筑界批评它的很多。那所大学主要是让外国人去参观的。一进门都是大厅，整个空间都是供走路用的。核心地带有几十部电梯，占用的地方有好几条街的地带。上面也有一部分课堂，还有少数房间，是供外国留学生用的宿舍和洗澡间，上到顶层可以看到莫斯科全貌。这样的高层建筑对教学发挥不了大的效果。美国像这样的情况不多。

美国大学一般都是讲大课，用电化教学，讲大课的老师一般都是挑选有经验的老教师。上课的讲台采用像剧院那样的活动转台，将转台分成几个部分。前一部分在讲课，另外几部分可以在里面布置教具，供老师做实验用。当老师该做实验表演时，马上就可以转过来。这样既省时间，效果又好。教师还可以用书写投影仪，在讲到某个问题需要学生看到的，便在特制的纸上写几个字或画图，往投影机里一放，马上在屏幕上显示出来，不必写黑板了。他不用教棍去指了。总之，他们采用各式各样电教手段便于教学。我们看到一所高等小学，里面摆了若干台子，每个台子分成四部分，可同时让四个学生分坐四面，各人演示自己所需内容。假若你按一个电钮，就可以看到你想要的讲解。当你看到某一段还不太清楚，想再多看一下，电视便停下来让你看好，然后再继续往后演播。许多中小学和一般职业学校都是这样。至于一个台子四个人同时看表演，会不会相互干扰？不会的。因为隔音设备比较好，加上美国人讲话声音都比较小，用电化教学很方便。

现在建筑方面总的趋势都喜欢用个大敞棚，里面隔成许多房间，这种做法很灵活，可以根据需要来隔间。我们看见有的学校一个隔间里面有十一二个学生。他们讲话时也不觉得相互干扰。有趣的是，在我们参观时感到各地的人情风味都差不多。如看到一个孩子老是站在教室门口不动，我感到很奇怪，便问他，他说是犯了错误，在罚站，看来中外都差不多呢！还看到一位老师在跟几个学生讨论，听到一个学生在问，中国在哪里？老师回答说，中国在地球那边。一个孩子说，要是把地球打个洞，挖深一点，就可以直接到中国去了，那不是很方便吗？他们就是用一些很有兴趣的东西教学，启发学生，使学生不会忘记中国在地球的那边。纽约还设立一所特殊的学校，挑选一些智力发展比较快的学生，在学校里提前完成某些学科，选拔好的早点上大学。还有一些地方设立便于残疾人上学的学校，都盖一二层房子。在地面上看，一排排房子各不相连，但每幢房子下面都有地下室，彼此都有通道和升降机，残疾人自己使用摇椅到电梯旁边去，电梯设计和摇椅刚好一般高，残疾人可以自己进入电梯，自己开电梯，进入地下室中，可以由这个地下室坐着摇椅摇到另一个地下室。

杨振宁教授是在纽约大学石溪分校教书，我们去看望了他。他那个学校全是新造的房子，靠长岛的北石，附近有很多树林，风景幽美。那里中国血统的教师很多。校长对东方的教师特别好，很尊敬。他很喜欢与中国人来往。他这所学校自从中国血统的教师来了以后，威望一天天提高。这主要是中国教师给他们争来的威望，所以他对我们当然是热情招待。这所学校一般都是两三层的校舍，房子建筑很现代化。只有附近医院是高层的。里面的病床都是几层叠起来的，很讲究。房子比较高，院子里布置很美观。有草坪啦，花木啦，国外凡是造一栋房子都考虑到环境布置，而我们往往把一栋房子建起来就算完工了，而不注意周围环境的布置，这是不完全的。美国有个很大的财团，他设立了生物化学一类的研究所。这个研究所的房子有三四层。但房子利用得很经济，内部是大空间，做灵活隔断。连安水管的地方都预留好，很便于临时隔间用。各种实验台便于移动，按照实验的需要可以临时隔间。

据说现在医药界在建筑上花钱很多，如透视室、激光开刀等，都要求房子造得比较灵活，不至于受到局限。美国有一位建筑师叫路易斯·康。本来我在美国上学时，他和我同班，他在上学时，因为家境不好，所以同时还要到城里找业余工作。我记得当时他是给无声电影弹钢琴配调子。电影放到紧张的时候他就弹些张紧的调子，电影放到快乐的时候，他就弹些快乐的调子。他有这个爱好。他在建筑方面也出了不少风头，设计了不少新式建筑。后来设计了一个研究所，都是用钢筋混凝土做的。这个研究所有两排房子，造成一个很特别的景致。例如，把楼梯都拿出来，里面采用大空间，各种研究室可以根据需要灵活隔断。房子里还有小河流水，造成一种很幽雅的环境。

我们还参观一座电子直线加速器实验中心（当然还有圆形其他形状的加速器）。这个直线形拖了有一公里长。这个实验中心，政府投资很多。不仅美国学者可以在那里做研究实验，欧洲等别的国家科学工作者也可以到这里来使用这个加速器。

为了更好地发展科学教育，如有一个劳累斯科学馆里还设置了一些实验室，你可以买门票进去做一些实验。还有科普方面的科学馆。这个劳累斯科学馆有八万七千平方英尺的平地，里面摆着各式各样很简单的科普实验和科普资料。你可以在那里了解一些科学常识，使一般群众对一些科学的东西不感到那么陌生。这个方法我觉得很好。

美国原先只有纽约有地下铁。1945 年我去美国时，华盛顿还没有地下铁。这次去看，华盛顿已修建了地下铁。它都是由便道上下去，下到一定深度便有大厅。边上有个售票的地方。你可以买一张票，凭这张票就可以坐个来回，或者坐到某个站。你把卡经一个缝往里一插，便听到嗄巴一声响，门便给你打开，让你进去。下去之后，又到地下很深的一个大厅，里边装有水平传送带，可以自动把你送走。当然还可以往下，下到站台上。站台很宽，有两个方向来回的车。站台顶棚是一个半圆弧，是用一些预制件建起来的，既牢固又安全。万一有战争，地下铁就可以做人防。它的深度跟伦敦地下铁差不多。在欧战时，英国就有很多人进去避难，确实发挥很大作用。

当前国内建筑方面有一些值得研究的问题，有关北京前三门大街的高层建筑，大家讨论很多了。我看首先是规划问题，这个问题目前各国都很注意，都设有特别机构和很多人员，花大量时间研究规划。解放初期，我国也有这些机构，现在各行各业正在恢复之中。很多城市都在搞规划工作。希望能花点精力认真去抓一下。昨天我到铜陵公园，参观了公园的地址，觉得条件很好，水面很大，其他城市很难找到的。假若整理一下，搞成个像样的公园，自己养自己，又供游览，那这里比南京某些条件好多了。假若暂时条件不够，可以先种些树和花草，把规划先搞起来。铜陵市从现在就规划起来，好好发展，将来会是很好的，不少城市还赶不上呢！

现在国内正在大力发展旅游事业。其实世界上许多国家如瑞士、意大利等国，都是靠旅游事业赚取外汇。国内发展旅游事业，有不少地方要求盖高层建筑，像广州盖了三十三层。好像没有高层建筑这个城市就不够气派似的。其实大部分国外旅客并不见得喜欢住高层建筑。当然少数讲阔气的富人或者为了拉生意，或者国内某些有地位的人，假若住不上高层建筑，仿佛有失体面。例如外国人到北京，假若住不上北京饭店，回去不好交代。就大多数旅客来说还是喜欢住低层旅馆。美国现在都选风景比较优美的地方盖旅馆。旅馆的服务人员必须经过 Holiday Inn [注：假日饭店] 联合企业的专门训练，经考核毕业了，才能做旅馆的服务员。我们在外国住上这样的旅馆，好像到了自己家里一样。住着很安静，也看不到服务员，只有饭厅里的服务人员较多。里面有游泳池，暖和地区设在室外，寒冷地区设在室内。这种旅馆还为旅客提供多种方便。如果说你还想继续到其他地方去旅游，只要向服务台讲一下，就可以给订票，联系旅馆，而且都是风景优美的旅馆，你一到那里就会有人接你，非常方便。关于这项工作，现在最受人欢迎。我们国家现在也可以搞一点简易旅馆，合乎农村风味的。因为建造高层建筑，投资大，时间长，如广州的三十三层，前后花了四年多时间，这等于积压资金。在现阶段，我们要实事求是地考虑问题。高层建筑需要一些特殊材料和设备，如电梯供应就很紧张，有的单位订货排不上队，有些地方的电梯还要经常维修。

发展旅游事业，保持优美风景，是很重要的。铜陵市要论风景，还是个很好的地方。虽然这里是工矿区，还可以跟杭州西湖竞赛嘛！因为铜陵要山有山，要水有水。要发展旅游事业，还要分析旅客的具体情况，要知道他们来到这里是干什么的。不要指定他参观这个矿，那个矿，他本来不想去，但不去又怕失礼貌，有的直接提出你这里有什么古代文物遗迹。所以我们要多加注意，挖掘一下附近有什么古代文物，多发现几个地方，多加保护并加以维修。这样能多几个地方供游览。马鞍山附近的采石矶，有个李太白祠堂，就是很好的对象。这里我不知道，也许也有，要注意保护古物。古代建筑维修起来不是很简单的事。我常常听到考古学家说，古代建筑看看已年久失修了，有些已很危险了，不修又不行，要修吧又担一分心事。要修并不是随随便便请几个老师傅就能修起来，这比医生医治一下老病号还难。我们搞建筑的同志，要好好看看古代历史，像看小说那样看一看是有好处的。对古代历史一点不了解，要想把古建筑修缮好是很不容易的。前几天，武汉有几位同志，带着要重修黄鹤楼的方案，找到南京让我们研究和商量一下，他们是下了很大功夫的。武汉黄鹤楼要重修，从 1960 年就开始了，他们收集了很多历代关于黄鹤楼的体形和有关资料。我经常看到有些地方的古建筑不修便好，一修起来便把那些格子刷得很红或者很绿，看着很不舒服。

老实说，我们中国已经跟一百多个国家建交了。在非洲，我们支援了那么多项工程，出国支援的技术人员，不懂点外语看来是不行的。我们跟他们的技术人员谈天，人家谈到希腊、罗马啦，什么古代建筑啦，你也要插话吧，老是不作声，不行吧！这就要求你们能熟悉一国或两国的外语。现在外语的问题在学校里已抓得很紧了，有不少的老年教师暇时都在补习外语。只有这样，我们才能体会到毛主席讲的："洋为中用，古为今用"。我们搞建筑设计搞创作，搞一些民族特点的东西，若不懂历史恐怕是不容易的。有些同志提到建筑设计如何远近期结合，这是很难的。比方：我们这座城市是正在发展中的，和北京老城改造不一样，这就要根据远近期结合起来考虑。我看也不可能看得太远，现在国外能看到四五十年就不简单了。因为近代人类生活发展很快，就像现在一家人都住在一起，到那个时候恐怕就没有了。现在设计都按现代化标准，那也办不到。只有实事求是按我国现有条件，按多、快、好、省要求。除此之外，同志间可以多交流一些常识，多学习别人的经验。开始做方案的时候，能同有关专业工种的工程师共同商量，这样方案设计起来就快一点，返工也少一点，避免一些不必要的毛病，也可以组织报告会。总之促进交流，使大家的常识更丰富一些，工作更顺利些，早日在建筑工作中为四个现代化做出贡献。

关于修缮古建筑 *

列车奔驰在沪宁线上，远处倾斜的虎丘塔映入我的眼帘，不由得使我想起修缮古建筑问题，并就“修旧如旧”这一观点，请教杨廷宝老师，杨老回答说：

这要根据建筑的具体情况灵活处理，不能用固定的公式。最好要研究它的历史和将来的用途，并通盘考虑。一般不太重要的古建筑，如修得焕然一新，那也无伤大雅。中国建筑油漆彩画的艺术效果什么时候最好、最美？我看，既不是刚完工，也不是经过二三十年以至几十年后，而是经过一段时期的自然侵蚀，似旧非旧，似新非新，那时的艺术效果最好最美。至于那种特殊建筑，我看应当“修旧如旧”。不过，这要多费点工，要有一定的艺术素养，要有好的工匠。

近年来你到过不少地方，你对修缮古建筑有些什么看法？杨老感叹地说：

有的修得不错，有的修得很差，不仅没有修好，不客气地讲，损害了原有的形象。你看南京天王府的西花园，漆得大红大绿，俗气得很。北京毛主席纪念堂南面正阳门楼修得太富丽堂皇，是否喧宾夺主？有些园林也修得不理想。如马鞍山采石公园，沿山道路铺上水泥，没有园林自然风味。云冈一个大佛像的脚用水泥粉上，太不像样了，结果还是凿掉。

记得那年经过布拉格，参观古王宫，那儿正在修理外墙，修得新旧差不离。是不是？

是的，在国外有些国家，如法国、意大利等都十分重视古迹维修，甚至还办有专门的学校。一方面为了保护古迹，一方面也为了旅游。古建筑是工匠长期劳动积累的文化，有些建筑，艺术性很高。我们如把它当作一般工程来修，只能是“四不像”。你到南京瞻园去看看，刘老[①]在世时和工匠师傅一起修整，就大不一样，很不错。

文化 (Culture) 这个字很微妙，它的含意广泛而深刻。唐朝李太白的诗“黄河之水天上来”，多有韵味，多有气派。不但要有素养，有时还要有点气势。现在，好的匠人不多了。对好的手艺师傅，要十分尊重他们的经验，接受他们的技艺。

---

* 1979 年 2 月 7 日杨廷宝口述，齐康记述。原载：1980 年 1 月《建筑师》第 2 期

你在（20世纪）30年代怎么参加和主持修缮一批北京古建筑？

啊！这已是40年前的事了。这要从我怎样学习中国古建筑谈起。我在国外学的是外国的一套，中国古建筑我是一无所知。当时“基泰事务所”要做两套清式模型——紫禁城角楼和天坛的祈年殿，完全按清式做法（包括彩画），我在绘图房里画图，休息时就看师傅们做，并且边谈边记。这就是我学习中国古建筑的开始，可以说做模型的工匠是我的启蒙老师。

八国联军侵占北京时，有些古建筑被毁得破烂不堪，有的只留下断墙残壁。有位老先生朱启钤，曾是清末工部侍郎，他热心修复一批古建筑。当时北平市文物整理委员会开展了这项工作，通过梁思成、刘敦桢找到了我。我先后参加修缮的工程共有九处。

天坛祈年殿、门、庭院；圜丘（宰牲亭）、皇穹宇；北京城东南角楼；西直门箭楼；国子监；中南海紫光阁；五塔寺（大正觉寺）；玉泉山玉峰塔；西山碧云寺罗汉堂。

两个月后，我们几位同志和杨老漫步在天坛祈年殿到皇穹宇的神道上，我们又谈到了修缮古建筑的问题。

上次我们谈到了“修旧如旧”的问题，你来看，当年修天坛皇穹宇就是个例子。几根柱子大体保留原样，柱子上的沥粉贴金修旧如旧，墙上的花纹按原样拓下来也修旧如旧。这都是师傅们亲自动手，工程质量当然高了。

圜丘在袁世凯当“皇帝”的81天里也曾修过，因为他也要祭天，但修得很粗糙，很不像样，四周矮墙上的兽头都很不全。棂星门的木门也拆了，西南角的三根望灯杆，也破坏殆尽。据说当年望灯杆的木料都是整木，从贵州、云南，顺长江入海，经海路由天津运至北京东南城角水闸，再在城里拖运，经过珠市口时，因杆太长了，将拐角的警亭拆了才运到天坛的。这么长的木杆，当时我们是无力修复了。

祈年殿的宝顶，整个是铜皮焊接成形，磨光镏金，套在雷公柱上。其尺度甚大，修时搭了三层架，里面可以站两个人。宝顶外部落在须弥座式的琉璃座上，座也是分块拼成。有一点大家可能想象不到，即靠近顶部的琉璃瓦板是分成几块，拼接而成的。

你记着一点，越是高处，做工越是可以粗一点。远看那顶部金光闪闪，可是顶部的瓦当却接得比较粗糙。所以，考虑了视觉效果的远近和粗细的问题，就可以依据建筑的部位来提出不同的施工方法。

屋顶的防水在望板上先用灰背找平，辅以“锡拉背”（行话，即锡板），再粉嵌灰贝，先底瓦后筒瓦，层层上套。

明长陵大殿的楠木柱是整木料，到了晚清已不可能办到了。天坛祈年殿的柱子，到了光绪十六年重修时，柱心是整木，外面加拼木块，用铁箍箍牢，用猪血砖灰披麻。

明代的彩画多用银朱红、石青、石绿等。当时我们修缮时已缺石绿，色泽质量就差些。所以对油漆彩画颜料的质量、色泽都要研究。

有的古建筑毁坏得很厉害，如西山碧云寺罗汉堂。这座罗汉堂是清初的，它有四个小内院，构图甚为适宜。这类严重残破的建筑，我们等于重建。不过也没什么，因为我有一本《工部营造则例》可以参考，还有工匠们的口诀，什么“柱高一丈，出檐三尺”、“方五斜七”等。有了柱础的位置，就可以推算。至于建筑高度，尽量实测，也就行了。

要修缮还得学会估算。老师傅曾教我如何估算石料，他说，一平方尺（当时是鲁班尺）平面粗估算一个工，打个线脚算两个工，带有装饰的得用三个工。圜丘的石工我就采用这种办法推算的。

修缮古建筑必须和匠人们一起研究。工匠中当时最主要是木工，旧社会称大师兄，瓦工称二师兄，石工称三师兄，木工掌握全局。我经常请教几位老师傅，在工地上，在木工房里，今天请这个师傅看看，明天又请另一个谈谈，记录他们的口诀，找出切实可行的办法。有时上“东来顺”打上斤把白干，请老师傅坐下来，你一言，我一语，就解决了施工中的疑难，这也算是“群众路线”吧！当然营造学社的同仁们，我也常常向他们请教。这些工匠有口诀，顺口溜，代代相传，我都记了笔记，可惜现在全散失了。

我是一点一滴地向工匠师傅、刘敦桢、梁思成等先生，以及我后来在民族形式建筑的设计中学中国古建筑的。

归途中，我们说，你谈的体会，使我们学到不少知识。您对今天修缮古建筑有什么建议呢?

我看有几点要注意。

首先，对修缮的对象要查一下文献资料、历史沿革。如天坛祈年殿就有较详细的记载，有的还要明确用途。

其次，要拟订修缮计划。最好和施工部门、工匠师傅共同拟定，向他们请教，估算工料。

再有，要对现存古建筑进行测绘、调查，画出图纸。记得我们当时修缮的九处古建筑，每修一处之前都要拍照，修理过程中也拍照，工程完毕再拍照，使工程修建过程有完整的记录和全面的总结。

最后我想讲一点，修缮古建筑还存在个古建筑修建年代和艺术评价的关系，这一点要重视。例如太和殿和太和门不是同一年代修建的，但近年修复时采用同一种彩画，使它们具有艺术上的统一效果，这是好的。至于有些像清末慈禧时绘的彩画比较俗气，那倒不如恢复原修建年代的彩画来得好。二者是要权衡比较的。

古迹文物是劳动人民的智慧和血汗建成的，是历史的见证，我们要保护好。作为一个建筑工作者，要向匠人师傅学习。当前培训新工匠也很要紧。梁思成、刘敦桢两位先生对中国古建筑的研究和考证都作出了重大贡献，他们的钻研精神，值得我们学习。记得一次梁思成先生对我说："批判大屋顶，我检讨了多次，可每当我看到一座古建筑，宏大的斗栱，我马上精神就来了"。做学问我看要"入迷"。

让我来讲个小故事就算结束今天的参观吧！

传说北京有座喇嘛庙，名叫麻噶喇庙，修建时只有两层檐椽，工匠们怎么看也不合样。木匠师傅吃饭时正在嘀咕这件事，突然来了个老头儿，指着屋檐，口中念念有词。工匠们若有所悟，就在飞檐椽外再加了一层。这样，这座庙的出檐就"合"样了。

这是什么意思呢？大家想想！

注：①指刘敦桢教授，他是瞻园改建设计者。

对整修上海古漪园的意见 *

古漪园有相当的历史，有一点名气，也遗留了一些旧建筑、遗址和山石。在这个基础上整修起来，将来接待外宾，作为上海郊区一个群众游览休息的地方是很值得的。

这个园子原来只有10亩地，后来发展到20余亩，现在有80余亩，方圆已有很大变迁。我记得以前和童老[①]来时，这里还很荒凉，现在印象和以前不一样了。我考虑到北面的房子保留下来，假若照原样修复是很困难的，而且是否值得？时代不同，现在使用的不是过去文人雅士吟诗作乐，而为广大劳动人民节日休息之用。既然不是为少数人，那么使用方式不同了，在整修的时候就要充分考虑一下。苏州的园子，花草树木规模都不大，石径也不宽敞。因为那个时期是封建时代，是专供少数人使用的。所以我认为今天在整修的时候不必完全拘泥于过去的样子。可以仿苏州那样的处理方法，但是可以稍微宽敞一些，使总的气氛看起来不是欧美的。不但是东方的，而且是中国的园林气氛。同时又合乎今天的使用要求。总之，可以放开手搞，不受局限，这是我对总的布局手法的意见。我看过童老的书和画，今天再实地一看很有收获。

我觉得像不系舟、梅花厅、水榭、白鹤亭等有文献可查的，有遗址可查的，是可以恢复一下的。这样如果有人来考古，他会觉得满意的。当然重修的时候也不一定要用木料。一是来源困难，再者用次木料经不起几年就坏了，可以用钢筋混凝土来做。大木用混凝土，小木可用木结构。但是要注意造型，尽量去仿原先的味道和手法。我举几个保持气氛的例子：缺角亭的柱子是正方形的，看起来就像混凝土做的。而传统的形式是海棠角，看上去就不生硬。方楞角柱子如果是石头砌的，年代久后也不可能是方形了。再如梅花厅的窗扇，菱花的具体做法太单薄，像树棍子的形状，没有深度感，气氛就不同。前年承德的工人师傅修补当年皇帝接见少数民族首领用的楠木厅，补了两扇窗，不但在平面上做到恢复，在立体上也做到了。这里梅花厅东西墙上挂镜线的处理，是受了洋法的影响，做成与窗帘盒齐平。如果我来做，就想放低下来，同时漆

---

* 1979年2月在上海市园林局座谈会上的讲话。来源：《杨廷宝建筑言论选集》

成和墙一样的颜色，这样就不觉得是洋的了。苏州拙政园里也有许多地方，尤其是西部，像有钱人家做别的用的（按：指防盗），把铁栏杆也用上了，看上去很不是味道。变成旧金山的所谓中国房子了。总之一句话，用旧形式处理得合乎今天的要求，但是气氛要保留下来。

现在园子的面积增加了，就不一定全按原来的部分（按：指核心部分）去恢复，不用做得那么密集，可以做得疏散一些，有利于今天的使用。大量人流在活动，还可以透透气。当然也有一些亭廊为了避雨可以保留，这也是实际需要。

南门是否要做影壁还可以斟酌一下，设置影壁似有衙门的味道。分散在各处可以放一些碑刻、古人咏诗和梅景，可以有多一些东西给人看，外国人即使看不懂，但总也晓得是中国的东西。总之要多种多样，又轻而易举，使人生味。大门外的八字墙，做那么大，当然有使用的要求，来了两辆汽车可以同时停靠。但是外面那么平，里面是否还要平呢？是否可以曲折一些。南面地坪可以做一些起伏，不一定布置很长很大的影壁。苏州拙政园，过去做的假山也不一定好，新辟地方又太空旷，过了小门，中部是另一种气氛，形成三篇文章。

我不欣赏整齐的石驳岸，有的地方可以变化一下。吃东西也要变变味道。听说北京北海用 50 万～ 60 万元造驳岸，把五龙亭一带全用上汉白玉石栏杆。附近新盖的房子已经改变了北海原来的尺度，现在又大煞风景。我还是赞成刘老[②]处理南京瞻园的手法，北面草地深入水面，长一些草更能和大自然结合得起来，没有矫揉造作。当然整齐也不是都不可以，如山西太原的晋祠，它的池子是石砌的，尺度也不大，看起来还可以。但是北海的处理看上去就很不舒服，颐和园的处理倒是可以，长廊前面是石砌驳岸，加上几座重檐亭子，打破了单调。当然一般不要费那么大事，还是自然一些好。我们这里的园子，山下这处水面，假若可以将山形延伸到池里就好了。

这里树木不少，但是缺少几株大树。北京潭柘寺东西墙外的大银杏树很不错，我每次都去拜望。栽种树木时，某些地方要种高一些的树，让它有点层次。那么粗的悬铃木总已有 20 ～ 30 年了，不要因为品种不高贵就砍掉，只要没有生虫，就宽限它几年吧！北京故宫锯去了一些柏树枝条，原因是生虫，植物学家说虫要繁殖，还会影响别的树木，但是也有的树保存下来，虫子也不发展，病也治好了。

园子，最好还有些特殊的景致，如果有条件也可以发挥一下。房子本身根据文献资料的参考，已经做了的就不要大动，因势利导，根据南方园林的处理手法去做。

现今时代园林里游览的人多了，其中也有年纪大的，所以对假山石、桥等的安全要很好地检查一下，避免有朝一日发生事故。现在桥栏杆两边的石板都是悬挑的，而且桥面很窄，按理说应该把桥展宽一些，今天使用和古代不一样。

园子里可以办一些展览，南京鼓楼利用三大门洞里办了个小型书画展览，游人也不少，成为一个小型的公园。这里是否也可以搞个地方，把各类的物品放在室内，一般的放在露天展览，总之多一些吸引游人的项目。水池里可以养大红鱼，可以投食，多一些趣味。

中国园林自古以来就有不少石刻、匾、对联等，不能轻易取消。七分景致，看对联又添几分。

路面的处理也可以多样化，有的地方用水泥砖预制块，有的用现捣的，有的可以仿北京颐和园，两边碎石中央水泥，行人多时散开，人少时走中央。另外最好能解决草皮的保养问题。上海人民公园的草皮，儿童从上午跑到下午就把草皮都破坏了。草皮的布置不是传统的，是洋为中用。

注：①指南京工学院童寯教授

②指南京工学院刘敦桢教授

风景的城市 入画的建筑*

人们的认识发展——建设一座现代化风景城

我作为一个建筑师，从设计的角度，提几点常识性的意见。杭州的城市规划已讨论过多次了。它的规划图到国外展览过。我不止一次来到杭州，不止一次参加过讨论，我有点粗略的印象：重点总是考虑“风景”二字。现在墙上琳琅满目的规划图，有远景，有近期，包括工业、工程设施等等项目，有相当充分的分析研究，值得学习。我对现状不够了解，发言难免有不当之处。

“现代化风景城市”这个词，过去未听过，现在这样提出，是三十年来人们通过实践获得的认识。城市性质一经确定，就意味着决定了布局的原则。作为一个省会城市，某些工业、轻工业，仍然需要布置，这是城市的需要。那些无污染性的工厂可结合城市布局来布置，有污染的工厂则应远离城区。

杭州是个古老的城市，有悠久的历史和高度的文化，形成独有的特点。杭州的丝绸、伞、茶颇负盛名，还有其他特产。生产一些具有地方特色的轻工业品、手工业品作为游览纪念品又有什么不好呢？游览风景要有点纪念品，使之有名有实，为风景城增添光彩。我们要围绕风景城市做文章。

西湖，我们要把它整理好，管理好，这是我们的义务。现在确定杭州要成为“风景城市”，确定这种性质多么重要啊！追忆往事，今年这个口号、这种城市性质，明年那个口号、那种城市性质，莫衷一是，举棋不定。现在暴露的许多问题，使美丽的西湖受到损害。这难道不使人深思吗？认识有个过程，但认识到了，实践就要跟上。我们要有“意志”，但这种“意志”应当是科学的、有文化修养的、有预见的、符合客观规律的。今天，大家开始认识到要建设一个“现代化风景城市”，已摸索了三十年啦！来之不易呀！

---

* 1979年4月6日在杭州市城市规划讨论会上的发言，齐康记述。原载：1980年1月《建筑师》第2期

时间、空间的变迁——风景的比例尺度

时代在变化，城市在发展。今日的杭州，人口增多了，游人增加了。交通已不是当年的徒步坐轿，现代化的汽车可以将游人一会儿带到灵隐，一会儿送到六和塔。湖滨的建筑也不断地在加高。五十年代的杭州饭店，当时有人叫它“新建大庙”。六十年代孤山边上的西泠饭店将孤山压成了土丘，还有华侨饭店的体量，不时引起建筑师们的争议。建筑在不断增高，游览速度在加快，城市扩展了，在某种意义上讲，西湖相对地在缩小。杭州的山不会像喜马拉雅山那样慢慢地升高。山、水，由于时间、空间的变化都在“缩小”。这些给杭州的风景带来什么后果呢？正好像画好了一幅山水画，加上一个大亭子，整个画面破坏了。所以，我们建设西湖一定要保持一个相对的比例尺度。尽可能地不使扩大，要有时空观。不信，把西湖周围建上许多高层建筑，保俶塔就会变成牙签，西湖也就成了水塘！

入画的建筑

一幢风景建筑设计的成功，不仅在于它的功能合理、适用、经济、造型美观，而且要做到同环境的有机结合。这个“有机”是从地形、地貌、建筑性质、造型、空气、阳光、植物生态以及其他方面来考虑的。景区布置建筑要使风景“增色”，而不是“煞风景”，建筑要入画。

我爱好绘画，爱好写生，我绝不会画一幅没有好的环境的风景画。

历史上的西湖，十景也好，八景也好，大多有实体的建筑，有的含有同环境相结合之意。“平湖秋月”“柳浪闻莺”“雷峰夕照”，这些都是当年的创作。最近我看了一个旅游大楼的方案，布置近湖滨，体型庞大。我想，它的外形和侧影，会有碍风景，有碍西湖的景色。如果在雷峰塔遗址上，仿照当年的外形建一座多层旅馆，岂不一举两得？它西眺岳王庙，北观保俶塔，使人“见物生情”，想到当年的雷峰塔，亦一大乐趣。我想的也许荒唐。不过，一言以蔽之，景区的建筑要入画。

“柳浪闻莺”中破旧的建筑要逐步改造，代之以新的风景建筑，使游人有休息之处。

中国古代园林，主景有意。今日的设计创作，我看要意在笔先，笔到之处，建筑造型要好。

有的风景城市，存在着“危机”。有的古迹，修缮得不好，新的建筑甚不协调，大好风景庸俗化了。设计风景区建筑是个大难题，要有相当的艺术素养。不能搞“完成平方米”“大打歼灭战”，不能心血来潮，我们作教师的有责任哪！

现代化与风景区

一提到虎跑的规划设计，不能不使我想到风景区的泉水。济南的趵突泉，由于上游建工厂，水源枯竭了。太原晋祠的泉水，水质很好，真是清澈见底，它的下游还产香稻米。结果上游建了工厂，水枯竭了，稻田改为旱田，水位降低，美丽的古建筑和风景受到影响。山西省文物局要花钱改善，看来也难以从根本上解决。真是灾难！所以，“现代化”与“风景区”又有矛盾，又可以结合。现代化，要开拓道路，修建工程设施，都要想到风景。风景区周围建工厂，更要想到风景区，不能用“有烟工业”来妨碍“无烟工业”，要权衡两者得失。有古迹的风景点是千百年劳动人民智慧的结晶，一旦破坏了就难以恢复。所以，提“现代化风景城市”，就要求我们坚持科学的态度，利用现代化的科学技术手段，使风景更加增色，有新的含意。

这里，不免使我想起宜兴的“善卷洞”。为了拍电影，地坪抹上了水泥，没有大自然的趣味了。有的洞还装上电灯，同地下道没有什么区别，游人到此，大扫游兴。

环境保护是现代化工业发展后引起人们重视的一门科学。现代化的措施带进风景区要加以思索。不能硬搬城市建设的那一套，要有区别。瑞士的公路设计，十分重视景区规划。修路时碰上棵大树，附近居民、设计人员都不得挪动。挪动要经当地景区委员会批准才行。设计景区的道路，也要作景象分析，它是一种快速动观的线路，要作好大尺度范围内的线形设计。如果古园的小路是“曲径通幽”，那么景区的公路（道路）要结合地形风景，也要“自然有致”。

道路设计，当然要考虑车速、路宽、转弯半径等。记得北京的北海团城边上的金鳌玉蛛桥、牌楼，窄桥妨碍了交通。设计改建方案时，有的主张拆除团城，有的甚至主张像切西瓜那样把团城切去一块，这种纯交通的观点行吗？敬爱的周总理确定了现有的方案，既保留了古迹，又利于车辆交通。

我看你们总图南边的交叉口甚多，是否利用地形，穿山打洞，采用一些立体交叉防止车祸，可作这种设想吗？

“希尔顿”①和假日旅馆

我们规划设计风景城市，讲旅游，不能只看到旅馆建设，而一讲到旅馆就想到高层。杭州山区风景很优美，有许多秀丽的民居，如稍加修整，不也可以住人吗？国外旅客不远万里乘飞机来到杭州，你给他住的还是“希尔顿”，不过只是杭州的“希尔顿”罢了。国外有不少“假日旅馆”选在风景幽静，接近居民点的地段，带点简易设施，让游人来住上一宿二宿。我想我们可以化整为零，分散建设一批低层旅馆。这样，层数低，投资少，开业快，收效高。短短几个月就可以建成一批。保加利亚旅游区，有的充分利用民居，有的用同一平面，外形有所变化。在我们目前人力、物力条件下，可以试建一下。盖“希尔顿”或许是远水解不了近渴。一幢“希尔顿”要建三至五年，而一组低层建筑，又不用电梯，不更好吗？至于高层旅馆，有的可以自建，有的可以利用外资，有计划有步骤地搞。

我想再补充一句，风景区内要不要建高层？这不但市政设施要跟上，即便观景，站在高楼上一览无余，就再也没有什么好看的了！

最后讲一点，我们搞城市规划，要有远景规划作为奋斗目标。然而，近期规划更为重要。我们的规划图往往是墙上挂挂，过后算了。应当说，规划是根据国家计划、城市性质、人们对科技发展的预测而制定的，不论主管方面，还是建设方面，都要以它为依据。规划一旦确定，就要有法律效力，才能有步骤地实现。不能朝令夕改，因人而异。国外历史上成功的建筑规划大多是有法律为保障的。我们的城市建设不可没有个城市法、风景区保护法！不能“时过境迁”，只顾眼前利益，要替子孙后代多设想。

杭州旧城的改建相当重要。有人说杭州是破旧的城市，美丽的西湖，旧城变化不大。不少城市都有这个问题。西湖要提高风景水平，城市建设要搞好。城市风景化了，西湖就更具诗意。“有烟工业”的建设有“骨头与肉”的关系，同样“无烟工业”也有个景区与城市的关系问题，二者相辅相成。

注：①指美国希尔顿旅游公司所建的高层旅馆

漫游世界谈几个城市的见闻和感想*

前些年趁参加国际活动之便，到过一些国家。所走到的地方，接触到一些城市规划方面的问题。现在我就环绕世界一周，谈一点见闻和感想。

首先讲埃及，它是一个历史悠久的文明古国。有世界著名的金字塔，人首兽身石像和神庙等。拿首都开罗来说，在古埃及王朝时代已有人居住。969A.D. 北非 FATIMITE 王国 Khalif Muizz 的一位叫 Gohar 的将军占领埃及，在尼罗河东岸建城，传说正值火星当空。火星的阿拉伯语是“el Kaher”，因以名城。开罗“CAIRO”是由“el Kahera”演变而来。开罗城市的建筑面貌在十四世纪发展到极盛程度，遗留下来还有 200 多座建筑物。从城市规划角度看，沿着尼罗河两岸发展的居民点较多。远离河岸，由于当时取水困难，居民点就少得多。一般居民的住房两三层的比较多。平屋顶比较多，因为当地雨水少，屋顶防雨水的问题不太重要。一般群众住房还是很苦的，泥土墙上面也没有防水材料。但近代有钱的大户人家做的很大的别墅。房屋建造得很讲究很现代化，很使人感觉到社会的贫富悬殊。城里除了商业街外，考究的住宅区都在郊外。我们看到有一户富人宅邸周围都是沙漠区。可以见到许多阿拉伯人穿着很薄的白大褂，赶着骆驼队走路。这件白大褂，或者叫白袍子，既是服装又是行李。开罗的贫民窟卫生条件很差，苍蝇多。白大褂做得很宽松肥大，走起路来可以扇风，苍蝇就不敢来了，起着赶苍蝇的作用。晚上在沙漠里，人就在骆驼的旁边躺下休息，大褂正好当行李。城市规划和一个国家和民族的风俗习惯是有关系的。埃及在古代的宗教信仰中认为一个人死后还有灵魂，必须把人死后的身体做成“木乃伊”。我们参观过一个陵墓，一面顺着很窄的坡道往下走，一面想象当年人们怎样把装着“木乃伊”的石棺抬下去，的确是很不简单的。特别是当我们下到一个地方，墙上都是刻成低浮雕上色的壁画，以为这里就到了墓道的尽头，应是安葬墓穴之处。经向导解释这里是假墓穴，古代为了防盗设置的。再从这地方的一个角落顺着墓道往下走才是真正安葬

---

* 1979 年 5 月 22 日在江苏省徐州市的报告。来源：东南大学档案馆

的基穴。石棺里就放着“木乃伊”。我们看过一个陈列室，室内有空调。几乎是冰冻的温度，感觉非常冷，里面全放的“木乃伊”，都是几千年帝王和皇后的尸体，缚着若干层麻布，涂上颜色。这些风俗习惯和宗教信仰，一直影响到现今的城市规划和房屋建设。埃及的风俗认为人死了以后，家庭都要安葬在一起。所以在开罗这个城市有一个小区，不是活人住的小区，而是死人住的小区，等于死人城，这是颇有特色的阿拉伯人墓地。这座死人城规划有街道，也有一家一家的小院落，也有大门、上房，好像住户一样，实际上是一家一家墓葬的地方。我们去参观时，正是夕阳西下的时候。走在街上一个人也没，确实像到了死人城。我们到过埃及在地中海的塞得港（PORT SAID），在尼罗河下游三角洲，又濒临苏伊士运河，土地肥沃。庄稼看上去都是丰产田。农家在农田中布置许多小塔，是养鸽子的，当食品的。鸽子可以随便飞出去吃别人的庄稼，可能是因为互惠的缘故。鸽子塔中间是空的，下部有门，里面有梯子，人们可以爬上去收鸽子蛋。鸽子塔高约10米，能住500对鸽子。“烤鸽子”是埃及人很喜欢吃的名菜。

从埃及过了地中海就到了意大利。意大利在若干年前是世界各国人都想去的旅游胜地。这个国家多山地，农产品主要为麦子。由于古罗马帝国极盛时期统治欧洲大部分地区，一直到中古时期的文艺复兴时代。欧洲大陆文化以意大利为发源地之一，半世纪前，世界各国学习研究建筑的学者，都要考察观光意大利的古罗马和文艺复兴时代的建筑。顺便也能见到古代城市规划的遗迹，像那不勒斯港附近有一座城市叫庞贝。在纪元前后，当时火山爆发，热的岩浆流下来，将整个城市淹没了，近年又重新把庞贝城挖掘出来。根据当年古罗马城市规划方式，庞贝城也有一个市中心广场地带，有法院、商店、浴室等房屋建筑。意大利许多城市利用山区泉水，用渡槽将水引到城里供应居民，叫做水道。水道设若干出水口，每天不停地往外流，住家人就用瓶罐一瓶一瓶接水，这是古代城市用水的方式，现在还能看到遗迹。意大利许多地方雨量不大，古代房屋的屋顶没有防水材料，但一般漏雨情况不严重，而太阳晒起来比较严重。像庞贝城内许多居住建筑，每家都有一个内院，用廊子围起来。强烈的日晒能挡一挡，比较凉快。好像我国南方福建等地民居做成很小的内天井，防止日晒一样。这是自然条件和气候对建筑影响的例子。城市规划自古以来就受政治、经济、自然条件和风俗习惯等的影响，近代更受科学技术发展的影响。古罗马时代喜欢大规模集体活动，在罗马发掘出许多古罗马时代的公共建筑。那个时候没有钢筋混凝土，而是用火山灰做出发券大圆拱的建筑，当然看起来很笨重。

当时很多人喜欢看斗兽，巨大的斗兽场遗迹，现在还能看得出来。罗马有七个山包，在七个山包中间安排了城市规划。这样一个城市规划布局，还受到古罗马时代城市规划着眼于军事防役的影响。我们在意大利看到了很多古罗马和文艺复兴遗迹之外，最使我们印象深刻的是意大利的园林建筑。意大利的园林建筑在中古时期发展得很不错。古罗马的每一家有名气的家庭都有一座豪华的园林式别墅。它的处理手法，在历史上受到世界很多建筑师学习和研究。譬如它的园林别墅利用山泉水系的手法，一座花园不仅有树木花草还有水系流动，饶有趣味，而且花园里到处都有喷泉活动，一年四季流不完的。有的艺术意境做得很好。另外，意大利受古希腊传统的影响，对雕刻结合建筑的应用也是不错的。

意大利向北走就到法国。法国在中古时期对欧洲许多国家都有一定影响，近代十八世纪欧洲许多国家的语言一度用法语。由于当时法国力量强大，拿破仑几乎把欧洲大部份地区都占了。法国城市规划已慢慢进入现代化方式。巴黎城市规划自从定下放射性规划方案以后，沿街道两旁盖了 5 ~ 6 层高的房屋，相当长时期没有再改动。这也由于自中古时期末期到现在，法国城市规划控制得非常严格，这和美国以及其他国家不一样。的确，巴黎旧城区建成以后，十年后给人的印象没有多大的变化。一般居民住在 5 ~ 6 层楼房里，都是爬楼梯。当然层数再高就要用电梯，但是高房子不允许在旧城区建造，都建到郊区去。结合讨论徐州的规划，徐州市的旧城区以外，能不能在西南再规划一个新区，好像巴黎郊区一样。在新区里首先把主要道路系统建起来，包括市政管网设施安排好，这样旧城区的改造压力小一些，没有那么急迫了，也能解决城市居民区人口的增长。将来火车站保留，将火车站的编组站迁移到外面，旧城区将变成火车站附近的一个城市小区。欧洲许多国家的旧城改造，都是采用这种方法。解放初期讨论北京规划时，也有人主张另外开阔新市区，不破坏古老城区，但没有实现，结果到现在，北京城市面貌比较乱。过去到北京，站在北海白塔上看全城，绿树丛中点缀很少几幢楼房，然后就是几座钟楼、鼓楼、牌楼等，现在可以说打破了原有的统一的章法。在旧城区建高层供水不足往往会带来很多矛盾。最近南京体育部门预备在原来中山陵体育学院附近恢复游泳池、运动场。但也是考虑供水问题不好解决，没有实行。我个人对城市供水问题特别关心，一般老城市容易被忽视，以后是不好补救的。

刚刚旅行到意大利看了许多地方，向北是法国、瑞士。瑞士国家虽然很小，但是有很多值得学习借鉴的地方。瑞士这个国家仿佛是一个幅员广大的国家的一个区域规划。这个国家总体规划搞得很好。国家多山地，主要靠轻工业、特种工艺，农业在其次。全国有一个强有力的机构，管理全国的风景规划。据说全国的大路边的古老大树，居民不能随便砍伐，必须先申报管理风景机构批准才能动，因为瑞士国家靠旅游业收入大批外汇。全国利用水源的经验不错。上山下山的交通通常用缆车，但为了节省电力，有的地方巧妙地利用山泉水增加或减少缆车重量的办法，在缆车车厢下面有一个大水箱，像我国农村深井打水的辘轳，两个水桶一上一下。这种设备不用电，山上的缆车要下山时，就慢慢注入泉水，下面的缆车自然向上去。我国黄山风景区一度要考虑修汽车路上山，我认为是很劳民伤财又破坏风景。用这种山泉水做缆车既节省电又不破坏风景，的确是可以尝试一下的。瑞士平地很少，有限的平地还要利用做飞机场，等等。山地多不能不利用，我们参观一个电子管厂利用山坡地建厂，车间一个一个都建在坡地上，当然汽车道多少要有点坡度。我们国家许多地区建厂选址总希望在大片平原地带，往往是高产田，可惜得很。有些山地很可能不太费事就可以利用起来，当然可能建厂造价投资多一些，困难多一些，但对整个保留农田全面考虑还是有价值的。我们有些厂占地太大，房屋建筑布局又不经济。像解放初期在苏联专家指导下建设的洛阳拖拉机厂，一进工厂大门就是很堂皇巨大的厂前区，实在没有必要的。车间与车间之间距离很远，还要有一系列的运输工具。因此，我建议有关部门对节约用地应多注意。工厂一经建成，再搬家不是轻而易举的事。在瑞士许多工厂很流行分散协作的方式。有一位著名的钟表厂经理介绍，有许多表的零件都是由农户加工，到一定时期厂里按价格收购符合一定质量要求的零件，少数特殊零件才由厂里制造，表厂实际等于一个装配车间。这样工厂占地规模就不需要那么大了，而且一种产品由很多部门协作完成。瑞士国家重视旅游业，有专门训练旅游服务工作的学校，这在别的国家少有的。瑞士对旅馆的经营管理，各种设施布置等方面经验有独到之处。瑞士除几座大城市有比较集中的大旅馆外，一般都用小型及民间旅社方式来解决。因为外国游客，尤其在近代，往往都住在大城市的高层建筑，住惯了，到瑞士这种大自然风景秀丽的国家，就喜欢接近民间风格的旅社。这也是近代世界各国旅客越来越喜欢的一种趋势。而且世界各国的旅游旅客，毕竟大部分还不是非常有钱的人。

从瑞士向北，过了英吉利海峡就到英国伦教。伦敦城是沿泰晤士河，自由发展起来的。世界许多大城市的发展，往往和水系基础有关。第二次世界大战期间，我在伦敦住过几个星期。当时伦敦的食品供应很困难，牛肉切得像纸一样薄，只吃过一次鸡蛋。办公室的女秘书，由于经济上很困难，光着腿没有丝袜穿。结果腿的颜色比肉色丝袜的颜色深，因为冻成紫色了。英国民族性的特长，性格沉着，富有忍耐性。欧战时期国内虽有德国法西斯轰炸，但是秩序维持得很好。在城市规划方面带来一个问题，英国人思想保守一些，不太容易革新。自从艾伯克龙比（PATRICK ABERCROMBIE）的“大伦敦规划”问世以后，城市面貌就没有多大改变。在资本主义社会，自由竞争很厉害。在城市的核心地带一般地价昂贵，若要改造旧房，让资本家将已经盖好的房子向后退一点，是一件很困难的事，当然这也是社会制度带来的结果。

下面我们再坐飞机越过大西洋到墨西哥美利达（MERIDA），这里墨西哥的古代建筑遗址很多。大都是七、八世纪和十一、十二世纪遗留下来的古代建筑。石头建筑较多，往往在一个高台子上面做一个小庙式的房子。天文台也是筑在高台子上的房子。由于墨西哥地处热带，可能在历史上若干年内由于干旱，当地居民转移，因此野生植物把古代建筑全盖掉了。现在清理野生植物，把古建筑遗址整理出来，供游客观光。墨西哥古代建筑上的石刻很类似中国古代夏、商、周时期的饕餮纹和钟鼎纹图案，东方味道很浓。有的历史学家推测，可能上古时代北美洲和亚洲大陆相连。古代人从现在的白令海峡过到阿拉斯加又到了墨西哥。还有一种说法，古代东方人乘小船飘过太平洋到了美洲海岸，在墨西哥安家落户。墨西哥与美国毗邻，共同国界很长。农业盛产玉米，一般居民都以玉米为主食，请我们吃饭用玉米面做了许多种食品。墨西哥还受西班牙民族影响，能歌善舞，一般家庭招待会时也请街上能弹唱的乐师到家助兴。墨西哥城现在完全近代化了，受美国影响大。墨西哥属地震区，历史上记载地震很多，城内的古迹较少。新建筑喜欢用色彩，房子外墙喜欢用大面积的雕刻。像医药中心建筑，外墙没有窗户，全部是彩色马赛克拼成的雕刻壁画。墨西哥大学图馆，也是用这种手法装饰墙面。墨西哥阳光很强，一般不做大玻璃窗，因为地处低纬度，受气候条件影响。目前我国内地学习外国杂志盲目抄袭大玻璃窗的处理手法而不结合我国具体自然条件是不对的。有许多外国杂志报导新建筑，为了推销杂志往往宣传报导耸人听闻，假若不加分析，是很容易上当的。真正到外国去看一看，并不是所有的建筑物都像杂志介绍的那样。因此我们考虑问题还是要实事求是才对。墨西哥西海岸有一座城叫阿卡普尔科（ACAPULCO），是一座新兴的旅游城市，有不少旅馆和豪华的别墅。附近有一座教堂，里面有壁画，上面画着船和人，可能是东方的船渡过太平洋到美国，在阿卡普尔科登岸，宣传与东方的密切关系。

从墨西哥我们又到巴西去了一趟。巴西有南美洲最大的一条河流叫亚马逊河，是世界闻名的，河水每年泛滥。上游都是热带原始森林。有人介绍说，原始森林中还有原始部落居住，那里有各种野生动物。最奇特的，当地居民有用蟒蛇看家，大蟒蛇不伤人。当家人出外打猎取食的时候，就用蟒蛇看小孩。蟒蛇围着小孩，别的动物都不敢来了。辛亥革命时，巴西是首先承认中国的国家。巴西幅员广大，面积和中国差不多，但人口很少。政府对移民不限，我们去的时候巴西和我国还没有建交，由新华社联系接待，巴西人民对我们非常热情友好。巴西主要城市都靠海边，首都里约热内卢（RIODE JANEIRO）是个海港，有不少华侨。巴西全国人口大都集中在沿海一带，政府的政策为了把人口引向内地，把首都向内地迁移，找了个叫巴西利亚的地方建新首都。我们去参观了一趟，那里有一位建筑师叫尼迈耶（0SCAR NIEMEYER），过去和柯布西耶（LE CORBUSIER）在一起工作过，他全面负责新首都的建筑设计。到巴西利亚去没有火车，必须坐飞机去。那个地方地面上一片红沙土，树木极少，很小的湖水，总之枯燥得很。据说当年是坐飞机选址，没有详细地研究过建城的各方面问题。选定以后，造了三幢建筑：国会大厦，屋顶像我国锅盖似的，两座并立高层办公楼以及总统府。总统房子造得很新奇古怪的，各种杂志上大量宣传。有人认为很成功，但也有人实事求是地认为很失败。那个地方种树也不会活，否则不但要运土还要不断地浇水，草坪也要经常浇水。现在国会议员们仍然是住在里约热内卢，开会时坐飞机来，开完会就飞走了，不愿意住下。城市虽然也盖了几幢高层建筑，但是解决供水很困难的。总统府盖在湖水旁，有一个古铜女雕像，披头散发的形象。据陪同参观的一位当地建筑师说，这个女铜像仿佛是总统的女儿在这里住得不耐烦，很烦恼苦闷表现出的披头散发的形象。这座城市至今居民不多，只有官方办事人员及某些服务行业的人员住着。从这个例子看来，城市规划过程中一定要把各种条件研究透彻。巴西其他靠海边的大城市高层建筑很多，但与欧美常见新式建筑差不多。

前年冬天我参加教育部代表团到了美国。我于 1921 年到美国上学有四、五年。1944 年到 1945 年又去过一次，当时已经看到城市面貌在改变。说明一座城市不管规划得怎样好，总要随时代变化的。前年年底去的时候，感觉比 1945 年时又有很大变化。不仅城市面貌有变化，就连语言词汇都有变化，许多新词都不晓得了。人类社会是活的，不可能一点不变的。城市规划工作既要制定在一定时期内的发展规划方案，作为工作的法规，但也不可避免要随时间发展变化的。这个时候就要做必要的修改。设想可以每 4 ～ 5 年做一个近期规划，随时代变化再调整。这次到美国看到很多变化，从前美国人喜欢住在城市核心地带，现在有钱人都想到郊区去居住。过去谈到工厂区附近布置居住区便于上下班，但是只适应一个短时期，因为一家人口也会有变迁的。老一辈在工厂里上班，到下一辈工作会变动的。记得一次国际建协开会时有位法国建筑师讲，这个问题不好解决。住宅规划只能是暂时的，很难保持永久的便当。工作一变动，可能就不便利了。美国现在铁路旅客少了，铁路以运货为主。城里保留火车站，城市近郊火车还适应旅客上下班的交通。还有将小汽车存在郊区，下了火车再坐小汽车进入市中心。一般城市与城市之间交通主要依靠飞机。现在的火车站、航空港已不做堂皇的大楼形式，采用投资少施工快的简易式样。许多城镇不像杂志上介绍的那样到处高楼大厦。美国现在的趋势，对高层建筑已经开始厌悉，假日旅馆一般 2 ～ 3 层，往往在郊区，比较安静很舒适，有点家庭环境味道，在加利福尼亚州最多见。有一位假日旅馆经理对我说，世界各地旅客对这类旅馆最欢迎，因为毕竟广大群众的旅客还是多，他们最讲实惠。咱们国内现在好像有一股风，都要搞高层建筑。我认为一定要结合具体条件，综合考虑到各种条件。高层建筑毕竟不能短期完工，不能马上收到经济效益，面且投资、设备、材料等等问题很多，慎重考虑使国家建设能更健康发展。

从美国旧金山坐上大飞机，7 ～ 8 个小时就可以回到亚洲。记得 1921 年从中国到美国要走好几个星期，还会遇上太平洋的大风浪。飞机到日本降落在成田机场，离开东京有十几公里。近代大城市的飞机场离开市区都比较远，国际航空事业发展很快，包括航空港形式以及内部的设施可以说是日新月异。日本有个鹿岛海港是个新兴城市，选择在东海岸海滩上。周围没有村庄，土壤为砂质土，不宜种庄稼。附近偏北有个很大的湖泊，使这座新兴城市的水源有保障。这个城市可以说是用人工挖出来的一个海港，名符其实的人工海港，一边是很大规模的钢铁厂，一边是大炼油厂。据说有中国运来的矿砂和原油。城市规划布局非常合理，钢铁厂周围布置机械工业，炼油厂外围都是化工厂。再就是管理区，居住区更布置在外围一些，这种布置值得借鉴。日本近年由于科学技术发达，地震问题基本解决。过去由于地震、火灾引起伤亡破坏的教训很多。过去国家规定建造房屋的高度有一定限制，经过多年的研究，现在建高层不受限制了。只要有关部门召集专家组成委员会审查通过就可以建造。日本著名的地震专家武藤清教授介绍，高层建筑受地震破坏的问题是可以避免的。高层建筑像一根竹竿、上下摇动时频率不一样。只要上部刚性体少一些，上层有自己自由活动的频率、能够自由伸缩活动，就不会受破坏。日本建筑材料像耐燃轻质高强的材料发展很快，防火设备像自动报警、自动灭火、指挥中心、排烟设备等均发展很快，给建造高层建筑创造了条件。日本现在利用高层建筑的地下基础发展地下建筑，往往有两三层，并且将地下铁道、地下街、地下城、地下建筑都连起来了。这一切说明近代科学技术发展影响城市规划，出现新型的城市建筑。无可否认，我国目前正在进行四个现代化，很可能若干年后也会大大发展起来，有些看法和做法也会随着发展而改变，这种改变只会使建设加速而不会改慢。因为科学技术发展了像国外大量用电子计算机，各行各业采用计算机就可以大大缩短时间，提高效率，建筑行业也是一样。时代不同了，看事情的眼光也要随时代而改变。

处处留心皆学问（二）*

毕业班的同学想请杨老给他们作些临别赠言。杨老欣然同意，在鼓掌声中，他开始了起来。

你们快毕业了，脑子里总会想，学建筑的今后怎样搞好工作？参加工作后怎样提高？我想，一个人应该是按照周总理所教导的：活到老，学到老。毕业后干工作也还有个继续学习的问题，这种学习是很有用的。学校中的几年时间，是为建筑设计打下学习基础，虽然学了些专业知识，但比起工作后所要求你们的，还相距很远。

到社会中去，到生产实践中去，你们会学到真正有价值的东西。为什么人们办事情，常有人会问：此人有经验吗？为什么治病总想找个有经验的医生？这就突出了实践和经验的重要性。你学的理论要用到实践中去，才真正有用，那是实在的本领。

怎么学？到社会上去！没有现在这样的大教室，却有社会的大课堂，我想送你们一句话，那就是——处处留心皆学问。

对建筑学专业来说，这句话比其他专业更有用。因为建筑设计是为人民的生产、生活服务，绝不是我们画几张图就能够解决问题的。生产与生活要求一位建筑工作者想的面宽，学的知识要广泛，图板上的图只是这些要求的部分反映。

党对建筑设计的方针是适用、经济、在可能条件下注意美观，要真正做到这一点可不容易。这句话要求我们深入体验生活，了解使用对象如何使用你所设计的建筑，他们在建筑物中，怎样工作？怎样生活？怎样劳动？设计住宅，你就要了解哪些人住？住户的户室比怎样？人们怎样居住你所设计的房间？如你设计图书馆，你就得了解藏书、借书、阅书三者的关系，这图书馆是为工科还是理科服务的？这些建筑的结构、材料如何？又采用什么方式施工？一大堆问题在你面前，你就得调查，就得到处留心。

衡量事物的标准，不是永恒不变的，不然，世界就不会改变，不会进步。为什么人的问题首先要理解清楚。前些年，我到广州，看到船民定居了，住上了新的住宅。

---

* 1979年7月3日对毕业生的讲话，齐康记述。原载：1980年7月《建筑师》第4期

在旧社会，他们从小在船上长大，没有机会上学。现在利用砌块，砌上住宅，室内喷上白灰，他们感到这比住在船上好得多，舒服得多，这只是一种类型的住宅。当然还有其他类型的住宅，它们要求又有所不同。有的建筑类型美观要求多一点，这就需要综合分析适用、经济、美观三者的辩证关系。这种训练，都是课堂上学不到的。

我们在工作中会碰到许多困难，会有许多经验与教训，经验丰富了我们的想象力，教训也能增长我们的学识。

我的学习方法之一就是带个小本子，一个钢卷尺，看到了好的设计，好的实例，就画下来，记下来，这是很有用的，比你单用文字记下来有用。适用的建筑，其中的空间布局，优美精致的细部，材料的特性，一一描绘下来，使你印象深刻。照片固然很重要，但亲自测绘，记录个人的体会，就不易忘掉。

你们看这教室的木窗，可以想一想，这是杉木还是松木？变形不变形？用多大面积的玻璃？诸如此类，看到一个问题，你就联想到图纸以外的许多问题。专靠查手册，那是很不够的，更不能把手册上的东西当作“金科玉律”，一点也不能变动。要学会思索，学会分析，学会解决实际问题的本领。要十分注意培养创造性的设计能力。画一张图，要想到图与图的关系，图纸与实际建筑的关系，图纸与材料、施工的关系。从图到物，从物到图，它们往返循环、辩证的关系要吃透。成功了，不骄傲，失败了，不气馁，都要找到原因，把知识积累起来。

实际的生产任务，有时看起来很死，事实上生动而可变。中医治病，还要看你的体质、脉相，再来“对症下药”；裁缝做衣要“量体裁衣”。何况建筑设计要处在许多复杂环境变化之中。

我们搞建筑设计的人，一定要训练脑子灵活，要富有创造性，不要把自己变成思想僵化了的“凝固体”。要因地制宜，要考虑条件的变化，从实际出发。我不赞成那一种人，设计大屋顶挨了整，设计方盒子又挨了批，就没有信心了，瞪着眼睛望北京，在他的设计中，只不过造价比北京低一点，用材比北京次一点，其他照学北京，这样我看他的设计创作没有什么希望。另一种人喜爱抄杂志，我们知道，国外杂志上登载的东西，个别实例是耸人听闻，等于在登广告，实际上大量的建筑还是讲究实效的。我们所熟知的建筑大师赖特 (F.L.Wright) 所设计的个别建筑，就往往被董事长、资本家们用来做广告。在美国的拉辛 (Racine) 约翰逊制蜡公司 (Johnson Wax Co)，他采用一根根伞形的柱子组成办公室，结果不密封，工人们总不断的修理，以防漏雨水。资本家倒很满意，因为它招揽了世界各地的建筑师、旅游者们来参观。参观后，公司还送你点纪念品，无形中，你就做了他们的义务广告员。对这种稀奇古怪的建筑，我们就不要受他们的影响，他们的条件是有资本家，有后台。

我们要十分重视学习国外先进的建筑理论和先进的科学技术知识，诸如新结构、新材料的运用，环境设计，环境保护，城市规划，古建筑的保护等。我们有的人一味追求“新”，求得形式上的时髦，而不是以经济、适用、结构、材料等为依据，这种“为新而新”是脱离我国国情的。我们国家是个大国，人口众多，脱离这个具体条件来谈“创新”是不现实的。澳大利亚悉尼歌剧院的设计竞赛得奖方案，是丹麦人伍重(Utzon)设计的。我曾到他家作过客，他的工作人员曾告诉我，由于这样一种方案，大大增加了预算，建设单位就起诉，伍重在诉讼中纠缠了很久。当然现在剧院是建成了，作为一个建筑作品，对它的评价又作别论。但这种情况在我国是不行的，它要花费人民多少钱财！

我讲这些干什么呢？就是需要到处留心，不论是看书学习，参加生产实践，要有观点，有准绳。这根准绳就是正确掌握适用、经济、在可能条件下注意美观的方针。

你们都是未来的建筑师，你们获得的知识就是要为人民服务。青年人要有理想，我们国家这十几年来虽然遭受了一场灾难深重的浩劫，但我们不要无所作为，而是要更加坚定信心，像一只有目标、有方向、扬帆前进、全速前进的航船。

我没能记完杨老的讲话，同学们的笔记也不完整，但他们异口同声地说：“我们牢牢记住了讲话的要领，就是——到处留心皆学问”。

杨老听到这个反映后，会心笑了。

我问杨老：“你什么时候养成这习惯呢？”他说：

我在小学时，对许多问题都想了解，记得我家靠近作坊店铺的后院，我看师傅们做蛋糕，用的是大平板锅，启盖要用杠杆，要抬高平移挪动；以后我学习物理课中的力矩，很快就懂了。记得在美国学建筑时，我设计过铁门。毕业后，在老师的事务所工作，参加过底特律博物馆（Detroit Moseum)的细部设计。这时再画铁门，和匠人们三番四复地讨论，看到他们的加工操作，我的体会就更深了。

有一年，我到荷兰去考察，在预应力混凝土预制构件厂参观。它加工的窗扇得和木料几乎一样，他们采用钢模，脱模平整、准确。我注意到装窗铰链要精确、要预埋，不然，怎么能将窗扇装到窗框上去呢？

杨老拉开抽屉对我说：

你看，抽屉是经常拉进拉出的，木板接榫呈锯齿形，犬牙交错，很牢固。木桌椅的腿和板的企口，有时略呈倒梯形，这都是固定木榫的做法。

中国古建筑有大小额枋，你说先架大额枋，还是先架小额枋？

北京太和殿三层台阶栏板外螭首排水是装饰性的，还是真为排水用？

你知道清式栏板和望柱接榫处有一直条吗？

说着，杨老画了起来（附图）。

我们常常一起出差，为什么我到客房时，对门把锁都要留心一下？

我想，一位建筑师应当有较广泛的知识，要不断地扩大知识面，从个体到群体，从建筑到环境，都要深入了解。

我明白了：这位老人，为什么他工作、出差，总带个小本子、钢卷尺，时常画中记，记中画。

谈写生 *

这些画，题材不外乎两种：一种是风景，我喜欢大自然的风景；一种是建筑，我爱好有艺术性的建筑。

素描和速写，可培养一个人概括表现对象的能力：要求在短时间内用简练的笔触来表达对象准确的轮廓，景物的虚实、远近，明暗，甚至气氛意境。如何把景物组织在一幅画中，并使整个画面协调，这又是构图的训练。

学建筑的人多画点速写很有好处。首先，建筑设计从某些方面来说，是一种形象思维。如果说，速写是直观的记录，那么，设计草图就是构思的记录，两者触类旁通。画得多了，久而久之无形中就会丰富思维能力。再者，写生多了，对建筑的比例，尺度，不需过多的硬记数字，可以部分地依赖自己的直观。我画古建筑就常常信手勾上几笔，尺度差不离，这种尺度概念的掌握，对学建筑的人甚为重要。此外，速写也是收集资料的一种方法，通过自己亲身实地测绘画下来的东西，往往印象很深，经久不忘。我认为，这是一种学习方法；也可以说是我的“癖好”。

“聚沙成塔”——知识全靠勤奋和积累，科学技术知识如此，造型艺术也是如此。多看多画好的单体建筑，可以提高一个人的建筑艺术素养。

平时出门开会，我随身总少不了笔和小本，经常将需要的对象画下来。时间充裕时，画得仔细些；时间少则寥寥几笔，勾个轮廓。每张画都记上年月日，这是画“日记”，久后再看，饶有兴味。

近年来，我常用钢笔速写，钢笔在线条浓淡的表现上虽没有铅笔好，但易于保存。这时，对景物远近层次，只能用线条的虚实来表示。在只求某个细部纹样时，白描画法也未尝不可。速写主要在概括示意。

在做学生时，我曾画了一年多的人体，都是一至两个小时的快作业。画人体比较

---

* 1979年8月为出版《杨廷宝素描选集》口述序言，晏隆余整理

1923 年留学期间所作速写

1964 年所作苏州拙政园钢笔速写

难，它训练人们准确掌握轮廓和明暗效果。真正要画人体，最好还是要学点人体解剖学。对我们学建筑的，就可不必这么苛求了。

童年和学生时期的生活，往往使人终生难忘。学生时代的朋友和老师，也常使人毕生永志。我已是近八旬的老人，每当回忆往昔，怎么能忘掉我学生时代的一位老师呢！他就是 George Walter Dawson。

谈水彩画 *

一个建筑师谈他所作的水彩画，只能从他自己作画的经历来叙述。

每个人的作画习惯、爱好以及训练的背景不一样，因而表现的方式也不尽相同。有些画家，在外面写生时，只画一个大致的稿子，回来后重新创作画面；我作画绝大部分是实地写生，即使画面某部分画得不满意，回来重加工的也极少。这是个习惯，也是一种训练。

绘画，首先是选题和构思。每当你看中了一个题材，就得考虑画面的布置：纸有多大，景物应取其多少入画，要心中有数。多大框子，可以容纳多少题材和装饰，这对建筑师来说是很有讲究的。我们作画，应把画纸当作框框，在框内对题材进行布局和构思。作画时尽可能使构图一次完成，而不去指望画好之后像放大照片那样再重新剪裁。这种比较严格的训练，对建筑师来说，很有用，很必要。记得做学生时，老师为训练我们的色彩感觉，曾用红色的桌子、台布、花瓶……来作一幅区别各种不同红色和不同质地的画。这样一个红色群，或蓝色群，或黄色群的训练，同一颜色而不同质地之间相互关系就比较出来了。我们学习时最好能经过这种严格的训练。

作画的题材，以建筑居多，这是考虑到除了提高构图能力和绘画技巧以外，还可以吸取建筑方面有关知识的缘故。题材选定了还要组织画面，考虑什么是主题，什么是从属，画面上远、中、近景的分析、构思和布局。接着就是用色设计，对比还是调和，等等。像罗马“圣彼得大教堂广场喷泉”这幅画，近景的喷泉，刻画得比较具体，远处的教堂，便将它简化，这就自然地分出主次，显出层次。再有那幅“公鸡”，鸡画得鲜明而较具体，后面的鸡舍和树叶就很概括。这是根据题材要突出什么，用什么作陪衬而设计的。陪衬的东西处理得当，能更好地突出主题。运用的手法可以是多种多样的，比如：轮廓的细致与概略，色调的冷暖，光的明暗，景的虚实等等。对学建

* 1979 年 9 月为出版《杨廷宝水彩画选》口述序言，晏隆余整理。

筑的人来说，画远景不是说不能画得深入些，不过主次关系应该注意。

建筑师画水彩，我主张要写实，而不要用写意的方法，我们不同于美术家。比如一些国画家，他们可以在一幅画里将人物、屋宇环境在尺度上画得不全一致，他们为了着重表达某种意境是可以这样作画的。我们作画，则要求透视、轮廓线条都很准确。当然，有时为了达到建筑绘画上的某种“意境”，适当地夸大或缩小实际尺度也不是绝对不许可，但大体上应符合实际。

绘画的笔法也要看题材，题材又要看是什么环境，要有时间、空间观念。我作画在时间仓促时，只勾个很简单的轮廓就着色了，用笔可以灵活些，轮廓不必那么准确，重要的是抓着第一印象，只要能表达一种速写的气氛就行。为了使画面活泼生动，铅笔轮廓不宜勾得过多，否则画面易陷于呆板。一般作画时，我习惯先画天空，因为面积大的部分先画，可以定下一基本色调。这与中药处方相类似，主要东西抓住了，这幅画出不了大问题。当然，各人有各人作画的习惯，比如有的人在画静物花卉时，爱把最鲜艳的花朵留下来，先把叶子、背景画好，然后点上花瓣的颜色。我是先画花朵，然后画背景。这种画法当然是受老师的影响。

绘画应该如实地反映客观事物。由于个人的习惯，所喜爱的颜色和用笔的不同等等，不知不觉在画面上会带有画家的个性特征。同一题材用同几种颜色作画，各人画的画仍然不尽一致，纵然色调用笔相同，但意境神韵也因人而异。绘画和写字一样，一定程度上反映一个人的个性。例如有的人惯用暖色调，而有的人则爱用冷色调。我在清华学校学习时，常和同学闻一多出去写生。闻一多先生是位多才多艺的人，性格开朗，不拘小节，潇洒而风趣。他的水彩盒就不喜欢洗干净，调色盘很脏，他的画中很少见到纯色，但也能画出很好的画来。我的画用色常常是清平而纯净。所以绘画并无刻板的公式和法则，也正因为这样，才能创造出千姿百态、瑰丽缤纷的美术作品。

我常常爱用透明色，偶尔用一点不透明色，个别高光处加点白粉。我认为，用水彩作画就要充分发挥水彩的特点，不大赞成用某一种绘画颜料来仿另一种颜料作画。

“工欲善其事，必先利其器”，水彩画使用的工具材料更显得重要。

纸——我习惯用纹理略粗的纸作画，粗纸作画水不易流淌，颜色易沉积，可以利用其特性作画；而用光纸时，颜料不易被纸吸附，因而颜色淡，易渗化，不易掌握。画大幅水彩画，最好将画纸裱在画板上，这样在用水较多时纸不易变形。我写生时，喜欢将画板用东西支撑着斜立在地面上，也有人喜欢将画板拿在手中。

英国造水彩纸有百多年历史，纸张质地较厚而面上有粗纹。有种WHATMAN牌的纸，质地较好，当画得不满意时，可以用笔蘸水洗掉，高光就可以这样洗出来，甚至可以将整幅画用水冲洗了重画。我国有悠久的造纸历史，但专业制作水彩画用纸的厂家很少，我们希望我国造纸厂能研制良好的水彩画用纸。

笔——要求吸水量适当而又有一定弹性。我国狼毫笔具备这些特点，羊毫笔则吸水量过多而缺少弹性，半长锋的狼毫笔最好，这种笔蘸上色可以画得时间长些。在国外一般用貂尾毛制的水彩画笔。

水——一般的水都能用，河沟里不太干净的水也用过，水浑点对画面影响不大。有人喜欢洗笔痛快，带个大容器盛水，但携带不便。我往往用小玻璃瓶，但不宜画大幅作品，这对爱用浓色的人也不大相宜。在需用少量鲜艳色时，应换干净水才好。

颜料——颜料的种类、性质、特点对作画很有影响。红、橙、黄、绿、蓝、紫是一连续色轮，这些颜色相混呈灰色，灰色浓缩成为黑色，灰色冲淡至极限就成白色。色轮上取连续的一段作画，画面就容易协调、和谐。但这样的画面对比不强烈，欠精神。反之，对比过分强烈，而不易调和统一。我们作画的人就要懂得颜色的性质和相互关系，并能灵活运用。比如有人画月亮，用偏紫的暗色做背景，然后加一个黄色的月亮显得很精神，这是运用对比手法来作画。我们建筑工作者画设计图时，要善于运用这种色的对比手法。

我过去的画大部分用英国温赛·牛顿厂出的小方瓷盒的固态颜料。它不易沾在笔上，所以画起来颜色较淡，易于表现水彩画特有的明朗、轻快。我的画多为淡色，就是用这种颜料作画的缘故。这家厂颜色种类甚多，而且各种颜色的性质、特点以及相互调配特性均有说明。蓝色就有钴蓝、深蓝、新蓝等。我的颜色盒中没有普蓝，用它作画一下就渗到纸里去了，它的个性很强，不敢惹它。还有一种天蓝，带点绿味，色较娇嫩，用浓了不透明，适于填林中露出的小块天空。红色有大红，色庄重；朱红；玫瑰红，色带紫，性轻佻；还有土红等等。黄色有橘黄、土黄、铬黄、柠檬黄等。上述这些色大多数可以相互调和使用，颜色经久不变。颜色对画来说很重要，无怪乎有的国画家讲究颜色而为自己特地加工颜料。

作为一个画家，还应多看别人的作品，特别是一些名画家的画。我的画受我的老师道森 (George Walter Dawson) 的影响。我也很喜欢英国弗令特 (Russell Flint) 的画。此人年轻时在医院里画过解剖画，因而对人体结构比例谙熟。他的水彩人物画，水分充足，用笔也很活泼，作画时用洗，洗后再加色等多种方法，充分表现水彩画的特点。美国萨金特 (John Singer Sargent)，画风豪放，技巧纯熟，很不错。还有朗 (Birch Burdette

Long)，这位水彩渲染家是以平涂渲染的技法见长，画面虽平淡但却很有生趣，他承袭建筑师的渲染技巧。至于巴里什 (Maxwell Parish) 画的花卉园林，用色鲜艳，有广告效果，则又别具一格。

画家阅历要多些才好，应多游，多看，多画。我国古代文学家如韩愈、李白、柳宗元等，都曾游历过很多地方，他们的作品气势磅礴，他们成功的文学作品与他们浩瀚的阅历是分不开的。

绘画是一门艺术。艺术应该有强烈的感染力。画家要表现好自然，首先得有热爱自然的激情。今天科学技术发展很快，虽然新的技术手段可以部分替代人们的活动，但绘画这门艺术将仍然靠人们去创造。学习绘画只有靠勤学、苦练，“艺无捷径”说的就是这个道理。

城市规划与建设 *

我们国家的建筑方针是“适用，经济，在可能条件下注意美观”，因此城市规划、小区规划、单体建筑在构思的时候，一定要贯彻这个方针。

城市规划，首先要考虑城市的性质。各个城市，它有一定的地点和自然条件。是南方还是北方？在广东、湖南是不是应该与河北、山东不同，起码温度气候条件、季节有所不同，这是自然条件。从行政管理上说也有不同，广州与西安、太原等内地城市又不同，广州是大门，它与国外交往较多，文化交流也多，这影响城市规划。经济上各有不同，如兰州是石油化工厂多，大同是煤矿。文化教育也影响城市规划。人口条件也有重要影响，是稳定还是增长很快。例如南京城区人口变化不大，而马鞍山市发展很快，城市发展了，在中心有个铁路编组站，影响交通，一拦车就是十五分钟、二十分钟才放行，要铁路搬家不简单，搞个立交也要大量投资。

“上有天堂，下有苏杭。”上次去杭州，看到杭州的规划洋洋大观，做了不少工作，但根据城市性质，应以风景游览为主，工业应是轻工业为主。

桂林是风景城市。60年代去看时，漓江水碧清，但现在不行，化工厂污染了城市。有些山洞，以前火把进洞。现在里面都装了电灯，还有人工加工。旅游的人主要来欣赏天然风景，开展旅游事业，应研究游人的心理，把天然美景搞得现代化和平平整整了，也就失去了原来的味道了。山西的晋祠也是同样的，原有的自然条件和古迹全被破坏了，水也没有来源了，据说是被上游的工厂截走了。

世界上很多国家的城市规划对城市发展和城市管理都起着重要的作用。很多城市都有一个很强的机构来管理城市规划工作，而不是少数几个人想怎么搞就怎么搞。而我们现在城市规划不是由强有力、有权威的机构来执行，今天这个人不满意，改一改，明天那个人又一个主意，又改一改，这样，城市规划也就只能是挂在墙上看看而已，

* 1979年9月在江苏省南京市建委座谈会上的讲话。原载：《城市规划》1979年第5期

又何必要做规划呢？！

许多国家，城市规划都是通过议会批准的，规划一经确立，就等于法律，自下而上，自上而下都要执行。我们现在的城市规划，上面领导不遵守，下面各机构也不遵守，改来改去，不按规划实施，规划就没有用。

现在搞城市规划的人很少，连出去看看的时间也没有，画的东西朝令夕改，怪不得有许多同志不愿搞规划工作，说规划只是纸上画画，墙上挂挂，看不到实现的可能。

城市规划首先要有权威机构，定下几个大框框，不管是谁都得遵守，不管是领导是群众都要遵守，如不遵守，规划就是浪费时间。

城市规划最好能集思广益，真正能大量征求群众意见。

城市规划要搞好是很不容易的，但是很重要，必须搞好，在国外是很重视的。

现在我们一些建设单位要建住宅，但市政设施、公共福利设施无人投资，结果是住宅建好了，托儿所、商店、小学没有。绿化也没人管。一个住宅小区应配套，不配套搞不好。有人说，这些让单位自己搞，现在连房子漏也无人修理，还搞这个？！有的地方还挪用维修费另作他用，这是不对的。

小区规划应由城市规划部门协同设计部门一起搞好。

现在不但管线没有搞好，托儿所、商店各方面还没考虑，住户住进去，没有水，没有电，实在过不下去。事后反映强烈了，再来补。北京的前三门大街，盖了新的“长城”，到现在只用了二、三幢，没法住人。管线没有配合上，住户用水困难。有电梯，不“灵光”，上到半中就“罢工”了，或者隔层停，极不方便。这种房子高级干部不愿意住，一般群众去不了，因为房租太贵，住不起，也分不到。

高层建筑在当前条件下合适不合适？！大量的投资，这么多年还没有发挥作用，应当认真总结经验。

国外对旧区改造和旧屋维修是十分重视的，甚至设立新的学校和专业来培养人才。我们对旧区改造与旧屋修缮，应作为一个专业来考虑。

现在讲见缝插针，问题不少，好处是地皮利用了，但给将来改造造成困难。“见缝插针”的问题应该好好地座谈一下。

小区规划里还有个问题，今年盖一幢，是一个人经手，明年盖一幢，又是一个人经手，一幢一个样，成了建筑博览会。我们南工校园里就是建筑博览会。过去教会盖房屋还能考虑建筑的整体性，如南师（原来金陵女大）的建筑群。

好看不好看，大家审美标准不一样，这像穿衣、吃东西各人有各人的口味，南方人和北方人吃的方面就很不一样。很多事物个人有个人的看法，很难把任何事物说死，不留余地是不行的。

北京前几年，不许建筑物肩膀朝街，说肩膀朝街不好看。南北向街上盖住宅，就是东西向，好不容易现在冲破了，北京现在可以肩膀朝街了。

这种事情不要作规定，难道变个花样就不行？

我有一次到民主德国去，看到一个城镇，盖了一排居住建筑，沿街是二层铺面，后面是一幢一幢住宅，山墙朝街，我看很好，没有人到远处看顶头。

房屋朝西，都是阳台，都挂上了“万国旗”。这种例子有的是，这也不美。临街阳台上不许挂东西，挂了罚款，拘留，这也不合乎人情吧！

沿街建筑处理不要规定死，对设计人员不要束缚。为什么领导住的房子就有很多挑台，而不准群众建挑台，值得好好讨论，不好硬性规定。

城市道路同样也不是非要笔直的。北京北海团城要不是周总理讲了话就被分为两半了，因为太强调道路笔直。城市道路要根据性质来分级，讲究效能。

建筑都面朝街，一样高低，放射性道路，这都是前个世纪巴黎的规划手法。高低不一，就不美吗？该高的就高，该低的就低。强求一律，硬性规定，不现实。实用总是主要的，除非国家的建筑方针改成“美观、经济、在可能条件下注意适用”。这显然是不对的，不可能的。

如再搞个前个世纪的巴黎的街景，也不现代化，也不美。何况现在世界科学技术发展很快，再过几年，街道的使用，建筑的功能是不是现在这样？

瑞士是个很小的国家，以旅游业作为国家外汇重要来源。他们全国都设有机构管理公路两旁的风景，谁要锯树，就是锯一根树枝都要提出申请，经过有关的委员会批准才行。但我们要锯树很容易。中山陵的树木已三十多年了，曾三令五申要保护，但现在中山陵中有的地方建了工厂，从前树木两旁是看不透的，现在可以看透了，说明总有人在动锯子。

南工前面的成贤街，前些年种了些中国槐行道树，现在有些人随便钩树上的果子，将长得很好的树枝锯断，就丢在便道上，市容搞得乱七八糟，而无人管理。

我听到居民说，在解放前，人行道也不准乱堆东西，现在解放快三十年了，便道变成不便之道。城市面貌表现着一个城市的基本精神，现在市容不整洁，很乱，这说明我们在某些方面的工作做得不够。

在一般资本主义国家中，绝对不容许占用公家便道。来南京访问的外宾说，不要问我们怎样管理城市，只要看城市干道两侧的情况就知道了。这反映了城市管理的情况。谁应该有权去管理？规划部门是否拥有权去管理？还是公安部门？现在居民对此意见很多，有的居民还写了大字报。

现在南京不合规章的建筑不知多少，违章建筑合法化。但人家奉公守法，正式申请，就不批准。违章建筑不去打照会也盖了，不是木已成舟，而是砖瓦已成房，这对市政机关的威信很不好。有些硬性规定不合理，如规定沿街一定要面朝街，西晒活该？！临街一定要六层，教学楼建六层就不合适，不实用。

对厦门城市规划的意见 *

解放前二十年，我来到厦门，住在鼓浪屿。当时主要是参加研究厦门堤岸的建设工作，画了些草图。这次来看到堤岸发展起来了，堤岸上建造许多建筑物。但它不是按我们当时画的堤岸草图。

厦门的建设首先要考虑沿海自然条件。码头附近水位高，涨潮有十几米，退潮万吨轮也能进港，这比天津、青岛、大连都好。特别航道水深港口线长，又是不淤港、不冻港，很有发展前途，是我国最好的不冻港之一。解放前厦门与大陆相隔，交通不便，现在既有公路，还有铁路，交通方便了。气候又是四季如春，大自然布置了天然的美景，有各式各样奇妙的万石巨岩和各种树木，厦门的自然风景胜过苏、杭。古语说上有天堂，下有苏杭，厦门是天堂上的苏杭，天堂上的花园。厦门是主要侨区，很多人与海外有着亲属关系，又有出口的工业产品。这是厦门发展港口的各种条件。一个城市的建设不能离开这些大自然条件。苏杭过去是个消费城市，解放后发展了许多工业，变消费城市为工业生产城市。厦门也应发展一些没有污染的轻工业、纺织工业。厦门发展工业不能成为发展港口的障碍，对发展炼油、钢铁厂就要慎重考虑。如果要发展也要离开厦门市区远些。日本就是这样，他们在沿海发展些有污染的工业，海岸线的鱼虾就无法吃了，有污染"三废"，就是净化也是无法彻底解决。国外到中国旅游的人也向我们提出，不要轻易同外国共同建造合办有污染的企业和工厂。厦门做梦也梦不到这样好的条件，厦门应发展港口事业，再是发展些轻纺工业，这对国际旅游非常有好处。到那时不仅是华侨大量回国，国际上的船只、旅游者也会蜂拥而来。

半个世纪前来厦门，去南普陀是没有什么平路的，去看上里水库也是爬山去的。现在从福州坐着小车就能到南普陀，从北京乘火车就可以到厦门。现在的厦门真是风景如画，过去厦门码头只有一点点，是妇女用肩扛木材。现在码头高大建筑物一个接一个。历史上古老的小街也不多了。解放后，共产党领导厦门人民对厦门建筑做出巨

* 1979 年 9 月在福建厦门市的报告。来源：《杨廷宝建筑言论选集》

大贡献。厦门大学也比解放前大大发展了，万石公园也是了不起的，公园里有许多古建筑，市委要下决心恢复。这几天好像刘姥姥进了大观园，美景太多了，都把我看糊涂了。市里还在鼓浪屿公园旁边安排了旅游休息点，从那里看到日光岩。厦门的日光岩虽然没有山东泰山南天门高，但是你要上日光岩要经过很多惊险的地方，这是个很绝妙的地方，这对旅游是很好的。鼓浪屿不单纯是个日光岩好，从各个侧面都是风景如画。我们做规划的，要把这个城市规划好是要很好动动脑筋的。还有大海堤，建议和铁路同志研究一下，在大堤上再考虑些桥涵能相通，使污泥再让海水带走一些。现在有些海上建筑都是用架桥的方式，让潮水自由上下，冲刷着大自然的污染物。现在还要及早考虑，除这条海堤外，再建筑一个与大陆相连接的道路，仅靠这一条海堤是不够用的，要弥补交通上的不足。在某些地方利用挖隧道，修地铁，在某些方面在空中建穿梭点。还有公园下雨积水的问题，要考虑再挖些小水沟，并让污水从下水道排泄出去，不污染这个美丽的城市。

房屋建筑要有地方风格。厦门的建筑，最好能体现出厦门特点，这是在设计上要注意解决的问题。我们设计上常常是考虑能完成多少平方米，不大注意质量。现在都是看北京盖什么样的房子，我们也盖什么样的，这样比较牢靠。过去南北路东西向的建筑，房屋山墙临街，只要处理得好，也是允许的，北京现在思想解放了。我去美国参观看到一个东西向的房屋山墙结合两层商业点解决得很好。还有个比高大的问题，有的看到别的城市建几十层高的大楼，我们也去盖个几十层的大楼，这势必增加国家的投资。我看盖个小一点的盖得矮几层的，盖得又快又实用。在国外已经对摩天大楼不感兴趣了，他们感兴趣的是古老的房屋。我不是主张都搞大屋顶，但不要跟着人家后面去搞摩登的玻璃盒子。因为搞大建筑物，上下还是个问题。当前国家没有那么多钢材，在防火上也是个严重问题，另是电供应不足，上下运输靠什么？

个体建筑要打破一字形，门窗也不要大玻璃，一是容易破损，二是擦也困难。

现在选择建设的旅游宾馆，地点很好，国际上发展旅游都不盖高楼大厦，他们都因地制宜建些小的，吸引旅客。我看了万石岩有那么多的大圆石，大榕树，如果规划建设好，那比苏杭人工花园好几倍，那真是天府里的大花园。我们可以在这个大花园里建几个不大不高的房子，这样的住宿是很贵的。这里的服务员是要经过旅游大学学习毕业才能承担这种工作。我看在五老峰较幽静的地方，选择几块环境好的盖它几座，不仅住一个人，而是全家的，收益快又大。

建筑群中的新建与扩建 *

在建筑群中，如何处理好新建、扩建工程的建筑造型艺术，是个复杂的问题。它常引起人们争论，这里整理和记述了杨老的观点。

记得，有一天快下班了，他仍和上海市民用建筑设计院的同志们讨论上海市图书馆的扩建工程。

他说：要重视建筑群在环境上的协调，要做好环境设计。一幢建筑的扩建如在规模上不压倒原有建筑，那还是用‘折中’的手法为好。

在我的建筑设计实践中，有这么一些例子。清华图书馆早年是Murphy设计的，之后我照顾到原有建筑风格，设计了主厅和侧翼，一气呵成，联结成一幢整体，还组织了周围的建筑环境。再以我们南京工学院为例，1931年建的图书馆两翼，以后又在大礼堂建两翼，建筑系建两翼，都是从取得原有建筑相协调的手法来设计的。这些建筑处理手法，我采用仿西方古典的建筑形式，而不是采用现时新的形式。这三幢建筑有的是解放前设计的，有的是解放后设计的。建筑系的两翼是大教室，为便于采光，窗子开大一点，朝西朝东晒，就在窗头上加遮阳篷。这三组建筑在群体上是协调的，但仔细观察，不论用材、开窗方式，都与原有的建筑有所区别。

这些协调的处理手法，总的保留了原有的“气氛”，但细节可以根据不同的建筑功能加以变动，而不是一成不变地模仿。

这也不是说不可变更的，可运用对比的手法。美国Ohio, Oberlin University，由于科学实验发展，需建造种种实验建筑。这些建筑由于科技日新月异的发展，建筑造型不可能与原有建筑取得一致的格调，新建的就是新的手法，原有的就是过去的式样，但设计者仍然只能在统一的群体中力求达到环境上的和谐。

我想，协调在形式上有渐变也有突变，人们的心理，总是想渐变的好，但也不排斥有突变。

---

* 口述时间不详，齐康记述。原载：《杨廷宝谈建筑》

建筑群中的新与旧是个不可避免的矛盾，这因为时间不同，功能性质不同，施工材料和方式不同，必然会在形体上有变化。设计时还要考虑原有群体地上地下的工程设施、自然、通风、日照、地形，这就会有种种不同的处理手法。当我们认识到要重视环境的协调与和谐，方法问题显然是个重要手段。

北京鲁迅纪念馆工程，保留了鲁迅旧居，这处理是好的。它使人们回想起当年鲁迅工作生活的情景，但新建馆又要扩建，怎么办？王冶秋[①]找过我，我建议他在后面连接呈“工”字形。这样在施工阶段既不影响平时的展出，又不影响景观。我总想，扩建、新建工程应尽量不影响原有建筑的使用，处理好建筑功能使用上的“周转”。

扩建、新建在世界建筑史上内容是十分丰富的，手法也是多样的。我到过苏联格鲁吉亚斯大林的故居，设计人员将旧建筑包在一座大型建筑内，整个故居就是一座展览品。而列宁故居采用的是另一种手段，他们用新建展览馆将故居围合起来，透过柱廊看到故居的一角。

联系新旧建筑，有的采用围廊，有的利用绿化，甚至运用地铺面、水池等，以及有时在方位上错落，建筑群的高低变化，往往使观赏者可以取得奇妙的景观。问题是设计者的“匠心所致”，而不是在“填”房子。

我认为，建筑物的体量、造型、建筑外形造型的质感、色彩等是与原有建筑协调的关键所在。此外，还有新旧建筑距离之间的关系亦应在考虑之中。

正好像世界上其他建筑艺术处理一样，新旧建筑的关系有许多成功例子，也有失败的教训。在群体中处理新旧建筑往往是“一着不慎，全局皆失”。莫斯科克里姆林宫内新建的会堂，可以说与原有建筑群没有一点协调的地方，简直是在群体中来了个大杂烩。而克里姆林宫墙外红场上的列宁墓，设计者舒舍夫将中国墙、钟塔、广场，处理得却是十分成功。肃穆的陵墓、古老的城墙、塔楼，从体型、色彩上都一气呵成，这是个好例子。我常这样讲，一位建筑师在设计和处理完整建筑群中的新建与扩建关系时，有时并不一定需要表现你设计的那个单体，而要着眼于群体的协调。即使在群体中让你设计一幢重要而突出的建筑，你也不能不照顾到全局，而要把建筑环境作为你设计时的客观因素之一。

归纳起来讲，建筑处理手法不外乎有三种：

一，新旧建筑在建筑造型艺术上取得大体上的协调，这要先从分析周围环境、建筑使用功能入手，求得“大概齐”，这是我所主张的。

二，新旧建筑采取对比的手法，如处理得当，也是可以的。这要求设计者能分清新旧建筑的主次和重要的程度。

三，新旧建筑取得完全一致的作法。要做到这一点是困难的，也不是不可以。

最近，我看了 *Architectural Record* 上刊登的华盛顿美术馆扩建工程，其用地平面是三角形，地面又是个缓缓的坡度，建筑物扩建的东厅，处理得是有道理的。原有的馆是采用圆拱顶对称的古典式样，矩形的，新旧建筑之间的联系运用地道，这就将新建的翼与原有建筑分隔开来，新建的三角形的 Motive，其手法完全避开古典手法，而墙面、建筑用材、体型大小，却与原有建筑相呼应。在这样一个难题中，不能不说这组建筑群是有创造性的。

注：王冶秋，当时任国家文物局局长。

仙境还须人来管 *

武夷山的风景是那么绚丽，那么奇突，杨廷宝老教授在离开武夷山时，挥笔作诗，留下这样的诗句：

“游武夷山，陶醉于大自然之美丽，奇态殊非凡境，悬崖结屋，实系仙居，有感。

桂林山水甲天下，武夷风景胜桂林。

幽涧奇峰行画里，蓬莱何必海中寻。”

看了杨老的诗，我问杨老：“难道武夷山的风景真胜桂林吗？”他十分感慨，再三说：

“可惜桂林的风景由于工厂的污染，建筑缺乏规划，景区大为逊色；杭州的西湖、太原的晋祠等都付出了昂贵的学费，不知有关的领导和规划设计人员能否从中吸取教训？我们常常是好心办坏事。武夷山这美景，真像手（首）饰上光耀夺目的宝石，如不掌握风景区建筑规划和设计的特点，真耽（担）心不要几年就要重蹈其他风景区的覆辙，给珠宝抹上灰暗的尘土。”

是啊！祖国大地还有许多自然的“仙境”，仙境正须人来管（图 1）！

1979 年 9 月 21 日

午后，我们自福州乘火车去南平。列车沿着闽江而行。这一带，风景秀丽，富于色彩的山峦连绵不断，景物宜人。时近黄昏，蓝灰色的群峰，闪亮的江水，急流中的行舟，深褐色的礁石，如一幅幅名家所作的山水画。我对杨老说：“我们真是画中游。”杨老说：

“不如说仙境游。看了这风景，高楼大厦不想看了，这也许是我的一种癖好。福建的自然景色，名胜古迹，可称得上山青、水秀、人杰。俗语说：上有天堂，下有苏

* 1979 年 9 月杨廷宝口述，齐康记述，赖聚奎参与素材整理。原载：1980 年 5 月《建筑师》第 3 期

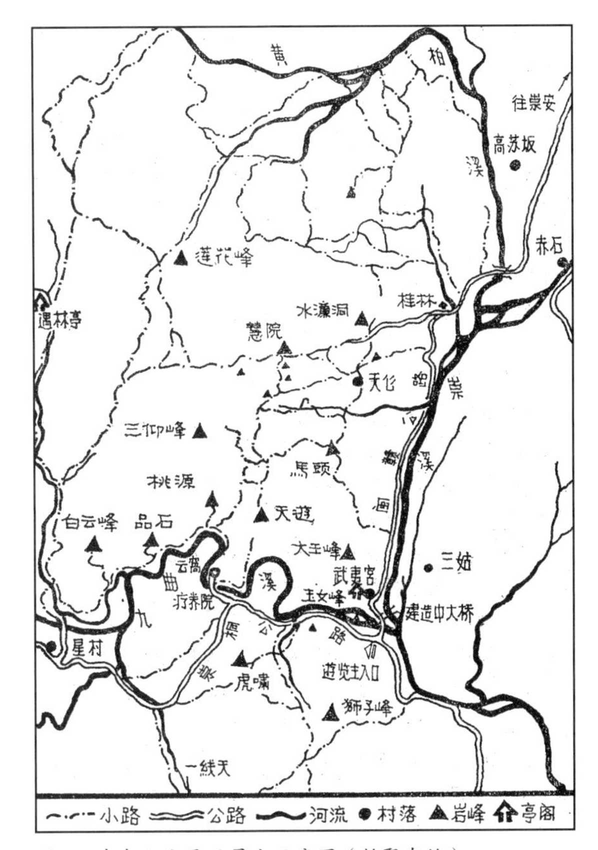

图 1　武夷山主要风景点示意图（赖聚奎绘）

杭。这儿超过苏杭。福建的山川、港口、气候、地形、名胜古迹可为发展生产、扩大外贸和开展旅游提供得天独厚的条件。我们要利用大自然来为‘四化’服务，这是我们一代人的职责，我们只有为子孙后代造福的责任，绝无败坏她的权力。”

列车在行进，景色在变换，时而峰回路转，时而蜿蜒挺进。我说：“曲径通幽，这句唐诗，细细推敲，往往是佳景所在。”杨老回答我说：

“动听悦耳的音乐，往往只是一瞬间，好风景却是瞬息万变的幻景，是时间上、空间上我们指画不到的境界。而我们能画到的，只是佳景的‘次品’；你看那风景转折，霞光透过迷雾，这一瞬间多么奇妙。大自然是我们学画的好老师，大自然中的民居，是我们进行风景建筑设计的好素材，要受到它们的熏陶。”

到南平，暮色降临。晚饭后，陪同的同志请杨老对南平的旅社扩建工程提意见。他边看方案边说道：

“福建省是我国主要侨乡之一，随着旅游事业的发展，回国探亲、观光的侨胞和外籍游客必然越来越多。因此，新建和扩建服务性的旅馆也必然会不断增多。应根据城市性质、规模、条件、环境，因地制宜地建造不同类型、多种形式的旅馆。现在，从南到北建筑造型是一字体型、水平线条、一种模样，高层旅馆固然要，但考虑我国目前条件，最好采用多种手段，通盘规划，以满足旅游事业的发展需要。盖一批低层、少层的旅馆，或者可以修缮一批民居，加以改造，外表是民间式样，内部可以设置必要的设备，甚至可以在近风景区的地段，就地取材，因地制宜，建造富有地方特色的旅馆。

我看过几个城市的旅游旅馆的方案，造型上千篇一律，好像都是从国外杂志中抄下来的'摩登建筑'。我认为，建筑造型和内部装修都要有地方特色。吸取国外经验，一定要注意国情。尽可能采用有地方特点的建筑材料，丰富室内外的建筑装修。泉州的石雕刻、福州的脱胎漆以及竹木工艺，都可以作为装饰手段，加以发展利用。福州新建机场会客室里的竹器家具，就很有特色。这些民族风格、地方色彩对久居海外的侨胞，还能引起怀念故乡的感情。从这些方面看，都值得重视……”

1979年9月22日

早餐后，我们发现昨晚讨论扩建工程的方案中，要锯掉一株老榕树。主管的同志说："这种树，在我们这儿多得很，不算什么！"杨老睹物生情地说：

"人有不幸，树也有不幸，这株树要是长在上海，就成了宝。下次来，如能见到这株树，我要好好庆贺，如看不到，那可要深感惋惜了。树木，特别是一些古老、名贵、姿态优美的大树，不是一年两载能长成的。设计人员要爱惜它，充分利用，有机地组合到建筑中去。"

我们乘车去武夷山。清晨的空气非常清新，茫茫银雾，将沿途罩上层层薄纱。山岩旁的树丛、民居时隐时现。溪水湍急，闪闪发亮。杨老对我说：

"风景区有时是不能人为划界的，真要搞好景区规划与设计，是与四个现代化建设分不开的。国家富强了，人民生活、文化水平有了很大的提高，景区的建设才能达到应有的水平。要把旅游当作事业来搞。"

三小时后，大王峰显现在我们的眼前（图2）。

九月下旬的天气，仍然那样炎热。午餐后，杨老即作画。一峰独耸的大王峰录在他的画本上。

游云窝，起始山势较缓，在乱崖中宛转有路，山壁峭绝，高约400米，长里许。杨老说：

“我虽曾游黄山，登泰山，未曾见此景象。”

壁前有二亭。其一新铺琉璃瓦，刷上了红绿漆。杨老笑着说：

“游人到这儿来，要看的是真山真水，而不是看你的建筑，刷上大红大绿干什么呢？我们不能把设计城市公园的那一套搬到这儿来。”

我们登山再上一层，见一新建竹亭。杨老说：

“这种就地取材的做法可打一百分。”

我说：“可惜柱子尺度高了些，”他回答说：

“那就打97分吧！刚才那个琉璃亭只能给59分。为什么不可用民居的方式在这儿建造，这儿又有当地工匠。”

陪同的同志说：“我们想在水边修个食堂、茶室，那边修个水榭，您以为如何？”杨老回答说：

“风景区设置建筑要十分慎重，因为它是大自然的陪衬。如果功能上没有十分必要，尽量不要把服务设施引到景区中来。建了大食堂，临水就要污染水面。在艺术造型上，要美观，艺术性要强，要有个性。设计人员要有相当的艺术素养，在没有把握的情况下，可以建造一些临时性或半临时性的建筑。现在建造的竹亭、茶室不是很好吆！不要一上来就用钢筋混凝土建造亭子、廊桥，漆上大红大绿，盖上琉璃瓦，这样无非是年终上报花了国家的投资，既费钱又取不到好的效果，这叫‘事倍功半’。”

同志们请杨老作画留念。

1979年9月23日

上午，游天游。

路途较远，山势较陡，陪同的同志问杨老：“你高龄了，登山行吗？”杨老笑着说：

“行！登山，登山，就是要自找麻烦，想坐在沙发上图舒服，就不必来了。”

我们回头极目远眺，山峰间透过原野。导游说：“原来那一片全是树林，全给砍掉了”。杨老说：

图 2　大王峰（杨廷宝速写）

图 3　玉女峰（杨廷宝速写）

“这就像我年纪大了，头顶秃光，山林树木要保护，要拯救，快造林。听说为了种武夷茶——大红袍而砍树，得不偿失了。”

半途中有一休息路亭，青平瓦、土坯墙、民居的风格，甚朴实。杨老坐着休息时，对大家说：

“这朴素的民间路亭，就不一定要拆除，它比山下那琉璃亭要好多了。”

但他又叹息地说：

“这事也难啊！大自然的美景、山野处，人工造的太多就无味。可说不定哪一天来了一位不平凡的人，说：‘这太简陋了，你们给我拆！拆！拆！’于是他指示设计人员说：‘你明天给我交张有气魄的建筑方案来！’我有时这样想：地位高的人，不一定欣赏水平就高；也有另一种情况，有人喜欢拿着不平凡的人说过的话来行事，他也会说：‘给我拆！拆！不拆旧的怎有新的。’这就像福州喜欢砍树的人一样，使人啼笑皆非。要知道，艺术欣赏是一种素养啊！”

登天游，远望大王峰、天湖峰、并莲峰、九曲水溪，尽收眼底。杨老说：

“这里登高远望比桂林漓江宾馆顶上远眺有意味。这儿山景气势磅礴，使人心旷神怡。而上下景色曲曲弯弯，过了一景又一景，不知有多少奥妙？

天游胜景，名不虚传！”

下午，我们自星村乘坐竹筏顺九曲溪而下。竹筏盘绕峡谷中15华里，山狭水转，忽而水平似镜，忽而急流湍湍，水贯山行，丹崖凝紫，碧水泛烟，山水之美，兼而有之。导游边吟诗边介绍沿途胜景和神话故事，杨老边听边作画。有位同志说：“说不定哪位不平凡的人来坐竹筏时会指示说：‘竹筏不现代化，要改作汽艇。’”杨老说：

“不，游客到此就是要坐竹筏。缓慢的速度，可以慢慢观赏那天游峰、仙掌峰、大藏峰、小藏峰，还有那明丽动人的玉女峰（图3），以及那巍然耸立的悬崖峭壁……”

我们至“水镜”，下竹筏。

1979年9月24日

游桃源洞。

此处秀石林立，流水淙淙，深邃清凉。至洞口疑是无路，进入洞口豁然开朗，浓荫竹翠，景物幽雅。开元堂内后院的建筑，空间处理自然，室内外空间穿插流畅。杨老对我说：

“中国建筑是木构架。所谓‘空间组合’在实践中、民居中、庭园建筑中，佳例很多，自古有之，要认真总结。”

杨老看到涧旁石级修得整整齐齐，就说：

“山间的石径修得不错，但要根据地势、山野景象，可宽则宽，该窄则窄。小道与地貌应大致取平，便于保护游人安全。人工修筑的小品尽量与大自然融为一体。路边爬藤不妨碍通行，保留下来，有什么不好呢！要宜乎自然。”

午后，至水帘洞，路口正在炸山石而筑路，杨老惊叹地说：

“炸山填谷，结果陡峻的山岩、幽雅的峡谷都破坏了，那就大煞风景了。必要的道路是要修的，十分必要的情况下，可以规划单行线，适当的地段设交会点。想当初，山势挺拔，曲折迂回，景色定然比现在美丽。”

至洞处，崖顶斜覆而出，是武夷山最大的岩穴。泉水从峰顶奔泻而下，散作万颗轻霏，微风吹动，左右飘洒，又一奇观。

傍晚，自武夷山回崇安。沿途错错落落散布着民居。闽南和崇安武夷附近的民居，都有浓郁的地方色彩。民居的平面布局出自功能需要，立面造型立足于空间处理，很少矫揉造作。它简朴、大方、丰富、活泼。杨老十分欣赏这些民间匠人的创作。他若有所思地说：

“风景区的建筑，不妨多采用一些民居的手法，也能作出好的作品，通过创作就会产生一种独特风格。有时，没有建筑师还好些！各地的风景建筑不能全一个样，不要相互抄袭，抄袭就没有特色。设计人员要从民居的优秀部分吸取营养，取其精华，弃其糟粕。民间有许多能工巧匠，他们也是建筑师。风景区的古迹更要保护好，修缮好。风景区的建筑是艺术品，不能单纯用指标、平方米作依据，也不能单靠丁字尺、三角板，而是要结合实地环境、地形和地貌来进行设计。

广州的佘畯南、莫伯治两位建筑师对怎样设计风景建筑给我上了一课。他们认为：在复杂的地形条件下，先是踏勘地形，结合自然地形，布置以建筑的形状：方的，圆的，然后再来考虑路的设计。他们说：‘没有想不出来的路’，这样就逼着你动脑筋想办法，我看，这也就是创造发明。”

1979年9月25日

上午，参观武夷宫。随着讨论拟建宾馆选址，杨老对风景区的规划设计提出如下见解：

“风景区的建设和规划，统一计划和统一领导是非常重要的。目前的管理体制，头绪多，修桥的管桥，修建筑的管建筑，各自为政。

旅游旅馆不应该全集中到景区内。目前旅馆选址设在河对岸；是否和将来的水坝和公路联通，公路绕景区而行，而把现有公路的一段改为景区内部道路。国外有不少著名风景区不让交通干线穿行景区，我们可以吸取别人的长处。目前的桥正好选在水流湍急、河床宽广的一段，且近武夷山景区入口，桥长达480公尺，可以和大王峰相媲美。大王峰会不会变成小王峰呢？因此，最理想的桥位，放到上游一点好些。有统一规划就好了，现在又奈何？

人们来武夷，主要是欣赏、游览大自然的风光，你把旅馆、疗养院、商店等都搬来，会损害景象，污染水面，还有什么意思呢？风景区的建筑既是游览线上观赏风景的停留点，其本身应该又是被观赏的风景点。

规划要有法制，不能今天这个领导来，一种说法；明天那个领导来，又是一种说法，谁官大谁说了算，结果莫衷一是，朝令夕改。”

我们都很关切地问杨老：“武夷山风景区规划将会是什么结局？”杨老说：

“写文章要有章法、格调，风景区也要有风格，设计人员不能你设计一个亭子是你的爱好，我设计一个水榭是我的花样，这好比不速之客在亭、台、楼、阁上，刻上‘到此一游’一样，给自己树碑立传。”

武夷山是我国著名游览胜地之一，它历史悠久，有许多珍贵文物、古迹，世代还流传着许多动人的故事和美丽的神话。烟波浩渺的景区，成为前人幻忆中的神仙境界。

别了！武夷山，它常使我梦怀！

以后，我们收到了福建省建委有关同志来信，感谢收到杨老对旅馆建筑和风景区规划的《谈话纪实》，并告诉我们：南平旅社扩建工程要锯掉的榕树已经保留，并组织到建筑群中去。杨老看完信后对我说：

“阿弥陀佛！”

丁字尺、三角板加推土机*

孩子们十分好奇地在张望，时而发出笑声，有几位上了年纪的老人会神地凝视，不时地默默点头。大家围着一间半敞开的茅屋，倾听屋内的居民点规划讨论。他们十分关切，在他们的村子里又将发生些什么？

讨论会结束了，杨老沉思地对我说：

“近来，我总想着一个问题，我在几个场合发言总想‘废除’丁字尺和三角板，可总废不了啊！”

我不甚理解其意。我想，要规划，要设计，丁字尺、三角板怎能不用？

事情是这样的，1979 年 7 月 9 日江苏溧阳地区又地震了。部分公社、生产队遭到较严重的破坏。在党和政府的关怀下，广大农民坚持抗震救灾，重建家园，逐步修建一批农村住宅。江苏省建委十分重视这项工作，于 10 月 29 日组织有关建筑专业人员来到现场，讨论了规划和建筑。杨老对农村居民点规划不结合地形很有看法，他在讨论会上说：

“我不赞同在这样的自然环境中，用丁字尺、三角板打成方格画出来的规划设计。

刚才我们踏勘了两个村子。山脚下的那个村子，自然环境那么好，破坏亦不甚严重，可在原地翻修建新。你们想：自然村中每家每户都有竹园，整个村子新建后，有朝一日会像个花园。而这里破坏严重，可利用原有的坚实地基恢复。农村居民点规划要考虑居民生活的要求，不求一律。农民的住房有多有少，有高有低，仍然可散散落落地布置在绿树丛中。

建筑规划中的道路、建筑一定要结合地形，宜乎自然，不失原有自然村落的风貌。拖拉机的道路略为取直。而村舍之间的小路，要考虑现状、水塘、地形，可曲折自如。水塘是局部地段的积水处，没有必要全填平。能保留一些不好吗？大自然的地形，其形成是有个过程的。它的高差，构成天然排水，一旦你改造了，就要牵动这一局部的整体。规划与建筑布置可自由些。从这观点出发，不看地形，单凭丁字尺、三角板画，

---

* 1979 年 10 月 29 日杨廷宝口述，齐康记述。原载：1980 年 12 月《建筑师》第 5 期。1997 年 10 月此口述编入《杨廷宝谈建筑》时，原题改为《建筑之于地形》。

怎能行，我主张废除！

农村居民点的规划，各地不一。山区的、丘陵的、平原的、水网的，都有自己的特点。而农民的生活习惯也因地而异。自然村是农民祖祖辈辈居住的地方，所以采用什么样的布置方式，要多和大家商量，不然群众不满意，规划的实现有阻力。墙上挂的规划图中将住宅排得那么整齐，像练兵一样，真像两千年前罗马人的兵营（图 1）。这种布置，弄得不好，小孩有时会迷路找不到家。听说某地一天夜晚有个小孩找不到家了，在别人家的空床上睡了一宿（笑声）。

住宅和畜舍相互要有一定的间隔，不能不讲卫生。要从建筑设计入手将前后院的功能分开。我们用丁字尺、三角板的头脑去思考问题，把一切都定下来，就会像下棋一样，变成了'残局'（笑声）。

农村的经济政策必然会反映在居民点规划中。一幢屋两家前后有院是可以的，可不能划得那么死。即使六间的农舍，为什么不可前后错落？建筑的长度也可长可短。各家有自己的要求，你结合现状、绿化、地形，就有了住家的气息。把整个新村的建筑风貌建设整理得像杏花村、百花村、桃花村不更好吗？

苏北有的农舍结合河网水利规划，将建筑一字排开。而这儿有那么好的自然环境，没有必要抄那个样子，更无必要建成'一条龙'。

我年纪大了，可能思想保守；看到用丁字尺、三角板画出来的规划图，特别是用在这样的环境里，怎么也不是滋味！"

杨老和我继续讨论了建筑布置与自然地形的关系。

我说："1957 年我曾去包头参观，住宅区的道路不结合地形，搞了'土方平衡'，较大面积的调整土方。其结果道路两侧的余土堆得像土丘，住宅建筑只好在土丘后面修建（图 2），相当一段时间给居民生活带来了困难。常常是这样，在图面上整齐有序，而实际建造却高低混乱。"他回答说：

"那些年，外国专家来，有的不了解我国的国情。规划时，逢山找对景，逢路拉直线，漠视建筑现状和自然环境（图 3）。对他们的设计，我们的专业人员是有想法和看法的。记得 1960 年我到苏联去参观，遇见了他们。当时我想，他们对在我国城市规划中画的方格、轴线，将作何回想呢！

你如有兴趣，可以研究一下这个课题。古今中外建筑有许多结合地形的优秀范例，认真总结归纳，可使青年学生将来参加工作后不致犯那种脱离自然地形条件的错误。

南京中山陵是个好的设计，可是大门两侧的小配屋像是倒在地坪之中（图 4），

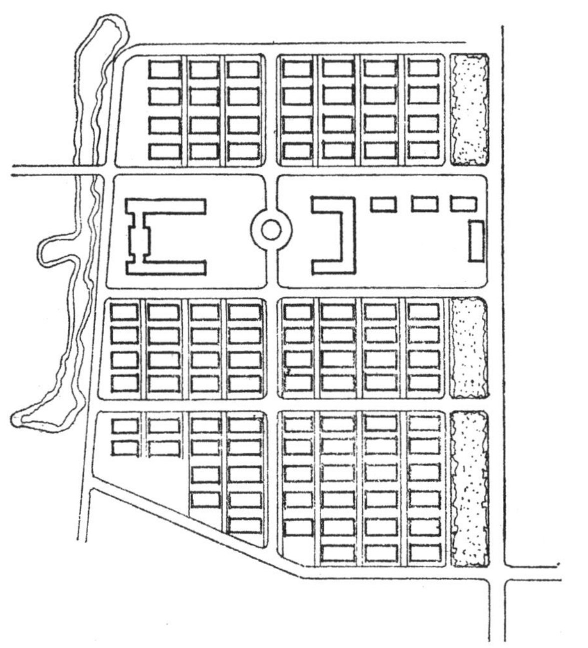

图 1　溧阳县某村规划示意图（本篇插图均为项秉仁、李芳芳绘）

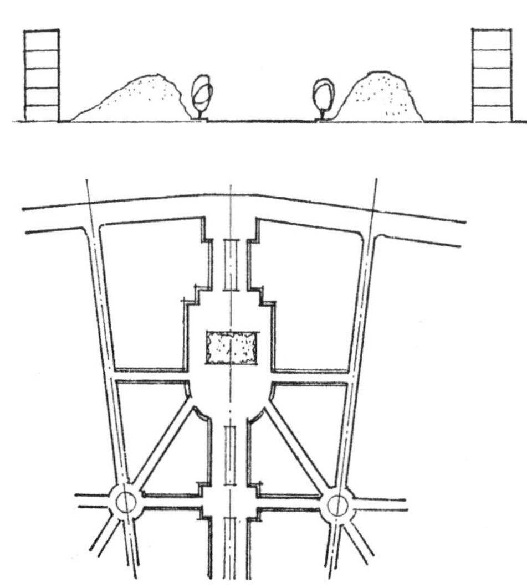

图 2　住宅区道路不结合地形的实例

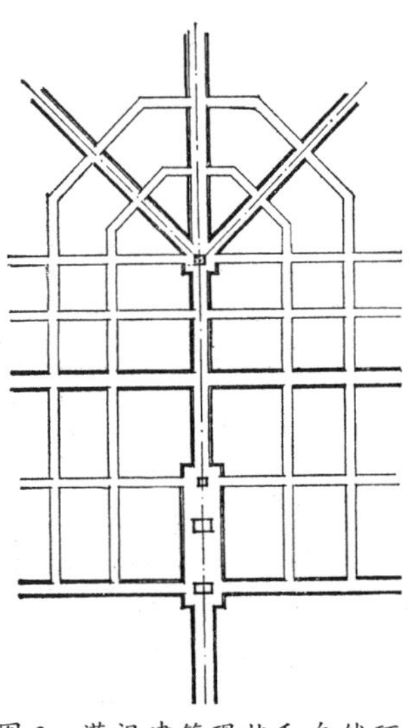

图 3　漠视建筑现状和自然环境的城市规划图

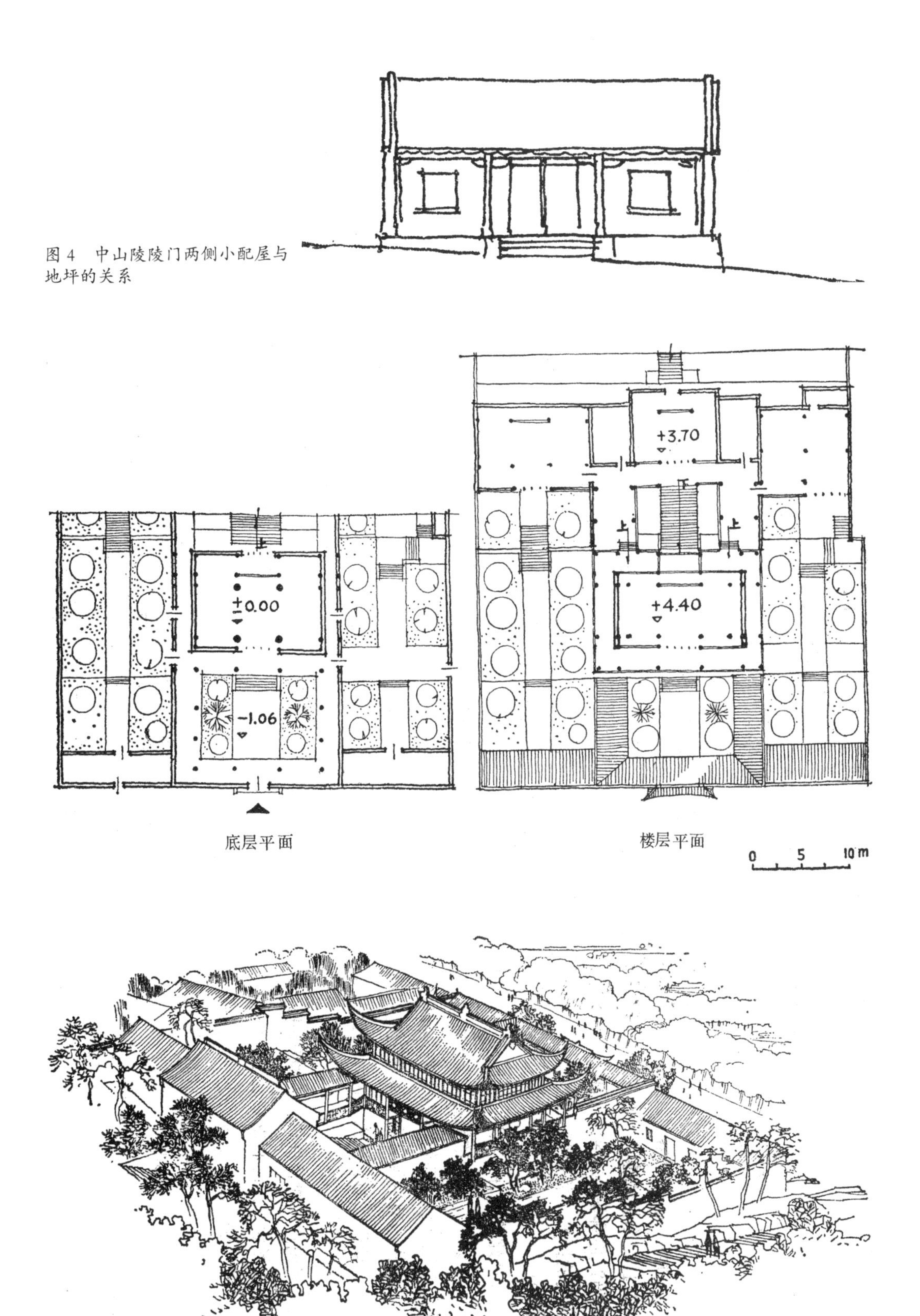

图 4　中山陵陵门两侧小配屋与地坪的关系

图 5　马鞍山采石矶太白楼平面和鸟瞰

与主体不相协调。为什么中国古代建筑群体就没有这种错觉呢?

山林中的寺庙，如北京潭柘寺、戒台寺、杭州的虎跑、福州于山的戚公祠、鼓山的涌泉寺都是密切结合地形的实例。戒台寺从沿山坡的侧向入口，虎跑是两条结合地形的轴线，它们的内院主体建筑仍不失庄重、秀丽的空间感受。中国古代的建筑群体，其封闭空间运用了层层院落、层层台地、左右错落、互相圈套，人们渐次而上，建筑布置即使有曲有直，你仍然感到那么完整。我们不是到过马鞍山采石矶的太白楼吗?你哪里会想到它是依山坡而筑屋的呢?庭园中的台阶石级，四周的回廊，将空间、建筑、地形拧在一起，艺术效果是那么好(图5)!

国内外处理坡地、布置建筑有许多共同之处。希腊雅典卫城、文艺复兴时期一些欧洲的广场、意大利的园林建筑均筑台阶沿坡而上。现代建筑中，不论住宅区或公共建筑群都有许多范例。日本丹下健三设计的体育馆，新结构造型不仅具有日本传统建筑风格，而且与自然地形也结合起来。如果我们有些人来设计就会用推土机把它推平。

要知道地形对于城市居民点、建筑群以至于单体设计都是重要的。地形对于城市的结构、形状、用地和发展起着积极的影响，它影响城市景观、植物、地表、地下水、土壤、小气候，以至城市工程和城市运输。我们如果稍加了解和研究一下城镇居民点的发展史，就知道它对居民点的选址也是有影响的。

古希腊和希腊化的国家在这方面是有成就的。如克利特、别尔加姆等古城，它们往往在高处筑卫城和城堡，用以防御和挡风;在山腰处布置公共建筑和商业中心;而在较低的山坡上修筑住宅建筑。那时就开始用挡土墙使城市逐步规则化。他们已懂得斜向修筑梯行道和缓坡修筑平行道的道理。中世纪的山城城堡为什么常被形容成“美丽如画”(picturesque)?除了它的绮丽的建筑造型外，很主要的一点就是结合地形。

国内外处理建筑与地形关系也有着很多的手法。诸如利用地势筑斜廊以联结高低差的建筑，利用正面、背面、侧面不同标高以处理入口，利用高脚木框架合理布置建筑的标高，或做成台阶式以争取户外空间(图6)。真是千变万化，而不是千篇一律。当然，我们在解决建筑与地形的关系时，一方面要巧于因借，另一方面，工程地质，排水、管网、绿化等问题也切不可忽视。

结合地形的建筑处理不只是指外部的建筑空间，而且包括内部的建筑空间。例如，在一个公共大厅中有几步台阶，或同一空间中地坪有错落等。这也会丰富建筑的空间艺术。再如几个空间不等高的处理方法也是常用的。这些处理手法你也不妨研究一下。

建筑环境对于人们的生活、工作都很重要。自然坡地构成了特定的建筑环境。有

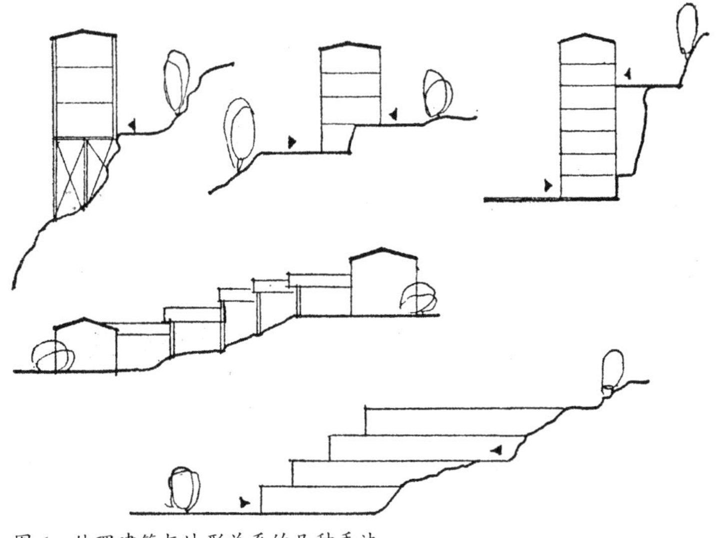

图 6　处理建筑与地形关系的几种手法

利于构成具有特征性的建筑艺术形象，给人们以很深的印象。你把建筑布置在地形突出的地方如山峰、山腰、山麓；或将成群的建筑散成扇形，曲折有致，环绕着坡地；或使建筑的造型与地形的特点紧密结合，互相呼应；甚至用大片树丛间隔布置，都能取得使人难忘的景象。

我讲了这些，你会理解我‘废除’丁字尺和三角板的真正含意和心情。当然，搞建筑设计，画设计图，还是需要使用丁字尺、三角板这一绘图工具的。施工现场有时也离不开推土机，我这里强调的只是要人们重视建筑环境——大自然的地形。你再看看其他一些农村规划（实例和方案）（图 7），你就会体会到丁字尺、三角板加推土机会给我们带来一种什么样的感受。”

我说：“我看到也还有一些设计得较好的例子。”杨老说：

“唉！人类历史上，从散居到聚居经历了一个历史过程，从聚居到懂得用方格网来规划城市和居民点又是一个历史过程。方格网随着城市交通、住宅类型和聚居形式的不断改变而改变着它的内容和形式。但久而久之就被规划者作为一种模式，不管自然条件、环境、地形、地质的变化，不加思索地采用它。人们创造了方格网的规划形式，而方格网的形式却束缚了人们的思想。好在人们的认识必然要经过实践去发展。那种套用固定形式的时期是会得到人们的鉴别，随着时间的推进，会有更新的发展。”

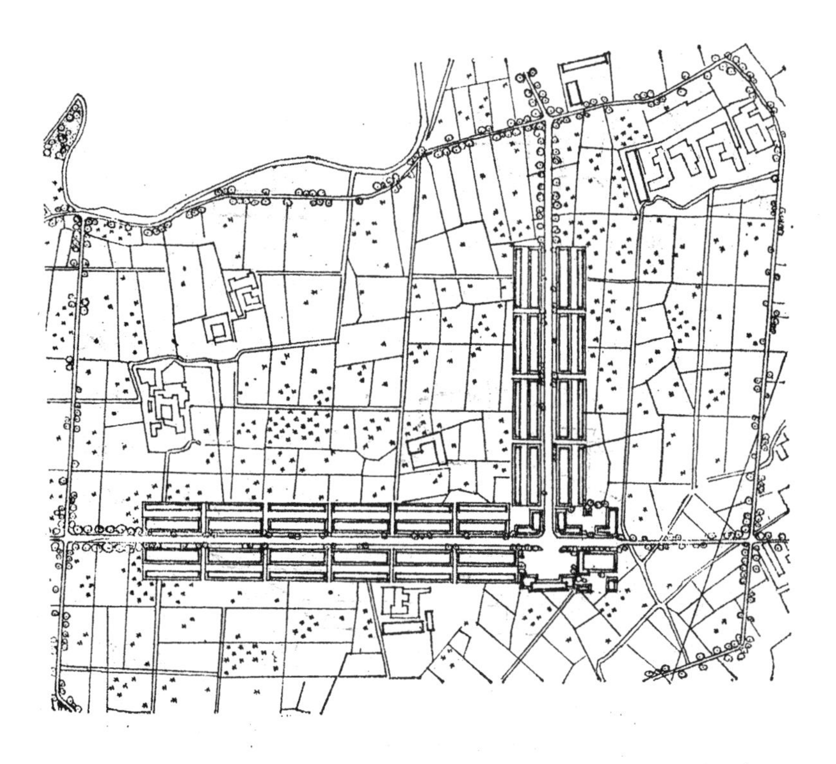

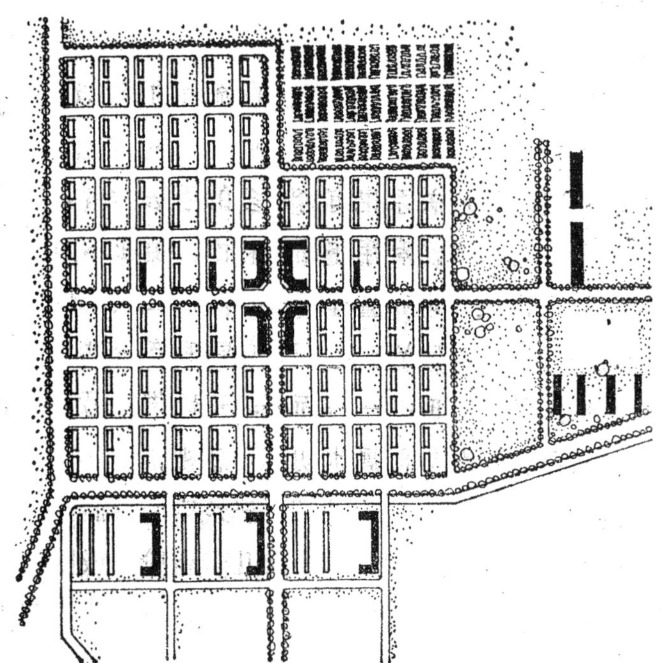

图7　用丁字板、三角板“打”出来的农村规划

对苏州城市规划的意见*

我对苏州情况了解很有限，虽然1931年到1932年来过二次，但那时的印象与现在大不相同了。我只能根据几天来看到的听到的，补充几点个人设想。

首先关于区域规划的问题。我认为现在要想研究苏州的总体规划，大前提是关于我们江南水乡包括常州、无锡、苏州，甚至于常熟等区域的总体安排，要得到一个轮廓性的，大家认为确实可行的蓝图，然后才能更好地来研究苏州的总体规划。什么道理呢？譬如说工业布局，有些厂需要搬迁的，要牵涉到吴县的行政管理区，而吴县有一套自己的安排，那就很容易发现一些有矛盾的地方。所以现阶段我们省里的领导也好，地方领导也好，甚至于有关中央某些部的领导也好，要很好地共同商量，把江南水乡的区域规划通盘考虑一下，先定出一个总的轮廓。是不是苏州市就像规划图上画出来的边界线，或者还有其他的属于吴县的地区也应该划为统一部署。北京也不是仅仅限于北京的城区和四郊，也是包括了周围好几个县，不然北京市有好几个方面的工作不能推动。究竟苏州市应划多大的范围，苏州市本身不能解决，只能在区域规划决定下来后，才能详细地考虑总体规划。

其次要谈总体规划，一般有一个远期的规划，给我们一个明确的方向。我认为最重要的还是近期的规划比较现实，意义更大一些。要是远期没有一个总的方向当然不行，可是近期的规划要是不那样符合实际情况，恐怕实现起来也有一定困难。一般说来，“上有天堂，下有苏杭”。苏州的名气不但国内各方面的同志都听惯了，在国际上知道中国有个苏州也是相当普遍的。欧洲意大利有个威尼斯，中国的苏州是东方的威尼斯。据我个人看法，所以都叫威尼斯，也就是粗略地描绘两个城市的面貌，其实我觉得有很多地方是不同的。我们苏州是江南水乡很有代表性的一个典型城市——“鱼米之乡”。工农业生产在国内都是数得上的。讲到水乡就要讲水系，意大利威尼斯前后我也去过

---

* 1979年11月在江苏省“苏州市总体规划讨论会”上的讲话。来源：《杨廷宝建筑言论选集》

儿趟，那里的水系与我们有很大的不同。首先是它的大运河相当宽，而且每天有涨潮和退潮。城市就是运河的部分，有些污染的地方，每天有潮水冲刷。而苏州，上游与下游的水位相差无几。建国以来，我们社会主义城市不能像过去那样是消费城市。我们的城市或多或少都要有一定的工业生产。这就带来一个问题，苏州制定城市规划时，到底应该怎样定性？这次会议文件上已提到了，说的是作为一个“园林、风景、旅游城市”。可是也有同志讲是不是还要讲文化，有的同志讲难道就不提工业吗？可是文件上提“园林、风景、旅游城市”还有一段字，就是“要适当地发展丝绸，工艺美术，精密仪器”。我觉得现阶段提“园林、风景、旅游城市”，文化也基本包括在内。因为如果没有文化，古典园林生产不出来的。当然有这两个字更明确，更显得城市各方面文学艺术相当发展，几百年来，生产一些文化遗产。我觉得关于城市性质叫“风景城市”或者叫“园林、风景”，加不加“旅游城市”，问题也不大。当然加了，在当前的形势下，可能有利于推动某些方面工作。

有人说，苏州市现在工业发展不少，譬如说化工，现在每年产值相当高，不提不合适，我个人认为，也不一定。因为我们社会主义城市，哪一个市都要有或多或少不同性质的工业。要适当发展没有很大污染的工业，我觉得也是可以的。是不是讲了“园林、风景”，是过分突出了苏州的园林，我认为是可以的。譬如说 1972 年，我到欧洲保加利亚，它过去是一个落后的农业国，工业不发达。近若干年来，大办旅游事业，在黑海边建三个城市，每个城市建几十个旅馆，其中一个城市建了一百多个旅馆。有一天，我们代表团看到他们在收拾地毯，是怎么回事呢？他们说：“你们明天离开后，这个旅馆就要封起来，我们都回到首都索菲亚去了。我们这个国家在黑海边有几百个旅馆，哪来这么多服务人员呢？到旅游旺季，学校就放假，我们各行各业抽调人员到这几百个旅馆来做服务人员，等旺季过去了，仅仅保留每个城市几个旅馆之外，别的人都回到首都本单位去。该上学的上学，该做生意的做生意。”他这个国家就是老老实实讲了靠挣外汇过日子。国家的公路也是沿途配合旅游，公路两旁有个区域种植玫瑰花出口赚外汇。公路旁有个山城，说起来就跟东山山坡粗石块路差不多，住家的房屋建筑因土耳其统治过，有许多东方味道。也有西欧某些因素，古色古香的农村味道。因为如此，他们另外搞了一个区把全城居民都搬去了，把整个城市控制起来，旅游季节变成博物馆随便去看。当然过了季节能否让某些居民回来，我就不知道了。把山城空出来搞成博物馆目的是挣外汇，他们是样样措施配合旅游。我们在那里时，听说保加利亚曾借我国许多钱，他们给我们造一只船，我们在时，碰巧他们把船造好了，我国水手已经去了，要开回中国，让我们上去看一看。船上的设备都是用旅游赚来的外汇买进来的，包括船上的钢板。所以我说提不提旅游都可以。但园林、风景不能否定。我个人还有一个想法：城市规划远期也好，近期也好，一旦通过之后，要用法律执行才有效果，各方面都要尽力通过蓝图去执行。但是不要忘记，世界上任何规划，在实行的过程中也不是一点不能根据当时的具体情况略加修改。这也是事实，也不能否定，就是说不能“绝对化”。所以，我说苏州这个城市现在定下来的“园林，风景，旅游城市”，加上一行轻工业等附属的话，是有利于最近一段推动工作。但不是永恒不变的，在一定的时候，万一有一些新的因素，或者国家的方针政策在某些方面有一点变动的话，对城市规划不可能没有影响。因此，我认为这样定下来是很好的，而且是应该这样定下来的，不然的话现阶段有许多工作不好进行了。

城市人口定多少？我认为大致定一个框框是很有必要的，否则没有一个依据，但是在执行中间，不能把它绝对化。现在世界大多数国家的人口数字都有或多或少不同的变动。不能把它绝对的肯定。只是做具体工作的同志，不得不拿个数字做依据。

有人说我们这个城市最发达的工业就是化工，因为它的工业产值高。是不是将来很自然而然也会要求某些个化工厂提高生产或扩建，很可能中央某些系统有这样的要求。但从我们本市的角度来说某些化工厂不但不能扩大，而且要缩小甚至最好没有，当然事实上，恐怕很难办到。我们还得要实事求是，用一个协商的办法，与有关的各个系统把这些道理说清楚，共同定下来一个办法。必须要搬迁的话，老实不客气，最后可能由中央方面决定搬迁。有些厂可以改善治理的，譬如说污水处理，有的可能很少的一点投资就能解决，应该严格达到排放标准。实在困难的也应该有个初步的污水处理，将来城市有一个统一的污水处理设施。有的地区水网很宽，完全集中的话是有困难的，也不妨分它二处、三处。

总体规划既然应该重视近期，那么怎样工作呢？应该从哪里着手？我们这个城市毕竟要为我们一般的群众居住提供一个好一些的生活环境。我们的生活一天也离不开用水，所以铁道就从山南穿过，往河南方向走过。现在马鞍山东一个厂、西一个厂建起来后，铁路就在市的当中穿城而过。有两次我到马鞍山去，到马鞍山东头编组站，一下有一二十辆车卡住，卡了二三十分钟。可是与铁道部商量搬家谈何容易，在十年动乱前就谈到铁路往南边搬，可使城市建设合理些，一直到现在还没有解决。

我想有些过境车辆，能不能就在铁路北边走，绕远一点。因为苏州是个古老城市，有古典的园林，有古代文物建筑，能不能在旧城之内，大的地方保持原样。因为我想，你改进太快也不现实，你要一下拓宽一条街，你得要先盖一批周转房子，面积比拆的房屋还要多一点，安置好拆迁户。国内的同志要到苏州来观光，为的是什么？听说苏州园林全国有名，世界有名，所以“洋人”也要到苏州来。我想能不能不仅仅是保存古典园林，而且也不要随便拓宽有些道路。我是完全赞成城东很多地区，凤凰街也好，平江路也好，双塔一带，要保留一些民房。最好在古典园林前不要开辟新马路和拓宽马路，这样才能保持古色古香的味道，招揽游客。你要把拙政园都修成30米的大马路，可能游客越来越少。城里最好不要有过境卡车，过境道不要靠近城市，要稍远一些。最好把旧城区几个口子管起来，过境车辆不能进来，或者在一定的时间才能进来，除非到城区内运货。城市有少数几条宽一点的马路就够了，别的地方就是要靠两条腿走一走才有意思。旅游就是要走路嘛！我喜欢爬山，我就不喜欢人扶着跑。假若要舒舒服服，那躺在沙发上最舒服，到黄山到华山就是要自找麻烦。旅游就是想到各地走走，而不是坐汽车。过去说修马路一直要绕到黄山上面，我是不同意的，那样还不如搞缆车。瑞士在森林里搞一个缆车线，外表看不出来。我看到一个缆车，它不是用电的，而是把山泉引到缆车底下的水箱，一开闸门水灌在水箱里，就把五、六位旅客带上去了。上去以后人下来，底下把水放掉，再进游客，空箱又放水，重了又下来了，就像水桶一样，很有启发。在瑞士的首都，火车站就是一个棚棚，有二三条轨道，旅客买了火车票直接上车，顶多待三五分钟，根本没有休息室、候车室，所有的客人时间卡得很紧，顶多早个五六分钟到站，车站简陋得很，也没有哪国的旅客批评。我国工农业还未发展到相当程度，尤其是过境的车站，中途站能用即行，不应该搞得富丽堂皇。除了首都和广州等几个大门口，体面一些、壮观一些是可以的。广州已经压缩了，大厅快要开车时才放人进去。贵宾室要打招呼才能用钥匙打开，陈设富丽堂皇，大多数时间关着没有用。我们国家现在有一个钱就要节省一个钱，过境站可以解决问题就算了，不要搞得过分富丽堂皇。北京的贵宾室，南京的航空站，也没有用多少次，房子一年四季摆着。我们国家很多地方太大方了。我喜欢实事求是，有多少钱办多少事。我不赞成苏州道路按一般新城市规划去进行，因为苏州是个旧城市，祖宗遗留下来的文化古城。我们适当地改造它，适应今天社会主义建设是必要的。假如今后必须再添几条宽一些的路，我不赞成模仿某一些城市搞大转盘。很窄的道路，在十字路口搞了转盘实际上不起作用，稍一转弯就碰到那十字路口出来的车辆，反而增加麻烦。是不是老老实实，古老的街就是古老的街，如挡司机的视线就把那些房子改造一下，不挡就行了。适当在交叉口用自动化红绿灯，我是赞成的。有些小胡同路面不一定搞得很光很平。我去过一些欧洲城市，包括联邦德国，有些街道也还是石头铺的，蛮好嘛！

在改造古老城市的过程中，我很赞成将玄妙观采取一些紧急措施，把它保护起来。因为里面新华书店堆的都是纸张，而且进去的顾客还在抽香烟，很危险，万一不小心出了事后悔莫及。因为玄妙观大殿，是南宋保留下来比较完整的，是苏州地区有价值的古建筑。前面的山门，两边的房子最好拆掉，假如舍不得拆掉，压低一些改为一层，就把天王殿轮廓线显出来了，现在天王殿变成一个很见不得人的姿势了。在一定的地带不能让车辆进去。在英国一个叫科恩的城市，有意识做一个市中心商业区，在路口安上踏步，不让车辆进去。人可以进去，空的地方种点花草，车辆搁在外面，送货都从后面进，二层也有通廊，效果很好。在荷兰有个城市，也是商业中心不准车进去，欧洲的城市这样做的还是不少。汽车有它的好处，便利速度快，但也有一个不好的地方，它放毒气，增加城市大气污染。说起来光华水泥厂周围，居民晒衣服落下一层白灰。那一天在齐门望过去，很多地方都在白烟的覆盖底下。像这样的工厂应搬迁，因为影响范围大。北寺塔经过修缮很好，恐怕周围要添一点附属的建筑，中国古代塔孤立起来的很少。既然塔修复了，旁边添一些厢房稍微陪衬一下。阿弥陀佛也要阿兰菩萨陪陪，不能是孤单的。北寺塔东边古观音殿那个单位最好能搬掉，把观音殿划进北寺塔范围内，使气氛改善一些。北京预备在动物园西边造一个图书馆，那个地方原来有个皮鞋厂占据那块地，两三年前，初步做方案时，让那个厂搬迁，原则上满口答应，就是不动。至少前几个月我到北京时还没有搬。有的事就要抓紧，说办就办，说干就干比较好一些。像这些地方还可以搞一些导游说明、明信片、画片等纪念品。好几年前我去日本，在每一个庙前有卖纪念品的铺子，生意不坏。这些导游的东西在欧洲意大利多得很，在意大利你不管到哪里，都有很多种明信片，画片导游小册子，这样也可以得到一些外汇。虎丘这个地方我觉得很好。我没有到后山去，据说后山有进一步规划的打算，七里山塘能否恢复，现在河不太宽，卫生也不好，行船有困难，要好好搞一下。威尼斯的客人来了，可否用城外水冲刷一下城里的水。

城里古典园林，门票搞得太便宜了，我赞成提高门票费，就是为了保护古典园林，延长它一些寿命。否则就像我们年纪大的人一样，“一年不如一年”，就不好了。因为小朋友不是走八字方步的，他们要爬山的，假如爬得光光的，古典园林就不古了。能不能像拙政园那样，东边开放，但要到中部则要另外付一些入门费，对外宾更应提高一些，对维护古典园林有好处。有人对我讲，现在苏州几个园子古老大树已开始死了好几棵，原因是大气污染，树受不了，有些树不惯于在污染大气中生活，自己就不活了。假若市里有一些地区有危险房屋拆掉，不一定恢复，适当多辟一点绿化地带，让人歇歇脚，或者作为某些古典园林外边的停车场。

城市的住宅，听说有很多外宾反映像凤凰街一带黑瓦墙看起来很有风味，尤其是像水门一带。一个外国画家画了水门一带两幢居民的房屋，我看非常美。我 1931—1932 年之所以要到苏州来，就是先看到这些图画。这次看到盘门，盘门的地方作为一个风景点有条件，好好把它计划和整理一下。现在外宾实在不大好去。平江路一带应作为一个保留区，其建筑形式在苏州有一个与别的城市不同的风格，要保存起来。如果都盖成平顶洋房，慢慢地就没有游人想来了。从前我到大同去，大同有一条街非常好，古色古香可代表中国古代的文化，我给他们建议是不是可以保留这条街的一段。

郊区的名胜古迹，灵岩山、上方山这些地区要好好地修缮，因为将来游客多了，都在城里几个小园子不够。现在看已很拥挤，所以有必要在外围建立游览点。听说要开辟上方山，这是很好的。至于洞庭东山，我一直想去看看，有一天我乘公共汽车绕了一下，我想要看的东西没有看到。这次去不幸又遇到下雨，看了紫金庵、轩辕宫。雕刻大楼对我来说兴趣不大，那是艺术水平比较差的，开个饭馆大家看看还是可以的。旁边那个小花园，小绣楼前的假山还有点味道。

苏州不仅有外宾来，国内游客也不少。至少在这里开会的代表都想看看。能不能在城市某些地方把旧式房子整理一下，内部搞一些现代化设备，可以住人，质量好的价格可定高一点，有些外宾会愿意去的。另外，园林部门能不能成立一个古建筑修缮队，慢慢专业化，工种齐全，熟悉修缮旧式建筑。在北京故宫据说有二三百个修缮人员，所以故宫十七万多平方米的建筑一年到头有人维修，一年四季不闲。上次我去马鞍山，他们要在太白祠堂修个公园，我就建议他们请一个苏州人来，因为当地师傅搞的一个亭子大煞风景。他说也到苏州来过，这里人很忙，派不出去。现在不是成立援外公司吗？苏州成立一个“古建筑修缮公司”。这个专业队伍，可承担国内古建筑的修缮。至少江南水乡有“用武之地”闲不着。这个房子（万寿宫），我看只能说修得不是太旧太破烂，如果说修得好还要考虑考虑，譬如说那个梁底下的花纹算哪个朝代的花纹？修是修了，没有完整。不是内行的老师傅就不行。

古建筑的设计修缮队伍也得培养。懂得古建筑的人在北京、苏州还有一些，别的地方很少。能不能花一点力气，在古建筑方面办一个培训班。

最后听说洞庭西山发现一个“天下第九洞”，能有那么个自然条件丰富游览，那是最好不过。听说要修个大堤从东山修到西山，我听得身上“发汗”，这样一修没法讲了。上个月我去福州、泉州、厦门，福建是个好地方，预备在那里好好整理，听说厦门堤一修，那里居民意见很大，厦门排污有海水冲刷，现在鱼虾不来了。东山到西山没有挡住水，但画一根线有什么意思呢？我希望“天下第九洞”万万不要像宜兴张公洞、善卷洞那样处理，外面的房子事小，还有里面用水泥找平，这也修一个看台，那也修一个看台，不像一个天然洞。宜兴有个城隍庙，有个小假山要砌墙，我建议用破碎的瓦片稍微动些脑筋，砌墙用这些东西好看得多。我住在周处庙，他们把戏楼拆了，拿砖瓦搞一般性的两个门房，很可惜。假如苏州有批专业人才，向四面八方输送去产生影响，把江南地区园林古建筑维修得好一些，真正地把苏州建成“上有天堂，下有苏杭”的地方，那该多好呢，我是很盼望天堂永远健在！

旧城改造与城市面貌*

旧城市不同于新城市。一个新建设的城市可以说是一张白纸，任你可以在上面自由发挥你的才智。而旧城改造就比较困难，因为它有许多既成事实和既定条件，你不可能随便在这里想怎么样就怎么样。一个旧城市的现状，是根据一定的发展条件，当时每一个时期对这个城市的要求作用，并经过好几个阶段的变迁而形成的。

许多城市由于自然条件的变迁也使得城市的面貌逐渐有所改变。譬如镇江由于河床演变的结果，使得现在的老港几几乎乎像一个内港。这就给今天我们做城市规划带来一些新的困难。

城市的远期规划要考虑政治、经济各方面的作用，要给这个城市一个明确的方向，一个目的性。而近期规划必须能够很好地结合这个城市的实际现状。如果不顾现实的话，那工作就很难推动。所以我说，镇江这个城市在现在的情况下，由于大前提还没有定下来，要完全解决是有很多困难的。任何城市规划，尤其是在资本主义国家里，很难有个什么样的规定把它框起来。所以我个人想，在咱们这个社会主义国家里是不是与资本主义国家有所不同，至少我们这个国家的性质，应该样样事情都有一定的计划性，这样才能有条不紊地发展各种事业。因此，我们城市的发展就不能和资本主义国家一样去想象，参考国外书刊时要格外小心些，要与我们国家的性质更符合一些才好。城市的发展远景应该有一个框框，人口发展到多少万？是什么样性质的一个城市？以什么特点去考虑城市？如果有一个大前提把它框起来的话，我们在进行规划时就要根据这个目标去考虑许多问题。但是这样的一些目标也并不是一个定死的框框，一切都不能改变的，因为任何事物都不是永恒不变的。根据科学技术的发展，根据时代的变迁以及其他许多方面的变化，它不可能使城市的远期规划一成不变。因此我想镇江如果还根据老的城市位置、老的城市轮廓线去考虑问题，恐怕不一定合适。因为有朝一日把大的前提，就是区域规划的前提定下来之后，我想很可能有些城市的框框会有所改变，

* 1980年5月在江苏省“镇江市总体规划讨论会”上的讲话。来源：《杨廷宝建筑言论选集》

不一定根据本来所规定的行政区域界线去考虑问题。

镇江的大市口与南京的新街口差不多，感到两条街的宽度不够了，是不是要展宽？这要从经济角度来考虑。如果街道两旁都是平房或古代遗留下来的板门的话，展宽马路可能代价不大，而现在有 4 ～ 5 层甚至 6 层楼房，若拆房展宽则代价很大，效果也不是能够马上收到的。可以考虑采取像荷兰、美国等一些城市的处理办法，不让车子通过大市口，而在其附近那些房屋价值不高的地带拆掉一些房子，让车子停在那里，或者在这个地带开辟新的道路，让车子通过。总之不让车子通过市中心，这样就改变了街道的使用性质，不再是一个车辆通道，而成了大家休息游览的场所。

城市的界线，根据时代的不同，人口的增长以及城市性质的改变而有所变动。人口增加了，城市就不能限制在城区之内，就会在外围向各个方向发展了。镇江南郊一带有许多小山包，很有发展前途。能不能在南郊一带搞一个新区的试验点，在这个新区中各种设施都要同时跟上，不能只盖房不管配套，不考虑其他因素，否则盖好房子无人居住，造成资金的积压浪费。北京前三门 37 幢大楼盖好了人家不愿意住，就是一个教训。我们在城市外围搞一些居民点会出现这样一个问题，就是由于家庭成员工作地点可能仍在旧城区，上下班很远。这个问题单靠换房及调整工作单位难以完全解决，这就要靠快速交通来解决，交通改善了住远一点也没关系。如果快速干道还不能解决问题的话，可考虑在外围搞新的市中心，那就是说把城市的活动地点分散开。很多国家都这样搞了。若干年后，在镇江也不是绝对办不到的。再一个问题，就是过一个时期，旧城区一带的性质会不会改变。我想是可能的，世界上许多城市都有这种情况。我设想镇江码头附近的旧城区地带，若干年后，因住起来太密集了，那些地带的街景一般人看不上了，感到那些地方太脏、太拥挤，而同时既然有了新区，慢慢地自然而然地重心就往新区转移了。老房子就让它寿终正寝，这样旧城区慢慢的可以宽敞一点，可以用自然的方式。当然也可以主动地想一些办法把人吸引出来，这是可能的。要有廉价的房子，设备很好，交通也方便，自然有人会出来。在改造旧城时，有些历史的、质量较好或有建筑风格的老房子和街道要保留一部分，可以使群众去看看，回忆回忆历史，这对于提高广大群众的文化水平是有一定帮助的。

还有一个问题，就是现在码头附近泥沙淤积得很快，挖泥已得不偿失，能否利用自然的条件来冲刷，再加一些人工辅助的话不是更好吗？我想如果开一道河，利用河床上水流冲刷码头附近淤泥，并利用水流转移到别的地方去，使水道通畅。这是一种想法，不知能否办到。

旧城市中空气污染和水源污染最大，在旧城改造中这是一个需要严肃对待的问题。取水点从近期来说放在离城市较近的地方是可以理解的，因为资金材料有困难。但从远期来说，放在离城市较远的地方较好，可以避开污染，当然要条件成熟了才能搬出去。

关于城市的建筑面貌问题，我不喜欢新盖的玻璃方匣子，因为我们现在条件太差，钢材、玻璃的数量和质量以及经济状况既不允许也不具备条件让我们这样搞。不要不顾我国的具体条件，盲目地模仿外国杂志上一些建筑形式，因为它毕竟是从形式出发而不是实事求是地从使用和经济效果方面去考虑问题。

一个旧城市的面貌应该有它自己的特点，不要让人家一到我们这个城市就好像在别的城市看到过的一样。镇江有金山、焦山、北固山等古建筑群，如果有条件的话，城市面上应该考虑让来到这里游览的人一看就说，这个城市有几个什么什么东西看起来还是有特色的。这就要求同志们多动一些脑筋，把这个城市的面貌质量提高一些。

至于园林建筑，假如有条件的话，可在南郊山区发展一些风景点。这些风景点首先是种树绿化，这样投资少，效果好，还可以净化空气。休息日、假日可分开游览而不至于聚积在城市的核心地带。这些风景点的建筑形式可以结合我们传统的地区建筑特点，发挥一些手法把它运用起来。搞园林建筑应考虑搞一些更适合我们中国一般群众的爱好，更能够表现一些三千多年的历史文化水平的东西。这样做，不讲别的，就是对外国旅游者来说，兴趣也会大些。

在规划中要注意高层建筑的控制问题。要使城市按一定的规律一定的方式来发展，而不能像资本主义国家那样随随便便地自由竞争，各自为政地搞一些市中心。应按规律办事。

武夷山风景区规划与建设*

去年9月我到崇安，初步看到了武夷山的秀水青山，印象非常深刻。这次来又把去年好多没有去的地方补了课，觉得非常荣幸。我想为节约时间，就开门见山谈几个问题，和大家共同研究，不符合实际的希望同志们指出来。

一、关于管理体制的问题

武夷山在建设过程中存在不少困难，譬如说风景区最要紧的是要有一个大自然的景色。可是现在，还有人上山砍柴、砍树，有的风景点里把树林烧掉改茶园。如果建设时碰了一棵茶树，有了纠纷，因不属你管，你也没办法。所以应该把管理的体制首先明确起来，应列为首要的地位。这个问题不解决，底下的问题就会与日俱增。如果有人发现这里没有管理机构，外来人口没有登记，他自己搭搭修修安家，那怎么行呢！

二、保护区域的划定和规划的准绳

整个风景区必须划定一个范围，很快地把规划方案定下来。不然，今天想起这个搞一下，明天想起那个搞一下，是不行的。这个问题很突出，要赶快跟上去。不过，搞规划恐怕还不仅仅是管理部门自己关起门来定的问题，有些要牵涉到地方上，甚至还要牵涉到各学科的有关专家。不和林业部门、农业部门打交道不行，在商量过程中

* 1980年11月在福建省建委召开“武夷山风景区规划座谈会”上的讲话。来源：《杨廷宝建筑言论选集》

又难免会遇到很多矛盾。如忽视这些矛盾，将来就会添更多的麻烦。所以，规划不简单，我们做好方案，人家不同意，我们就要按主要规划的大前提，以保护风景区的角度来做最后的决定。

三、游客流量控制与服务质量的关系

旅游的发展是迅速的，每个风景点都有一定的容量，超过容量就不好办了。如北京中山公园，一到节日就人山人海，上海每逢节日就给草地、花草带来不少灾难。好多风景点吃中饭也成问题。搞旅游，不能像做生意似的，顾客越多越好。我同意南京后湖公园那样，一天发多少票，把游人组织起来。也许有人说，这样不方便群众，给群众带来麻烦。我想这要经常地搞些宣传，使这个管理制度在人民群众脑子里有个印象，知道这个地方怎么去。譬如事先筹划一下我两天假期哪一天去，该怎么联系，这样人流方面就可减轻一点负担。当然个别远道来的，还得接待。瑞士管旅游经验最丰富，管理制度很周全，你登记了，到那里就有住的，服务质量很好。而我们往往事先不打招呼，一来一大批，带来很大困难，这样不妥当。据说有时外宾住的旅馆，床位缺了，给人家分配不像样的房子，或者厕所是乱七八糟，有的女宾就掉眼泪，反而是适得其反。

四、建筑的特点问题

以什么方式来突出武夷山的特点，使她作为吸引人向往的一个条件？这个问题我想恐怕人的生活背景、生活习惯各不同，口味很难统一。有的同志讲这里山清水秀，建筑物、设施也要很突出，很雅致，完全要跟地区环境协调，这对不对呢？我想完全对，我双手赞成。当然我所赞成的不一定适合每一个人的口味。就说油漆嘛，有些人就认为搞一些旧式的有什么意思？庙宇修理都是用猪肝色的，有人就要问你修了没有？在他的眼光里你修得不彻底，是马马虎虎地敷衍了事。我们一般知识分子总喜欢幽静，更要雅观一些，建筑手法简练一些，或是地方风格化一些，就已经够了。老实说起来，在我脑海里，还认为不够，我恨不得在什么地方甚至用那些树枝盖一些房或什么样子更好。所以这个东西很难啊！我建议提出这么一个精神，就是根据具体的地点来分别处理。也不要太适合青年人的看法，当然青年人看法也不同，有些人年纪虽轻，却是个小老头。我不喜欢走康庄大道，但也不愿意踏着会摇动的石头。所以处理事物不要一律化、一刀切，要因地制宜地用不同的手法，使它始终与大自然的景色协调一些。当然，如果有老天爷在的话，他是本事最大的。不管你设计怎么好，完工后总会找出一些毛病，总觉得不够理想，过了四、五年它的颜色就和大自然协调起来，就觉得很好了。总的一句话就是不能搞得跟我们大自然的环境不协调，还要符合山清水秀这个要求。

五、旅游交通路线服务点的设置问题

现在，游客游到的地方比较集中。口渴了，肚子饿了，不能解决，当然是个遗憾。可到处都有服务设施的话，管理起来太分散、太麻烦，也不像样。在国外，他们很习惯带个纸饭盒，里面有面包夹肉、水果等等，自己去野餐，结果离开后，回头一看，到处都是纸盒，乱七八糟的纸，你光是在后边跟着打扫卫生也很麻烦。好在现在这方面的设备还少，否则管理部门也会感到头痛。现在要很好地规划旅游路线，多开几个进口，交通方便一些，让人流分散。再在主要的点利用原来的建筑搞些服务点，让人家喝茶，吃糕点，不要搞大饭馆。而每个服务点到风景点要形成花瓣似的，如永乐禅寺、莲花庵、一线天。但现在，第一步要把九曲溪先搞好，不要遍地开花。至于修马路，我就是不那么欣赏，好像跟山野地区不那么配合。有人说逛山真麻烦，太费力气，路又不好走，可是他嘴里讲麻烦，他还是要去，是风景吸引他去的。有必要修公路也是无可奈何的了，但是都修成马路那实在不好看。我还记得几年前去老山，从后山走，没有路就穿着袜子皮鞋踩着鹅卵石沿小溪上去，景色很好。虽然大家鞋袜都湿了，还很高兴。至于搞缆车，我暂不涉及这个问题，让大家讨论。

六、建筑的风格问题

到底以什么样的处理手法为主，在继承和发展这个问题上，也是辩论不休的。这里是道教的名山之一，道教是中国古代的文化遗产，但我也没这方面的深造。我只是想在这么一个情况下，搞跟这个地区的传统陌生的东西是不合适。我倾向还是用普通的手法，跟这个地区的格式比较协调的东西，而不要模仿，这样可以有许多手法。

武夷宫到底怎样办呢？管理体制不解决，将来问题多得很。体制这个大前提解决了，后面还有很多问题得研究。

镜湖如能请水利专家研究，把它恢复起来，上边修个像样的吃饭、喝茶、休息的地方，可直接看到玉女峰。想坐坐竹筏，前不远就有码头那多好，就连这个地区也变成一个很好的风景点了。

紫阳书院问题。如果一旦疗养院搬出去了，暂时不要拆，稍为改造一下，不但节约当前的开支，而且马上就可利用上了。

七、林与茶的问题

林与茶的矛盾怎么解决好，我想还是做个媒人，让林跟茶结婚。就是说林也要，茶也要，适当规划。某些地方要茶给林吃一点，有些地方如大红袍附近，种了好品种的地方，就多种一点茶，这是说茶跟林都要。但要划定范围，不要种茶方便的地方都种茶，把林木都去掉。发展林业，想把所有的茶变成林也不现实。茶要保留一部分，林也得培植，不然泉水也没了，游人就一天天少下来。

八、规划

做规划，没有一个不搞远景规划的，但是也要有一个近期的规划。因短时期不能把未来的事情估计进去，但总要有个方向，有一个目标。而规划还得跟形势的发展，这就得看你近期规划现实不现实。规划做得太远，我看也不现实，近期讨论的问题过多，我看也不现实。我们要全盘考虑国家的经济情况，还要尽可能少花一点钱，把工作很好地开展起来。

这两天我听了大家谈的这些意见，自己多少有点感想，也看到武夷山现在的发展，可以说是相当快，相当顺利。这跟当地领导，以及省、地、县领导是分不开的。希望将来成绩更好，希望能做全国风景区的典型、老大哥，让小伙子都来学习。

风景区规划的理想与现实*

我觉得对于新开辟的一个风景区，或者说是在建设一个风景区的问题上，无疑地，每一个同志的心情，都是恨不得很快地看到成果。我想，这也是人之常情。咱们这个国家，可以说，在许多事情上，或多或少都有这么一个问题，搞一个什么事，都迫不急待地希望看到效果。但事实上呢？有很多事情，要是想看到它的效果，必须经过相当的步骤。总要有一个过程，有的时候是可以想种种的办法，加倍地努力，很快地就可以看到效果。恐怕也有的时候，会不会欲速则不达？想让他很快把成绩做出来，而实际上赶不上我们的思想。你思想总是想在前头，而现实总是赶不上。那么，这里头有个什么问题？当然，是事先对这个问题考虑得周到不周到，步骤妥当不妥当。当然了，我们这些事情，与领导机构的健全不健全也很有关系。像武夷山管理局，至少在我的思想上，感到在今年春天二月份成立，短短的几个月的过程当中，做到现在能看到的、感觉到的这些成绩，我认为，已经是很不错的了。恐怕在座的同志也会有我同样的感觉，像这样子的一个好的机构情况，发展这么快，在许多地方还是不多见的。这是我来这里的第一个最深的感受。

我还有一个感想是什么呢？就是我们大家都希望有一个速效。武夷山管理局能在这短短的几个月的过程中，做出这么好的成绩，可以说，已经是非常了不起了。明年这个时候再来开会时，许多方面的工作，达到我们的希望，我们的目的，这才是我们的理想境界。但是，我个人的想法，在考虑事情的时候，要实事求是一些，不能够要求过高。比如盖房子，你先看好了一个地点，也听取了建筑单位的一些要求、设想，你做的初步方案，大家也看了，但在具体施工的时候，并不这么简单。因为施工的过程当中，不管你这个房屋施工的图样考虑得怎么周到，也还会出现你事先预料不到的事情，你必须做一些适当的调整。我们搞这个风景区的规划，恐怕也免不了有类似这

* 1980 年 11 月在福建省建委召开的“武夷山风景区规划座谈会”讲话。来源：东南大学档案馆

种情况的出现。恐怕在这个过程当中，也还会做一些调整。有一点，我觉得大家谈得很多，也确实谈得很不错，许多科学也都说明了这一点。我们搞一个风景区的规划工作，一定要根据当地的一些具体情况。理想的东西跟现实总会有一段距离，这就会牵涉到我们这个环境以外的很多事物，也会反过来影响我们环境以内的许多规划。我常常讲，在研究建筑历史过程中，许多建筑师都有这样的论断，说任何一个时期建筑物，它不能不受到那个时代、那个时期的政治、经济、科学、技术的发展，以及那个时候人们生活的习惯影响。所以，我们既要有很好的设想，还要同时考虑到现实问题，以及我们这个具体工作以外的其他条件的影响。那就是说，一部分我们可能自己有信心掌握，但会不会还有外界的条件？如果碰巧都能够合乎我们这个工作上的要求，那是再好不过了。也还要做一些思想准备，还会受到外界的政治、经济、科学技术，及其在发展过程中出现的新事物的影响。我说这个话到底是什么意思呢？我主要想说明一个问题，就是我们研究一个问题时，除掉一个很好的理想，还要能够照顾到可能有很多现实问题的遭遇，并做好一些思想上的准备。我这样讲也许不妥当，有一点像泼冷水似的，但这毕竟是事物发展的必然规律啊！要是能够有这样的准备，遇到一些不舒服的事情，也不会灰心，你还会照样子去努力，尽可能地去实现你的计划，也不会从此看破红尘了。只要有这样的心情，那就会像传说中的道士一样，搞一个岩洞在那里精心修炼，经过相当时期的风雨，这个雄心还是不变，那一定会功到自然成，到时候就可以坐化，就能够成仙。有了这个信念，风景区的建设才有希望。

还有一个问题。我常常在想，这个世界上现在有这么多的各式各样的学科，怎么办，我现在已八十岁了，没时间去学。就说在这个会上吧，这两天，同志们谈的许多问题中，至少在我的脑子里，从前没有想到过，我确实是学到了不少的东西。所以，我们对每一件事情，很难把与一个事体有关的所有问题事先都预料到。就是有许多人参谋，也还会有很多问题产生出来的。假如能产生出好的事体，产生出使人愉快的事情来，那当然是更好的了。同时也应该考虑到有时难免会遇到一些困难问题。我想，只要我们对这项工作是自愿的，有一个统一的目标，同心协力，总会使不顺利的事情克服掉，并使它顺利。当然，这包括地方上的有关领导的支持，才能使我们的想象，我们的愿望持续下去。

实践证明，搞一个风景区的建设规划工作非常困难。但只要我们有信心，横下一条心，一年不成，二年，二年不成，三年……总有一天会成功的。当然，成功也没有限制，锦上还可以添花。要是我们能够同心协力，我想，说不定有一天武夷山的建设会变成全国的一个典型，但可不要学大寨的形式。我们这个地区方圆不算太大，就现在来说的话，只有60平方公里，而精华部分又集中在九曲一带和山北的某几个点。溪南的那里很少，比黄山那个规模小一些。我们成功的可能性大，我们遇到的艰难困苦要比人家少得多。预计在不太长远的时间内，能够成为一个标兵。我在这里还希望能够看到所有参与这项工作的有关县里领导也好，地区领导也好，甚至省里各层的领导也好，统统的一条心，同心协力把这个事情办好。从我个人的看法，觉得这里很有希望了，比我上一次来信心提高了十倍。

还有一个问题，是同志们经常提到的，就是我们服务的对象，应该不应该放在本国的同志当中？这当然应该。过分地重视国外旅客，想得那样周到！你想得越周到，安排得愈符合于他们的那种生活方式，反而不符合他们来这个地方的目的。确实是像有些同志听讲的那样，人家到这里来玩，不是享受在家里的那种情景。往往一个外国人，到另外一个国家，他就是要看一些在自己本国看不到的东西，如果拚命的要凑合，那就是反其道而行之。所以，我们国家要想发展旅游事业，非要很好地学习人家的经验不可。

现在，我们国家在建筑业上有一股风，喜欢搞高层旅馆。北京饭店带头了，首都带了头，要是没有高级饭馆好像太落后。这个旅馆是不是唯一的一个赚钱的办法呢？我看很危险，说不定，可能还是一个赔钱的办法。我听说现在国外形势很紧张，说不定一个不小心，国际战争爆发，那就更不得了。在这种形势之下，据说，很多的国家旅游业不是上升，有些地区还在下降。为什么有些人不敢出来旅游，怕到外国之后，一旦世界大战爆发了回不去。因此，我们的旅游工作，就更应该很好地为本国人民服务。

我们这个风景区的建设能够因陋而简的，就应该因陋而简。我并不是说永远的因陋下去。是指我们条件，到什么样子的程度，就应该老老实实地按什么样的标准去办事。甚至有些地区，有些地方正如有的同志所建议的那样，尽量搞一些临时性的，可以休息避雨就行了，要是到那个时候，你觉得不满意，再拆再改也可以。像云窝那个竹子茶室，我觉得很好。这里当然有一个问题。过去的经验说明，竹子不处理要生虫。我建议，假如要是利用竹子的话，屋顶最好不要用竹子。因为，在底下喝茶，上面就有人自动地撒胡椒面。这个不行，要处理，这些具体的小小问题要考虑到。

对于厕所的问题，确实是一个很困难的事。你要人家喝茶，也得让人家放水呀！上下水不畅通也是不行的。北京可以用汽车拖走，我们山区怎么办，因此也得请哪位专家研究研究，解决解决。

关于天游住宿问题，我想，少数人要是想在天游住它三天、两天也不妨。但要简单些，不一定要在山上吃什么山珍海味，也不要绝对地说在这里任何人都不许住，这并不现实。你要是没有一点设施，目前在我国恐怕也是行不通的，少量的住宿还是要搞。如果能在河东搞，那就更好咯！

我认为桥上边的那个镜湖，要是能够请水利专家，或者是这一方面的专家，研究出一个很好的办法，哪怕是先搞一点小小的试一试，慢慢地再扩大也是好的，这样就可以使这个地方的风景进一步地改善。

在这里我正在想，风景区内到底人多好，还是人少好。最理想的是大量的旅客都能安排在崇安住，那当然比较合适。少数游人有必要的时候住在这里是行的。在这里，还有一个管理体制的问题，很不好解决。我们这个地方方圆60平方公里说起来也不算大，但管理权不在手，也是很难办的，这个问题首先要请省里头各方面的领导严肃地考虑。在这个地方，就是少数人住也会遇到很多的困难，最好连我们的家属都不要太多地住在这里，住多了就不好办。因为家属住在这里，有小孩、老人。老头、老太太还好办，小孩就啰嗦了，又得办托儿所、小学、医院，一系列的问题就来了。慢慢的这个地方，就变成一个很热闹的地方，也是一个破坏风景的问题，这个问题必须事先考虑到。

对于设施这个问题，能不能够少数的，由别的单位来开铺子，各行各业都要抓过来自己管理，恐怕也很麻烦。能不能够跟这些有关的部门，商业局也好，哪些部门也好，来一个协议，他们在某一个地方要想设一个门市部或者是开一个饭馆，所选的地方，必须由我们指定。可不能随意让他想怎么搞就怎么搞，那个地方就没法子管理了。

现在能不能够很快地就把风景区的这个住户问题解决？正如刚才也有同志提到，要我们真正发展起来，把这些人口都吸收了，恐怕还不够用。但也不能一下子解决，总是逐步地吸收某一个点的三户、五户，如果我们外面搞苗圃的话，也可以吸收一些人。不一定吸收后也在这一地点，是不是可以远一点。现在让他住在这里头问题很大，他们住在这里要煮饭，就得砍柴。你现在不让他砍树，又没有煤，那怎么办？这个问题很不好解决。总之我看问题不少，我们的同志搞这工作，能够很好地团结起来，能够吃苦耐劳，都愿意干这个工作，都有一个很好的目的性，在我看来还是很有希望。

我诚恳地希望不久的将来，咱们武夷山风景区在各个方面都能够树起一个标兵。

老人的心愿——对武夷山风景区建设的意见*

新开辟一个风景区或者建设一个风景区，无疑地，每个同志都恨不得很快看到效果，这是人之常情。咱们这个国家，在许多事情上，或多或少都有这么一个问题，搞一件事，往往迫不及待地希望看到成果。许多事，见效果，必须经过相当的步骤，要经过一个过程，虽然我们可以设想种种办法倍加努力，有的可以见到效果，有的则欲速则不达，实践往往赶不上我们的思想。总之我们的思想要反映事物发展的过程，考虑客观实践的可能性，这是我们办事的出发点。当我们搞一个风景区规划，一定要根据当地的一些具体情况。理想的东西跟现实总会有一段距离，因为涉及我们这个环境以外的很多事物，反过来会影响我们环境以内的许多规划。我们常说，在研究建筑历史过程中，许多建筑师都有这样的论断，认为任何一个时期的建筑，它不能不受到那个时代，那个时期政治、经济、科学、技术的发展，以及那个时期人们生活习惯的影响。所以，好的设想要同时考虑现实，以及我们具体工作以外的其他条件的影响。

实践证明，搞一个风景区的建设规划工作是非常困难的，只要我们有信心，横下一条心，一年不成，二年，二年不成，三年……总有一天会成功的。成功没有止境，锦上还可以添花，要是我们能够同心协力，我想，说不定有一天武夷山景区建设会变成全国的一个典型。我们这个地区方圆不算太大，就现在来说，只有60平方公里，景区的精华部分又集中在九曲一带和北山的某几个点，比黄山的规模要小得多。我们成功的希望很大，我们遇到的艰难困苦要比别人少，预计不远的将来，能够成为一个标兵。

还有一个问题，就是风景区的服务对象，该不该放在本国的旅游者，还是放在国外旅客。放在本国，这是应该的。过分的重视国外旅客，安排的越符合他们的那种生活方式，反而离他们来这里的目的越远。往往外国人到另外一个国家，就是要看一些在自己本国看不到的东西。

现在，我们国家在建筑业上有股风，喜欢高层旅馆。北京饭店带了头，首都带了头，好像没有高层旅馆就太落后。这种方式是不是唯一的一个赚钱的办法呢？我看，说不

* 此讲话经齐康整理，内容与前两篇基本相近。原载：《杨廷宝谈建筑》

定可能还是个赔钱的办法。旅游业和国际形势有关，它的上上下下都影响着旅客心理，我们旅游事业在为对外服务的同时，更应该很好地为本国人民服务。

关于风景区的建设标准，总的要因地因时制宜，条件困难不妨因陋就简，甚至搞些临时性的措施，能避风雨，能休息也就可以。比如，那种用毛竹修的茶室，我认为很好，但要防虫，具体的问题要想周到些。

厕所问题是景区建筑布置的一个难题。你要人家喝茶，也得让人家放水呀！北京可以用汽车来拖，山区怎么办，这要认真地请专家来研究。

景区内的住宿，我想，少数人要是想在天游住它三天、两天也不妨，但要简便些，不一定要在山顶上吃什么山珍海味，也不要绝对地说在这里任何人都不许住，这并不现实。少量的住宿还是可以，今后开辟河东，最好将住宿设在那儿。

据徐霞客游记所记载，在一曲那儿原有一片镜湖，这要请水利专家和规划者一起研究出个好办法，哪怕是先搞点小的坝，慢慢再扩大，试试也好，这样就可以使这个地方风景进一步地改善。

下面再谈几个问题，和大家共同研究。

一、关于管理体制问题

风景区最紧要的是要有一个大自然的环境。一旦人为因素进入景区，原有自然美、生态平衡就会受到影响。现在，农民上山砍树伐林，烧林建茶园，土地隶属权多头管理，经营景区也是多渠道的，怎么管？怎么保？怎么建？因此，明确管理体制应列为目前的首要工作，这问题不解决，随之而来的麻烦就会与日俱增。建议景区有统一的领导和相应的管理措施，从土地、交通、设施、森林、水面、宗教，等等统一管理起来。

二、保护区域的划定和规划的准绳

整个风景区必须划定一个范围，很快地把规划方案定下来。不然，今天这批人搞一下，明天那批人搞一下。这样，不说别方面的干扰，就本身的发展前途也会前后矛盾。规划要领导部门和地方部门结合，各部门之间要相互结合，各学科的有关专家也要相互结合，在共同协商的过程中又可能出现很多矛盾。我们不能忽视这些矛盾，只要认识上一致，抓住以保护风景区为规划的大前提作为准绳，我们就有可能搞好工作。

三、游客流量的控制与服务质量的关系

旅游的发展是迅速的，而每个风景点都有一定的容量，超过了容量就难办。容量过大不仅影响旅游的质量，而且对环境也是一种破坏。所以，一种是有计划的、有组织的健全管理制度，宣传、经济，教育相结合；同时开辟新景点分散人流，加强交通组织以及合理在景区周围组织住宿都是行之有效的办法。瑞士管旅游经验最丰富，管理制度比较周全，你登记了，到那里就有住，服务质量也很好，所以管理和组织是分不开的。一般地说，管理机构的家属宿舍不宜太多地安排在这里，住多了就不好办。因为家属住在这里，有小孩、老人，还得办托儿所、小学、医院，一系列的问题就来了。慢慢这个地方，就变成一个很热闹的地方，这也是一种对景区的破坏。这问题我们应当想到。同样，在景区设旅馆也有类似的后果。

四、建筑的特点问题

风景区的建筑要考虑与地区的环境相协，从风格到特点都要表现这些。虽然各人对风格、特点看法不一，“味口”不一，但就我们知识分子来说总喜欢幽静、雅观，建筑手法简单一些，或是要有地方风格。老实说来，在我的脑海里，即使这样，我还认为不够。我恨不得想在景区就用树枝子盖房子，使之更融合于自然。要是我在这种自然环境里设计风景建筑，我是不喜欢走康庄大道，但也不愿踏在动摇的石头上……我们的设计不要搞得太过份，还是要符合山清水秀这个要求。

五、旅游交通路线服务点的设置问题

旅游交通不要太集中，集中了环境容量会超负荷，但不能太分散，分散了管理也会带来困难，只能是相对地集中。线路上可以局部环通，多开一些进出口，让人流分散些。原有的建筑设施要充分利用，不符合环境的逐步加以改造。在风景区修路也要十分注意环境，充分利用地形，注意景点、景线的选择，将路修得宽宽的，我不欣赏。你们想到水帘洞，鹰嘴岩一段，修宽马路，开山炸石，将原有的景观和路线都破坏了，这是十分遗憾的事。至于有必要修公路，那是无可奈何的事。即使修路，线形显得十分重要。切不可随便请几位道路工程师来开山筑路，而是要考虑景观，考虑景区筑路的艺术性。有些人说，逛山真麻烦，太费力气，可是往往他嘴里讲麻烦，他还是要去，原因是风景名胜吸引着他。不同年龄，不同兴趣，他们对风景游览的要求是不一致的。我们规划要适应多方面的要求。至于搞缆车，我现在不想涉及这个问题，可能两方面都有群众，让大家深入讨论。

最后，我想谈一下规划问题。风景区的建设、组织与保护都要有规划。远景的，使规划有个方向，有一个目标，也要有个近期规划。因为短时期不可能把未来的事情都估计进去。规划做得太远，我看不现实。近期讨论的问题过多，也不现实。规划要依据形势的发展，全面考虑国家的经济情况，尽可能的少花钱而把工作很好地开展起来，规划一定要和景区中的有关矛盾结合起来。比如林与茶的矛盾怎么解决好，我想还是做个媒人，让“林”跟“茶”结婚，就是林也要，茶也要，适当规划。某些地方要茶给林吃一点，如大红袍附近，有种好品种的地方，就多种点茶，这就是林茶都要。但要划定范围，要保证林木的恢复，要发展林业，因为这个景区的树木砍得太令人伤心了。茶要保留一部分，林要培植，不然泉水也没了，景区也将随之败坏、游人也就会减少。

规划中的紫阳书院，如果一旦疗养院迁走，可暂时不拆，稍加改造，加以利用，也能节约当前的开支。

我们武夷山是祖国优美风景区之一，也是道教名山之一。道教也包含着中国古代的文化遗产。在这儿修建筑，我想，要符合这个地区的传统，陌生的东西是不合适的。虽然在建筑风格上对继承和发扬会辩论不休，我还是倾向用普通的手法，跟这个地区格式比较协调的东西，而不是模仿。这样可以有许多手法。

来到这里已两次了，听了大家的意见，自己多少有点感想。看到了风景区的现实，想到了未来，这里的建设有可能快、顺利。希望能作为全国风景区的典型，让老大哥，让大家都来学习。

我诚恳地希望不久的将来，咱们武夷山风景区在各个方面都能够树起一个标兵。

这是我的心愿！

古建筑环境的保护*

我国是一个历史悠久的国家，有着光辉灿烂的古代建筑文化和历史遗迹。同时，我国又是一个社会主义国家，有着许多革命历史建筑和文物。它们为数甚多，遍布在祖国各地。

古建筑的保护是一门科学，它涉及发现、考证、文献整理、维修保护等多方面的知识。它与城市规划设计工作也是息息相关的。

古代的建筑与文物（包括革命历史性的建筑），都是布置在一个特定的环境之中，这种特定环境是历史逐步发展形成的。我们保护古建筑以及其所影响的环境是对历史的尊重，使参观者产生一种身历其境，形象地感受当年的历史生活的心情。应当说，有一定的建筑环境保护，比单幢建筑保护给人们的印象要更深刻，更富有历史气氛，更能表现民族的建筑文化。因此，对重要的古代文物建筑划定保护区，不论从维护古建筑的功能抑或从人们视觉景观着眼都是十分必要的。

新陈代谢是自然规律，城市和环境的不断变更（急速的或缓慢的），也是不可免的。要在古建筑周围一点不改变景观也不是现实的态度。我们规划设计工作是要使古建筑与环境臻于完美，以求达到应有的功能合理，景象协调的境地。

怎样来思考、研究和解决建筑景观和古建筑保护的关系呢?

我举了一些实例的缺点时，杨老感叹地说："我们国家每天都在建设，却不时也得知一些古建筑有形无形地遭到破坏。祖先留下那么多的遗产，破坏得已经够多的了，难道在我们一代人手里再这样下去！"

我说："往事难追，来者犹可纠。古建筑的保护要有法制，新建的建筑要从建筑距离上、建筑风格上有相应的控制，以不影响建筑环境和景观。"

杨老接着我的话说："确立保护区，划出必要的保护范围这是很必要的，但不能简单地用控制距离来解决。

---

* 口述时间不详，齐康记述。原载：《杨廷宝谈建筑》

首先，要重视建筑规划设计。以意大利威尼斯的圣马可广场为例。它的尺度不能算小，建成前后相距几百年，总的建筑气氛是十分优美的。可见对古建筑的保护未尝不可在其周围建造新的建筑。这个典型例子说明，它虽经几个时代建筑师的规划和设计，却还是那么完整。

其次，对大体量或者有一定高度的古建筑（有相当历史价值的），其周围新建的建筑以不损害其景象为宜。如必须在其周围修建，那么是否采取一种阶梯式的依次渐高的方式来解决。"

我说："吴良镛先生对北京市规划提出了在北京旧城区采取'高度分区'以控制建筑高度，保持'水平城市'的面貌，而在旧城外建高层建筑，这与你提出的看法相似吗？"

杨老说："是的，目前，北京古城墙已拆除，至于故宫、紫禁城周围，包括筒子河两岸，我建议逐步拆除旧屋，形成绿带环，严禁建楼，并以天安门为中心严格控制在一定范围内不再建高层建筑。在国外如巴黎、伦敦、莫斯科、华盛顿等城市大体上都能控制中心地段或古宫殿周围的层高，难道我们不能为保护故宫而控制周围的建筑层高吗？"

我接着说："即使修建单体建筑，有时为了考虑与古建筑在造型、尺度上取得协调也有采用台阶性处理手法的。位于伦敦桥桥头的'塔旅馆'就是个好例子。"

杨老说："这只是一种处理手法，还有其他的办法。例如纽约市区的圣·帕垂克教堂，周围保留了小块绿地，四周全是高层建筑，两种形式迥然不同，那高层建筑变成了古建筑的背景。国外不少市区内（密集的修建地段）都有这种实例。南京鼓楼附近的大钟亭是清末的建筑，难道就在这中心地段不能建高层建筑了吗？还是那句老话，只要处理得当，这也'可以'，那也'可以'，但这种'可以'是有一定限度的制约。可见建筑艺术处理水平，是多么重要！"

我又问："那么北京北海五龙亭后面的那座大楼又作何分析呢？"

他说："北海的五龙亭、小西天原有的群体是相当得体的。50年代建的大楼是庞然大物，它把水面、建筑尺度压小了，已没有当年景象的感受。我看，这可能与设计的造型处理有关。如处理得当，有可能好些。

至于那种古塔建筑，它往往起着主宰一个地段的群体空间的作用，邻近的低建筑群只起从属的作用。你想西安大雁塔的体量是方形的，下部的庙屋造型同它不一致，但并不感到不协调。"

我想了想说:“这和人们心理上的感受有关,因为人们把它们统统称之谓‘古建筑’,认为都是‘古代的’,从时间上相对地划到那个时代去了。”

他若有所思地说:“这和时代的建筑造型有着密切的关系。不论如何,与古建筑的关系在体形上、尺度上、色彩上以及风格上的协调甚为重要。我们分析建筑景象与古建筑的关系不能说死,一切都是相对而论。此外,古建筑所处的地位和城市的关系也是不可忽略的。”

我想了一会,提出了自己的看法:“在建筑上,特别是文艺复兴以来有不少成功的建筑群体,以及广场和雕像,从其相互关系上分析,是有个最佳的垂直和水平的视觉关系。可否以主要观赏点作为控制背景建筑的处理手段呢?魏纳·海其曼和阿尔培·匹兹(Werner Hegemann and Elbert Peets)合著的《城市艺术》一书中就提出垂直视角在18°、27°、45°时的观赏效果。它对我们研究景观不无借鉴之处。他们提出:18°垂直视角是观看群体全貌的基本视角;27°可以较完整地观赏建筑整体;45°是观看建筑单体的极限角,而着重观看细部。水平视觉一般认为60°是合适的。这个概略数对古典建筑的观赏还具有一定的参考意义。

在保护古建筑的景象中,为了不使新建的建筑有损古建筑形象的完整,不使新建筑超越古建筑的形象,是否可以考虑做到下列两点:

其一,在主要观赏点上看主体建筑,不论18°、27°都尽可能看不到新建的背景建筑,这是起码的要求。

其二,为了使建筑群体有一个完整的印象,从群体的配殿、回廊大体上看不到新建筑的完整轮廓线。运用观赏线和主要观赏点(入口、山门、大门),又借助于图解分析,可以得出一个最低限度的古建筑保护范围,严格控制修建超越古建筑的建筑形象。

至于那些高大的古建筑或高塔,如若布置在街道上是否可以这样考虑,即沿街的新建筑应低于其高度的1/3,并在观赏距离内(即18°)不至于改变原有古建筑的面貌。这种参考还应把道路的宽度估计在内。当然还应根据古建筑的具体形象来决定。

这种探讨你认为可以吗?”

杨老回答说:“这要在城市总图和详细规划中加以认定,这不过是一种参考。对设计者来说,规划建筑设计的艺术处理水平是必须具备的。你想北京西华门上盖了个‘书库’,其建筑造型像个布景,这不是个好例子。承德须弥福寿之庙的大台子‘墩’上了建筑。台子的体量也算大的了,可并不压抑。威尼斯圣马可广场的钟塔布置在那儿也就那么舒坦。至于比例尺度就更难讲的了。龙门石窟大佛像边上雕上许多小佛像,可也没人说不好。开封原有个繁塔，明朝时传说这儿有‘皇气’，就将它拆除，台上建了座小塔尖，随着历史的演变，也没有那么多人去议论它。可见艺术的处理是无定法的。

我们做设计，特别是艺术处理要在‘推敲’二字上下功夫。当然有的人胸有成竹，一挥而就的作品也是常有之事，但这一挥笔，可要付出多少艰辛的磨炼啊！”

归结以上的对话，对于建筑景观与古建筑保护的关系，可否得出以下一些认识。

在城市中保护古建筑的景观必须从城市总图、详细规划着眼，从建筑单体上具体落实，有机地将古建筑组织到建筑群中。这不只是景观而已，而且包括层数分区、交通组织、城市生活、绿化等因素。

古建筑重要性的程度是确定景象保护的历史价值的依据，我们必须区别对待，分清哪些属于严格保护，哪些属于一般保护，才能经济地、合理地组织到城市用地中去。一律不准修建或者乱拆、乱建、乱摆都不是辩证的态度。应当做到保护与利用相结合。

古建筑艺术造型是评定艺术价值的标志，是城市艺术的重要内容。这要求城市规划工作者和建筑设计人员共同研究建筑设计的规划方案。我国的古建筑群大都是院落式的和一些高塔建筑，必须依其建筑特征、造型、体量、色彩以及历史形成的道路网络，研究合理的建筑景观。院落内的观赏要和外部的建筑造型通盘研究，也要研究高点上的自上而下的观赏效果。新建的建筑风格完全从属于古建筑的造型是困难的，但至少应当做到体量上、色彩上的相互协调。为此，建筑艺术手法中的对比、协调、尺度、陪衬等，群体艺术手法中的主与次、观赏的动与静、规则的与不规则的、开敞的与封闭的，以及空间程序等都应当恰如其分地得到运用，这种应用不只是“三度空间”，而且是“四度空间”。

古建筑在城市中的位置、它所处的地形以及它们的特种意义（如轴线）在规划设计中需加考虑。高塔与大体量的建筑还要注意它在城市轮廓线中的作用。

城市绿化在保护古建筑的景观中有着重要的作用（包括空地），它起着分隔、遮挡、衬托，以及借景的作用。

我们不仅要重视新建建筑景观与古建筑的关系，同时还要研究怎样改善已被破坏、损害了的建筑景观，并提出切实可行的措施，例如搬迁、拆除、改善等手段。

轴线*

在城市、建筑群、单体建筑中，轴线的处理手法往往反映一种力量、一种概念、一种方法和一种观念。

美国华盛顿的林肯纪念堂、华盛顿纪念碑、国会大厦的建筑轴线；巴黎城中的凯旋门、协和广场中的埃及方尖碑、土伊勒花园、小凯旋门到卢浮宫，贯穿了一条建筑轴线；北京的建筑轴线贯穿了正阳门、人民英雄纪念碑、天安门、故宫、景山、钟楼、鼓楼，这种空间构图难道不反映一种内聚的“力量”吗？

轴线也是一种概念和方法。从室内一具器皿，对称的大厅，或是封闭、开敞的广场，一条大街，建筑群组都有可能构成轴线。它是视觉上的两点，或若干点联成线而引起的概念。华盛顿的那条轴线，巴黎凡尔赛建筑群的轴线，这两处我都到过，它们形成的历史条件不一，但作为空间构图来评价，我认为华盛顿这条轴线有气势，而凡尔赛宫厚重，不过显得有点“单一”。这都是存在的实物给我们的概念。

研究轴线的处理手法是有一定意义的。通常表现为“直”的轴线，也有因地形，因现有建筑的关系不断改建而曲折引申，表现为弯曲的轴线。前些日子，我参观了九华山祇园寺，一进大门走到第二个院子就开始转折，不知不觉弯曲了过去。苏州虎丘塔前的那条引道也是这样。在一些建筑设计中轴线也有形成了“折线”。如若我们认真去推敲。轴线还可以是“多向”的、“倾斜”的、“垂直”的……总之它有着功能、精神的目的而定向。

一般地说，轴线一定是两边有相应的建筑物和陪衬体才行。要将轴线处理得好，就要同时注意建筑物与周围实体的比例和尺度。罗马圣彼得广场中的圣彼得大教堂，尺度是很大的，其本身缺乏尺度感，教堂的柱子等于把维尼奥拉柱式放大，广场内虽有些方尖碑、喷泉、柱廊，但并不能衬托出它的尺度，只能称之谓“巨大”，并无“宏伟”的感受。说明设计建成一组建筑群，在轴线两侧若无合理的尺度和完美的陪衬物，

---

* 口述时间不详，齐康记述。原载：《杨廷宝谈建筑》

那也是不行的。

从轴线的方向来说，它是将若干组建筑物，建筑空间串起来，印象上起着串联的作用，古代的建筑师、匠人是有意、无意地运用这个道理。被串联的可以是“虚”的——感觉的；也可以是“实”的——有形的。在绘画中也有类似的情况。你不信，看一下墙上那张国画，无形中有根“轴”，它起着组织画面的构图，统一了画面。画面的构图中心，英文称趣味中心 (Interest Center)。

这儿我要着重地讲一点：在大自然，在城市中，如若运用了轴线的处理手法，它往往起着主宰、主导、统一、控制的作用。这种作用与轴线的对景有着十分紧密的关系。主体纪念性的对景，可以起着控制、统一附近的建筑环境，而从属的建筑又烘托对景的主题。建筑、空间、环境的相互关系是可以达到不同的空间感受和一定的气氛。因此，我们在规划设计前运用轴线的处理原则，一定要很好地掌握设计轴线所要求的用途，人的活动和视觉上的要求。使之融而为一，达到引向终端的景象。

建筑群的轴线与绘画不同，它是三度的。随着观察者的位移时间，人们来到轴线所组成的空间，观察者的感受是不同的。这种感受不可免地有时间的因素。这个因素给人们带来了“回忆”，丰富了“联想”，使之达到一定的意境，达到设计者构思的要求。轴线的艺术构图实际上是精神上的，这就是“mental axis”。

在园林规划设计中，在自然的环境中，建筑轴线常常起着另一种空间序列。有时突出建筑主体，起着控制周围“景象”的作用。北京颐和园佛香阁，它那根轴线不仅影响了周围群体的布置，而且对整个园林起着主宰的作用。巴黎凡尔赛的轴线，它不仅是建筑，而且三根放射的强有力的林荫道也控制了整个园林，它将水面、雕刻、树丛均统帅起来了。在中国的苏州古典园林中，咫尺山林，仿效自然，它的厅、堂也常常是园林中的主轴。其他亭、台、楼、阁虽各有自己的建筑轴，并不因此损害园林景色，而且丰富了奇异的自然风光。这种景象常常是我们所难以想象的。

轴线，它是自然中生命和力的表现，也是物质生产中“力”的表现。人体、动物对称而有中心线，植物树叶对生，互生树枝也形似轴。建筑物柱之受力也有轴，机械运转也有轴，甚至社会的构成也有轴。这是力的表现，从人类最初的形象表达中就产生了，以致在建筑中发展为建筑空间的轴线关系。我们如若认真研究自古以来的建筑、建筑群的发展，轴线的发展运用是带有观念性的特征。

观念是带有上层建筑、意识形态的特性。它随时代、人文、科技的发展而带有时代的色彩。我国古代的庙宇、坟山、陵墓，虽然选址时带有浓厚的封建迷信色彩，但有时也包含着合理的因素。在坟山中，往往中间一段地势垅起，说："人死不受水"，实际上有利于地面排水。以南京明孝陵为例，它东边有青龙，西边是白虎，前面有案山，"金"字形的案山。就像人的双手伸出两个拳头，很"聚"气。从下马碑到寝殿，结合地形，延绵伸展的轴线，那是十分壮观的。中山陵虽然工程浩大，但一览无余，"不聚气"。"气"就是"势"。没有势，就显示不出纪念性建筑那种宏伟、壮丽的特色。

谈谈建筑业的发展问题*

我十分感到兴奋，感到高兴。今天能有机会和我故乡省份的建筑界的同行，坐在一块随便交谈。首先，祝贺这一次理事扩大会能开得很顺利，很成功。大家一定要我讲一讲，我只好略微谈一点个人对于咱们建筑学术方面和工作方面所了解的情况，以及自己的一些希望。既然咱们是同行，更可以更随便些、更亲切些。

我想咱们是不是再回顾一下，建筑工作过去的发展是怎么一个情况。本来“建筑”工作，在以往是不像现在分许多部门的。我们现在有勘测，有设计，有施工等等部门。有了施工图样，然后才能交付施工。在设计过程中，又分建筑设计、结构计算、水暖电卫以及空气调节等等。施工中分得也很细，有施工准备、材料采购、施工组织计划、现场施工等等。这就是说，在今天我们建筑业分成了许多工种。我们晓得在古代，假如想盖一幢房子，请一个木匠师傅头头，就可料理全部工程。他自己可以把各种尺寸定下来，画一个草图，就可以把工程自始至终地完成。随着时代的进展，科学技术的发展，社会的组织和一切活动都复杂了。一个木匠师傅，或者说一个工种，解决不了各方面的问题。因此，在近代世界各国基本上分工都细了，这样一来建筑领域内的学科也分得细了，各个工种都各有一套科学技术理论。

在西欧的中古时期，一个建筑工作者，从规划、设计到安排组织施工，也是由一个人自始至终统一解决的。而且一个搞建筑的，还可以搞绘画，有的还可以搞雕刻。也就是说，一个建筑家又是美术家还是雕刻家。从这里可以看出一个人多能与工种分得很细与时代很有关系。现代不可能一个人把建筑方面的工作都解决了。各个社会发展的阶段——从上古的奴隶社会到封建社会，资本主义社会和我们现在的社会主义社会，以至将来的共产主义社会，对科学技术的实际工作，都有一些特殊的要求。对我们建筑行业来说，要求也越来越高，分门别类的技术也繁杂得多了。不可能有哪一位能够把本行业所有的事项，统统拿过来解决。那么怎么办呢？在今天只有走协作的道路。

---

* 1981 年 3 月在河南省建筑学会第三届第二次理事扩大会上的报告，原载《中州建筑》1981 第 1 期

不论是搞建筑规划设计的也好，搞结构计算的也好，搞暖通电卫的也好，搞施工的也好，搞建筑材料的也好，大家都应该很好地搞好协作，才能把事情办好，这方面成功的例子也不少。比如在我们建国初期在北京搞的十大建筑，就是这方面协作得很成功的例子。我们在不到一年的时间，能把比故宫还要大的那么大的一个工程（17 万平方米）如期完成，还有富余的时间，把各个房间都布置好，不是各方面通力协作是办不到的。当时十大工程能那么快地如期完成，国外都感到惊奇。我认为，这是在党的领导下，我们建筑行业，各个部门，各工种，实行大协作的结果。

我们可以回顾一下，在搞十大建筑那个时候，我们没有什么现代化的施工机械。一个捷克建筑师，听到我们靠手工业方式，在很短时间内完成了十大建筑。感到很惊奇。他就亲自来我们中国，进行了一番调查，认为实在是了不起。我们分析一下，我们靠的是什么呢？就是靠我们能够组织起来的力量，搞大协作。这个大协作，在某种意义上讲，比国外所谓“科学管理”，效果还要好。

我有一次出国，去参加国际建筑师协会召开的会议。路过捷克和那个建筑师谈话时，他告诉我，他那一次到中国来，看到像十大建筑那么大规模的工程，能在那么短的时间内完成，对他有很大启发。他说，像我们这个国家，施工机械是很多的，但是我们的每一个工程，进行得不都是那么快。在你们中国，施工机械不多，而你们能在短时期内，完成那样大规模的工程，这实在是令人感到惊奇。我就问他，具体的来说使你感触很深的哪些？他说，你们中国能够在缺乏近代施工机械情况下，能够很好的利用传统的方式。例加扒杆，就是一个杉杆，帮助起重。我们捷克人笨得很，离开起重机，就办不成事。假如说，起重机出了故障，那就老老实实的等下来。等机械修复之后，才能继续施工。而你们呢！可以用一些传统的方法，虽然说是古老的，但是可以解决问题。他这一讲，当时对我也很有启发。我当时就想，虽然很多古老的传统的方法，现在是不能用了。但是，毕竟还有一些，我们祖先创造的简便的方法，某些条件下，还是可以利用的。我这样讲，也许我的年岁大了，思想上保守，假如同志们认为我讲得不妥，可以不客气地提出批评。

我想，结合当前我国经济水平和施工队伍的装备条件，一些传统的作法，在我们建筑业里是不应该轻视的。我们建筑工程界的先辈，创造的东西，有一些我觉得还是可以利用的。我并没有想用强调这个来打击大家进取心的意思，一点这个想法也没有，相反我还是鼓励大家向建筑工业化迈进。而是说我们不要太轻易地抛弃了很多我们几千年文化遗留下来的一些优秀的宝贵的东西。例如，过去木匠师傅有一些秘诀，还是值得我们动脑筋把它研究一下的。我国古老庙宇建筑的大屋顶，都是木结构。如何计算木件，就有一个简便的方法计算料。如“柱高一丈，出檐三尺”“方五斜七”，这样脑子一算，初步的用料概算就出来了，很简单。也可以说像一个不同形式的“计算机”。也许我举这个例子不恰当，意思是说有些传统的方法，是可以结合我们现在的情况，很好地加以研究，而把它提高，继续向前推进，因为“学术”这个东西是无止境的。

还有，现在很多人提出要抛弃“秦砖汉瓦”。报纸上也这样提，我看是否慎重一点，不这样提。因为建筑材料不论怎样发展，总还有一些传统材料要长期沿用下去，以解决日常的局部的一些问题，还是要同时存在的。又譬如说，我们过去讲要在工地上摔掉肩挑人抬、架子车，我看不但你今天摔不掉，恐怕明天也还会有一部分存在。还有大屋顶那个斗栱，构造结合是很有研究的，是中国木建筑系统发展到相当高的水平的产物，是大屋顶建筑的基本模数。用几个斗栱，所有木件，都用这几个斗口尺度去推算，总的用料也很容易计算出来。中国的木建筑是装配式的，可以拆下来重新装配。在历史上就有这个例。据说，修“天坛”时，有一个“望灯杆”木料很长，运到珠市口那个十字街口过不去，就是把房子拆掉，把“望灯杆”运过去后，又重新装配起来。那时候，木匠师傅讲究“木件”装配一开始，不能再加锯、加斧，做得很准确，准确了就光彩。他们是用什么办法来解决同一尺度呢？就是共同搞一个标准尺，叫“将尺”，下料时都以此为准，谁都很精心。所以我们也不要太小看古老的东西，古老的东西在有些方面有它的优点。我们国家有几千年的文化，这几千年在建筑行道里，有许多好的创造发明的。我讲这一些，主要是想给大家一个印象，对祖国的文化背景，要有所了解。古代是有许多优美的东西，不是都该抛弃掉，有许多是应该研究提高的。认识到这一些，也可以激发我们的爱国心，振奋我们的精神状态。在推进四化建设的过程中，能运用我国的优秀文化传统，取得一些成绩那就是最好的事。

建筑设计、结构计算、施工组织和机械设备各方面，是不是要进一步科学化？我们不搞现代化，就不好生存下去。现代科学技术的发展，确实发明创造了不少东西，有些原始的创造发明都是我们中国的，如指南针、造纸、丝织品、火药等等。这些东西，在今天还应该在现在达到的水平基础上，进行研究提高。为什么有些国家老是不断地有新产品出现。科学技术日新月异的在发展，很重要一条就是他不管对哪一个环节都要进行分析研究工作。尤其是工厂里每一个生产步骤和在施工部门的每一个施工过程，都有一个不大的研究班子，来进行分析研究。这样能促使每一个步骤，都不断地向前推进，向前发展。我们现在这方面很不够，有些地区，有些单位，也可能开始重视了。但以我看在我们建筑行业，有很多部门是很不重视这一点的。例如，搅拌混凝土，配合比是很关重要的。对水泥、沙子、石子、水质等的质量控制应该说都要严格按标准进行。可是现在我接触的许多单位，许多工地，就不大注意这个问题。是在那里搞“艺术化”，不是搞“科学化”。和我们中国的厨师炒菜一样，凭自己的经验看“火候”。凭自己脑子里固有的老经验，用那个“勺子”，就那样去添加油、盐、酱、醋，都是随便这样一、二下加进去，炒出来的菜有的也是很好吃的，而不大去很仔细地研究准确的份量，习惯于“艺术化”。什么是“艺术化”呢？意思就是说凭固有的经验，靠自己的“感觉”。有一年我去加拿大时，参观他们的一个炼铁厂，他们的每一批铁汁炼出来时，都取一个样进行化验。加拿大的一位老工程师对我讲：“我在中国看了许多生产厂，你们不大研究每一个步骤的生产情况和加工情况。我们就是笨，我们是老老实实地把每一个步骤的产品进行检查，把每一批的铁汁采一个样，送化验室进行化验。你们中国靠艺术化，靠眼看一看。估量估量就解决问题了”。他说：“这样子就会发生往往有不够标准的”。他说的这一段话，使我很有感触。他实际上是在提醒我们，各项工作都要细致，都要按科学办事，要搞“科学化”。不然的话，我们是很难进步的。

在日本，盖一幢房子，建筑材料是分析得很细的。政府就明文规定了盖什么样的房子，建筑材料要达到什么样的标准。建高层建筑，用的材料、强度要达到什么强度，不燃要达到什么不燃指标、轻质轻到什么程度，他们都分析得很科学，不符合标准的就不准使用。所以他们的建筑材料质量规格都是很标准很准确的。我常讲，在我们国家，建筑界很关键的是建筑材料的生产，不管工厂生产的、手工业方式生产的，都应该严格按照国家标准来检验。不能不管质量达到标准没有，都用在工程上，这对工程不利。烧砖就得每窑取样检验，按规定标准分出等级。这样据以分析研究，找出提高质量的办法，有利于建筑材料生产的现代化。否则马马虎虎，认为反正建筑材料缺乏，你不要有人等着要，这种思想带来的最大毛病，就是使我们的工作很难改进。

我再来谈一下关于设计方面的一些问题。现在是一个任务来了，马上就要要，恨不得今天告诉你设计院，明天就得交出图纸来，这样子就没法提高设计质量，因为连动脑筋时间也没有。尤其是有的地方和单位，现在过分地强调生产出来的数量，而忽视质量，这样实在是不科学。这样往往迫使有的设计单位，把在调查访问时搞来的几张图纸，改改尺寸就出图了，这样子质量无法提高。有些设计人员对我讲，确实任务很忙，成天加班加点赶任务，连看书，看资料的工夫都没有。一般是年初计划定不下来，计划定下来了，就时间不多啦，要不去赶任务，到年底投资又要上交，盖房子的钱就没有了。这样做很不利，不能提高工程质量。

执笔搞设计的人员，有时也很苦恼，因为他平时没有时间去钻研考虑一些有关设计的问题。任务一来都是匆匆忙忙搞任务，平常也不能看点书。我发现许多设计院，没有更多的参考书和资料，供大家研究。更不能坐下来与施工单位的同志共同搞好总结。忙的时候是赶任务顾不过来，不忙的时候也没有注意这些问题。就是说很少搞工程设计的总结，这就不容易提高设计质量。在施工方面，有时也能开一些现场会。但是这些现场会，说一句不好听的话，也仅仅是表面上的，不能深入细致地把一步一步工作很好地解决。因为什么呢？因为原始记录不很科学。譬如对工程进度的每一阶段，每一步骤的情况，没有时间，没有要求，不能把每一步骤总结得很详细，也就不能够很好的改进工作。

设计理论和设计思想，在今天来说也是不容易解决的问题。因为在设计单位工作的技术人员，为赶任务时间压得很紧。就没有工夫去讨论关于设计理论方面的问题。有些同志虽然有些见解，也不能彼此交流。

至于设计思想与别的思想问题一样，也是很难讲的，有的人总是这样想。执笔搞个工程设计，光想一鸣惊人，老是想给自己树立纪念碑，这种思想是很糟糕的。这种思想不适合于我们社会主义社会，社会主义社会应该实行大协作，这就是我们的大前提。我们个人，只能是集体中的一员。我们个人能在这个大协作中，充分发挥作用，把工作做好，那才是无限的光荣。一个人过分强调自己，那就和资本主义社会没有什么区别。以往由于对设计人员进行了一些不恰当的片面的批评，使一些设计的执笔者，不肯多动脑筋，去改进提高设计质量，这种情况对我国的四化建设是不利的。在解放初期北京市的规划部门规定，你不做大屋顶方案，就不发给你施工执照。逼你非做大屋顶不可，一定要叫国家多花点钱，那真是一点办法也没有。后来批判了大屋顶，又说大屋顶如何如何不好，浪费国家投资，现在都搞起平屋顶了。平屋顶呢？经过这许多年的经验，发现材料质量不好，漏雨现象很多，修起来也很麻烦。当然这里还有个维修问题。我们要重视房屋的维修工作，有些问题早维修就变得很简单，等到大漏再去修就费事多了。经常维修可以延长房屋的使用期限。

我个人有这么一种想法。有些地区，有些房子，是不是都要做成平屋顶。因为建平屋顶不一定都合适，都是好。平屋顶夏天、冬天用起来都不如坡屋顶。平屋顶很好的话，为什么在许多地区，古代传下来的平屋顶就很少。

有些同志在杂志上发表了一些很好的意见。我们国家的建筑方针是“适用、经济，在可能条件下注意美观”。我们盖房子就是为了使用，不适用那首先是不妥当的。经济要包括结构和施工经济。适用也有个经济问题，如平面布置，要是太迂回的话，各个使用的房间布置得不合适，使用起来不方便，也可以说是不经济。结构是不是用的材料少了，就是经济。那也不一定。譬如砖瓦吧！少用了是经济了？如少用的不当，就会缩短房子的寿命，这样就不能算经济。现在木材奇缺，已经影响了建筑形式。木材的供应缺乏已成为世界性的问题了。我们在设计、施工上都要十分注意节约木材。有些设计人员，为了想一鸣惊人，出奇制胜，看见杂志上有什么薄壳啦，不顾施工条件，也不全盘考虑是否真正经济适用，就想抄袭。我觉得这种思想在我们国家就应该批判。因为在我国没有成型的薄壳钢模，有些薄壳形式要耗用大量的木材做模板，这种模板一拆下来都报废了，重复使用很不容易。

再一个问题，现代的建筑设计工作，单靠建筑师原有的知识是不够的，还要懂得（至少要做到了解）关于现代工业技术提供给“建筑”的新产品，如各种管道、空调设备、升降机、控制设施等等。还要对新型建筑材料做到及时的了解。不然的话，你就不能进行综合的考虑。盖一个房子，不能把新型的材料和设备加以利用，就不能给人们提供更进一步的方便。人们的生活习惯与我们的建筑设计有很大的关系，例如医院、公寓、高层住宅所设置的垃圾道，大部分都堵塞不用。因为我们虽花费了很大力气去研究垃圾道的改进，但由于使用起来，成了更不卫生的处所，导致了蚊蝇丛生，有的就只好把它堵塞不用。所以我觉得“建筑”上有许多问题，是值得我们在建筑业工作的同志花费一些工夫，进行调查研究的。

有些纵使国外通行的，我们也不定去采纳。要结合我们的实际条件和经济基础，有用的就采纳。我们国家大了，各个地区都不一样，自然条件也不同，所以搞设计一定要因地制宜。像广东的气候条件，冬天也不结冰，花草是四季长青。在北方春节那个时候，还是万木皆枯，而在广东则是百花盛开的季节，所以我们在建筑上采用许多水池绿化。我们北方个别同志去参观取经，回来也不考虑当地的气候条件，也到处搬喷泉水池和人家采取的绿化手法。这样一来，到冬天一结冰，黄土一刮，显得很不好看，达不到预期的效果。我说这个话的意思是要大家在搞一项设计时，都要多动脑筋，多研究建筑物所在地区的不同条件和特点，一定要因地制宜，不要不顾条件地生搬硬套。建筑设计是一个灵活运用的东西，不能够那样死板。建筑设计就怕片面的考虑问题，这样就会带来很多不好影响，使用起来不方便。譬如有的城市为了街景美观，一定要南北街盖东西向的房子，住起来很不合适。在莫斯科还可以，在我国就不行。是不是不盖东西向房子，就不能照顾市容了，那也不一定，看你建筑师怎样处理了。我有一次到东德的一个城市去，他们就是在南北街上修南北向的房子，在临街配以二层的铺面等建筑，也很好看。还有个高层问题这也要因地制宜去考虑，也不能全篇一律，做出硬性规定。

像四川山区一带，搞因地制宜的建筑，许多传统处理手法是值得探讨学习选用的。如在建筑上有些吊楼，因地制宜修建的一些庙宇，自然形成的一些城镇，确实在建筑艺术方面，达到了很好的效果。我最近有这么个看法，也不一定对。就是对“推土机”印象不很好。许多自然环境很好的场地，经它这一推都破坏了。“可能条件下，注意美观”就不容易办到。在郑州还看不到这个问题，在长江一带的一些城市有许多沟港。像苏州就有许多沟港，相传是东方的威尼斯。无锡也有许多沟港，多少年都是自然排水，水运也很方便，自然环境也很优美。现在为了开阔马路，有些沟渠被堵塞切断，结果变成了污水沟，破坏了自然环境，也很不卫生。工业发展了，空气也被污染了，我们在建设中应该适当注意这个问题，当然新建的城市会好一些。这就是说我们在搞规划的过程，要做好调查研究，特别注意尽可能的保护自然环境。像郑州的金水河现在这个样子，是需要设法澄清一下。

我们国家经过十年浩劫，在各方面的技术人员，都是比较缺乏的。年岁大的有的走不动了，年轻的业务技术还上不来。人手也不够，有些设计院的老同志退休了，有些中年同志正在可以发挥作用的时候，因为年纪大的人少了，就把有的提成总工程师了，有的被提成为行政领导干部了。结果使一些有经验的技术人员，变为行政人员了，不能集中精力搞具体技术工作，在那里一天到晚签签字开开会，不太接触实际技术工作。这样慢慢地他们的技术业务也会生疏起来，实在对培养年轻人不利。这个现象现在很普遍，这也是值得注意的问题。要做好技术培训，使技术人员能跟得上。现在我们是十亿人口大国，就那么八、九个建筑工程学院，培养出来的建筑设计人员是远远不够的。至于中技学校培养的技术力量，也满足不了施工的需要。虽然有些建筑单位，也在自己搞培训，但是又发现师资不够。在培养技术力量方面，是有许多实际问题需要很好解决的。现在很多学校图书普遍缺少，许多同志也很难有机会去国外进行考察，这对我们技术人员提高业务技术都有一定影响。

我们作为建筑工作者的同志们，要考虑如何从学会这个角度出发，怎样发挥各个专业学术委员会的作用，起到做好行政部门的顾问参谋，这是一个很重要的工作。最近北京学会开展了一些工作，做了几件事，已经或多或少的对我们的社会主义建设起了一定的作用。我希望我们各省、市的学会，也要这样做。我相信只要我们学会各个专业委员会共同协力，团结一致，在党和政府的领导下，是能够把我们的工作做好，是会对四化建设做出贡献的。

对扬州城市规划的意见*

扬州这个地区，处于南北水运交通的枢纽，是我们国家自古以来沟通南北水运的一个很重要的地方，也是兵家必争之地，在某些时期也是一个政治中心。这里有很好的水系，这个水系带来了一系列的自然条件，别的地方很少可以相比。我对这个地区，许多方面是不了解的，所以很难去谈关于这个地区的规划。今天，借这个机会谈一点对扬州的感想，供同志们参考。

一个问题，就是我们做规划的大前提。我总是有这么一个想法，过去参加几个城市规划会的时候，我也提过，而且在省里一些会议上，我也提过这个问题，但始终没有得到很好的解决。什么问题呢？我认为，省里不管考虑哪一个城市的规划，有一个前提必须首先解决，否则，我们在具体规划中，可能有许多问题定不下来，这就是区域规划问题。当然，一个国家在它的中央政府方面，首先应该将国家整个规划考虑好，然后才能谈到区域规划问题。整个区域规划又是城市规划的前提。因为一个城市的规划，不管你考虑多么周密，难免有一些问题，不能够下绝对的结论。前两天，有许多同志谈到关于扬州的城市性质，从各个角度上探讨了，可以说把每一种想法都研究得相当详细了。可是，我想，是不是还可以多考虑一些总的问题。我个人的意思，一个城市的性质也不是永远不变的，也要看某一时代的政治条件，科学技术等方面发展情况，城市的性质在某一时期的重点会有所不同。这个性质还要受临近地区发展的影响。例如，仪征发展化纤工业，这个工业的规模听说是相当大的。在这个情况下，不可避免地有朝一日会影响到扬州城市的发展。所以关于城市的性质得考虑将来，要适应新的情况，城市发展重点会起变化的。

当前，在狠抓旅游事业。我们扬州应该把旅游特别加重一些，考虑多一些，是很自然的，也是应该的。但是不是永远这样呢？我想也不一定。不过，有一个情况是别的地方所没有的，扬州既有2400年的历史，而且在文化遗迹方面又如此丰富。我听说，“扬

* 1981年4月在江苏省“扬州市城市规划讨论会”上的讲话。来源：《杨廷宝建筑言论选集》

州遍地都是宝”，确实是这样。地面上瘦西湖名气很大，地下由于考古工作发展以后，也可能给人一个深刻的印象。这个文化古城确实是了不得的，尤其是从世界的眼光来说，扬州在同国外交往方面、通商方面、文化交流方面等，都有很长远很重要的历史。

现在扬州城市，东有运河，南面运河拐了一个弯，好像向东发展不是太容易的，往北近期发展也不容易，我认为向西发展的可能性应该研究。我们知道，东京与横滨，在日本古代也是两个城市。1921 年我出国路过横滨时，下船后想去东京看看，人家讲还得坐火车，中间要走过很多的田野。前几年，我又去了一趟，人家带我们到横滨看看，过了一个桥告诉我们说：桥这端是东京，过了桥就是横滨了，结果两个城市连到一起了。有一次我去苏州，坐汽车沿途看到有一些设施，断断续续，在两旁密集起来。尤其是无锡到苏州坐车很快，很可能不久将来，我不晓得——这是个推想，苏州、无锡、常州这些城市会不会界限就很难分了，这就牵涉到一个区域规划问题。现在苏州的难题是大气污染，水质不好，需要改善。最有效的办法是将有污染性工业移到市外边或小城镇去，但行政区划框住了它，又不可占高产田、菜地、农田，所以受到一定限制，搬到外地去也不可能。必须有个区域规划来解决，工业布局才有可能变动，现在办不到。

我认为城市规划应该探讨探讨，集中若干可能性，在任何情况下我们都能适应。那么，这样的城市规划在将来各个时期就不受太大的局限性了。

另一个问题是铁路站的问题。

同志们提出北站方案，西站方案，还有南站方案。我认为西站方案可能性大些，比北站的好处多一些。当然每个方案都可以提出若干优点，同时也可能发现有些不适合的地方，这是难免的。西站方案，虽然铁路弯了两次，可能造成铁路造价高一些。我们国家当前关于经济问题掌握得很紧，最好是投资少而能解决问题，但也要考虑其长远效果。在仪征化纤厂整个修建起来以后，到南京的这条路很可能慢慢变成像东京到横滨的路了。火车站放在西边，司徒庙一带地形标高变化很大，有利于搞立体交叉，将来建瓜州铁路支线，从西站接线方便，也合算。我认为最好扬州老城区维持它不要大改，使扬州基本上保持幽静，很适合住家条件，不要把它破坏掉。严格说起来，建高楼大厦要很慎重，保持城市面貌的古色古香。有人说，不盖大楼就不够现代化，现代化城市不是不可以有小街小巷。在意大利半个世纪以来发展旅游事业，搞得很好。它有许多小城市都是中古时期的面貌，所以吸引了各国人士去旅游。而意大利有的地方旅游走下坡路，因为某些城市搞了现代化，把吸引人的一些东西破坏了。

扬州到小盘谷石板铺的路很有意思，参观个园经过小街，可给游人以思想准备，引人入胜。最好把红砖房改造一下，古老城市插入红砖房子，看着不舒服。最忌讳直线大宽马路。解放初，在苏联专家指导下，只考虑道路交通因素，忽略其他因素。追求现代化，不一定就是大宽直线马路。

云南石林，搞了不少亭台楼阁，破坏了天然风景。游人去石林，主要看天然石林风光，人工搞得很不好。

宜兴善卷洞，水泥地坪，钢筋混凝土拱券，大煞风景，好心好意破坏风景。对风景要尽可能保留现状，慎重改造。古色古香，不是很容易就办得到的，搞坏了，恢复起来是很难的。

关于旧城改造与园林绿化问题。

旧城改造要很慎重，比新城建设难得多。改造旧城时，部分要保持原来面貌。一些旧房子虽然质量不好，但的确很美。要是画家看见，就是另一种感觉，和修马路的同志看法不一样。大同一条街破破烂烂，我看是美不胜收，真想多画几张水彩画。有许多历史上遗留下来的遗址必须保留，古建筑必须修缮，这方面技术要求比较高，没有一定的历史知识和修缮古建筑的知识，反而修坏了，许多建筑的细部修一修味道就改变了。现在，庙宇一修，大红大绿上去了，都因缺乏历史知识。迁建古建筑要及时，时间一拖久，零件散失，就搞不起来了。

城市道路问题，宽马路要有几条，但不宜过多，不然在经济上吃不消，旧城市也搞得面目全非。开辟南京中山路时填了许多水塘，增加了不少不合理的交叉口。水塘填了，暴雨时水排不出去就积在地面上。

公路从南京来，过境线离城市远一点好，放在槐泗河以北也没有问题。

水系问题，水系管理问题是个大前提问题。社会主义应发挥计划性，管理上统一协调。水闸影响水质，不只是运河污染，还影响到地下水。吃水问题是重要的，影响后代的健康。

关于行政区划以外的用地问题是个大问题。目前管辖不到，但要有权利管到。瑞士有一个最大的委员会，砍树要经委员会的批准。保加利亚，沿路种玫瑰花，香料就卖了不少钱。

对江苏南通城市规划的意见*

虽然我们搞规划还存在不少问题和不足的方面，但是现在总还是一个很好的开端。解放初期我们是在苏联专家指导下进行的，苏联专家到处跑，到处讲。穆欣就以规划专家自居，到处游说，指手划（画）脚。50年代国际上曾经开过一次规划会议，要求每个国家拿出一个城市的规划方案来交流。当时我们国家费了九牛二虎之力，做了兰州规划和风景城市杭州的规划。这两个城市的图样加工来，加工去，改了又改。现在我们做的规划看起来不像解放初期那样了。当时穆欣搞的杭州规划，拿着一支铅笔，从一条山的一边，一直接到山的那一边，长长的一条轴线，坐飞机才能看得清全貌。当时我们没有经验，但是我也不承认我们没有经验，因为我们的祖先，老祖宗很早就搞规划了。早在周朝就有了前朝后市，到了元朝就有了元大都规划，前朝后市的规划在元大都有所体现。那一年我们做人民大会堂工程，挖出了当时的城壕，在建毛主席纪念堂的时候也发现过。元朝世祖气派很大，当时他把元大都许多房子都改造了。明朝的北京城都是仿南京明故宫的。南京的明故宫比欧洲规划还早。日本奈良规划有唐朝的影响，例如东市、西市，公园的安排。唐朝距今有一千多年的历史，我们的老祖宗规划的经验很丰富。解放后，我们的很多学者很少研究，很可惜。依我看，这次规划比解放初好多了，不要看十张、八张图，它代表了多少工作量呀！不是凭空而来的，是大量劳动换来的，而且现实性比当时穆欣的方案好得多。穆欣这个人在我国跑了许多城市，骂得我国规划人员无容身之地。他回国后，不知吃了批评没有。当我们去苏联的时候，他特别客气，完全变了一个人。他第二次来中国的时候，我陪他时，他完全是抱着学习的态度。

我想规划不管存在什么问题，它是一个好的开始，不排除为适应新形势的发展，以后可以修改，不可能一成不变。大自然也在不断地变化。当时修建元大都就是用一个类似望远镜的长筒子分别在冬至和夏至两天，在地上定两点，联结起来就是南北线。我国的古代文化很有参考价值，不要一律去搬外国的。过去的城市管理糊里糊涂拆去城墙，不懂地理而遭水淹。梁思成先生为保护北京城建议不要拆城楼，不要在附近建

---

* 1981年9月在江苏省南通市城市规划审批会上的讲话。来源：《杨廷宝建筑言论选集》

高层建筑，古老的东西可以参考。南通这个地区有许多书籍可查，当时是海，狼山是孤岛，到了宋代，淤泥逐步显露，南通的城在当时是管这个地区晒盐的。现在规划一城三镇已有了初步发展，作为城市的特点也不错。但是规模要严格控制，作为一个特殊的城市控制。唐闸不和城联，狼山上游的海港 10 ～ 20 年不让联。假如不控制，无疑唐闸狼山均可能被联。日本的东京、横滨已联起来了，中间只隔一道桥，人为的控制是可以的，但港口铁路一建就很难控制。海港发展了，铁路一修进来，不单是一股线，还有站址、编组站等一系列用地。

关于行政区域划分为三个大队（唐闸附近的县属三个大队，规划提出划入城市），这都是规划逐步变迁的。规划是在某一段时期内控制其发展，有些时候也控制不住，如上海的宝钢，现在就不大好办。如港口发展，大片小区要跟上去，不论是轻工业或者电子工业一发展，相当难控制，人口肯定要增加，现在面积不足。一城三镇的特色，现在看来确实不错，南通要在相当一个时期作为上海游览点是很好的。我个人的看法，做现在的城市规划主要考虑近期的，不可能考虑得很远。巴黎的核心地带规定 6 层，五花八门的东西都在城外。它还是有章法的。再如华盛顿城的中轴线，控制得很严，当时贝聿铭做东馆，也受到规划的许多制约，主要考虑到城市轴线的完整性。

南通把濠河搞好这是对后人的贡献，当年梁思成先生为了保城墙保紫禁城，但声音太小，未能阻止。我国紫禁城的规划是世界上最好的规划，没有任何一个国家能相比，没有哪一个国家不佩服得五体投地。有一个美国建筑师沿着紫禁城的中轴线从头到尾步行到底，赞声不已。

规划到一定时候是要修改的，我们南通要保持一城三镇的特点，可能到一定的时候就不需要了。上海港口实在不行了，南通港口可能在遥远的一天发展到像上海港口一样。

城市性质一定要以纺织为主，可能太狭窄了（南通市性质是以纺轻工业为主的和具有良好发展前景的港口城市），不能在一个地方发展一个行业。社会是复杂的，规划也应想得复杂些。纺轻二字调一调就方便多了，轻工包括好多轻工业，这样不管是毛纺，电子工业发展就灵活了，在一个城市发展很多纺锭是有困难的。

南通仅有的几个庙址和塔，不管好不好，它还是一个塔。现在上海在修塔，华山塔焕然一新，菩萨也为之一新，修庙不犯罪，烧香拜佛毕竟是少数人。上海有几个老师傅在修神像，修神像要参考一些资料，不能这个庙里的菩萨搬到那个庙里去。山西有一个笑话，日本有一个佛教宗派去山西参观，而参观的庙宇里的菩萨是从别的庙搬来的，除非土地菩萨可以搬。

开展乡村居住建设与建筑的研究*

尊敬的阿卡·汉亲王殿下，代表们，朋友们：

今天在北京举行的阿卡·汉基金会建筑奖金的“变化中的乡村居住建设”学术讨论会正式开幕了。我代表中国建筑学会对这次讨论会的召开，表示衷心的祝贺，并对阿卡·汉亲王殿下和到会全体代表，表示热烈的欢迎！

在中国举办“变化中的乡村居住建设”讨论会，还是第一次，这是一次很有意义的学术活动，而阿卡·汉亲王殿下又亲自前来主持这次隆重的会议，我要向亲王殿下，代表们、朋友们表示深深的谢意！

我国古代各族劳动人民在长期的劳动中在乡村建设中积累了丰富的经验。有许多匠师采取了卓越的技能，简洁的手法，因地制宜、就地取材，根据不同地区的生活方式、民族习惯、自然条件，全面地、经济合理地解决建筑功能和建筑艺术的统一，创造出适用、经济、朴素、大方的传统民间乡村居住建筑。可是由于旧社会的历史发展，城市和乡村对立和差别，致使广大农村长期贫困和落后。我们和许多发展中的国家一样，存在一个日益矛盾、日益尖锐的问题。建国三十多年来，随着工农业生产的发展，特别是工业生产的迅速发展，我们仍然存在着环境污染，工业更加合理布局，不断改善广大劳动人民日益增长的生活要求等问题，乡村建设和建筑也成为我们居住环境建设的一个重要组成方面。

我国是一个人口众多，幅员广大，经济地理、自然条件差别较大的国家，有着八亿人口的农民，我国政府十分关怀广大农民的居住建设和建筑，修建了大批住宅和公共服务设施，改善了农村的居住建设条件和环境。但目前农村建设，还存在着诸如如何解决由于工业发展给环境带来的污染，农村居民点规划中的合理规模与布局，农村建设的建筑材料，农村建设中的能源，以及农村建筑艺术的传统与革新等问题，这都是我们迫切需要研究和解决的。因此，有这么一个机会能和世界各国的同行共同探讨这一课题，对我们今后开展这方面的工作有很大启示。

* 1981 年 10 月 19 日在阿卡·汗基金会建筑奖委员会主办的以“变化中的乡村居住建设”为主题的第六次国际学术讨论会开幕式上致辞。来源：《杨廷宝建筑言论选集》

1981 年在阿卡·汗基金会议上发言，“变化中的乡村居住建设”学术讨论会

1981 年与阿卡·汗先生在一起

历史在发展，时代在前进，由于工业的迅速与高度发展和社会的进步，环境科学已成为当前世界十分关注和重视的问题。它已不再是单由建筑师来研究社会的居住环境，而是涉及社会学家、经济学家、心理学家、环境学家、规划专家、工程专家共同来研究和探讨。建筑学家要跟上形势就必须不断地扩大自己的知识领域和提高自己的科技水平，以适应这一新形势。中国建筑学会在去年召开的第五次代表大会中，我们讨论的课题是“建筑·人·环境”。我们本着“百花齐放、百家争鸣”的精神，展开了热烈的讨论。而参加这次大会的中国代表也围绕“变化中的乡村建设”这一课题发表自己的学术见解，并和同行们共同讨论。会议期间代表们还将参观北京、西安、新疆等地的农村建筑，特别是生土建筑，参观我国的社会主义建设和中国的古代建筑文化。我希望各位专家、学者能给我们的工作提出宝贵意见。

我们知道，世界人类文化和科学技术的发展，历来是相互交流，共同发展的。这种交流有着深远的历史，它像长江、黄河一样川流不息。这种交流和发展将促进人类文化、生活的进步和繁荣。它像青松翠柏，永远长青。这种交流也增进了建筑学术界，各国的人民之间的友谊，它犹如春天花朵，艳丽盛开。

中国有句古语“老骥伏枥，志在千里”，我将和专家、学者们共同参加这次学术讨论，它将提高我的学术水平，我已经是八十岁的老人了，能够参加这次盛会感到十分高兴和荣幸！

我预祝大会胜利成功。

我的话讲完了。谢谢尊敬的阿卡·汉亲王殿下！谢谢朋友们！

关于建筑历史的研究*

我没有很好地研究中国建筑史，也没有花多少时间研究外国建筑史。对历史知识而言，我只能说是从文盲到幼儿园。刚才齐康同志讲得很好，提了几个问题，我也同意。

首先，我想谈谈学术委员会今后工作怎么开展？是不是能在北京组织起来，有个核心小组来考虑历史学的研究，由他们来组织会议，进行日常工作。这种得力的领导小组我认为设在北京为宜。但是由哪个单位来负责？我建议招牌挂在哪儿就由哪个单位来负责。假如挂在建工总局就变成了行政机构；挂在设计单位，就是“完成平方米”。我个人认为在建筑科学研究院内成立一个专门机构，既有一个金字招牌，又是半官方机构的性质。这是很必要的。

对建筑历史的研究，在我们心目中都认为是重要的。国家有几千年的建筑遗产传给后代，这都是无足讳言的。但也有人认为我们这一行排队排老儿，我个人是怀疑的。即使某些领导认为重要，但今后的宣传工作也还是要花点力气。你尽管认为很重要，而你又不向大家讲，那我们就不能过分责备他人，因为他脑子里没有认识。上个月我到武夷山去，那儿是道教的寺庙，满山都是树木，有很多很好的地方。可是现在为了争取外汇，都种武夷茶——大红袍。在山区砍树，砍树来种茶，我心里有说不出的难过。凭心而论，这种责备也未必确切，因为他们想“这我不知道呀。”这些工作都要我们进行宣传，出版一批文章，给大家看看，有东西及时发表，对促进建筑历史的宣传是有益的。

现在研究建筑史的人，少得可怜，总共有多少人可以数得过来。要把小学会没有关系的人组织进来，这还是有潜力的。我们要“举逸民”，把各方面有关人才集中起来，有时还可以开些地区性的会议，开展学术活动。

再一个问题，刚才齐康同志提到研究中国建筑史，“古为今用”“洋为中用”。大家可以放宽尺度来研究建筑史。教中国建筑史的人，也教点外国建筑史，甚至懂得点外国建筑史，这有好处。中西医结合就是个例子，老中医看病给病人搭脉，有时还

* 1981 年 11 月在江西景德镇召开的“中国建筑学会历史学术委员会年会”上的讲话。来源：东南大学档案馆

带个听筒。研究中国建筑的同志对世界建筑的趋势，对新的建筑学科、边缘科学要了解一点。不要为自己的学科树立壁垒，我们学的面可以宽一点。近年来我常听说各学科的人到国外去考察，可是没听到学中国建筑的人到国外去看看。使我想不到的是教国外建筑史的人到国外去看看实际的东西，这一点也要宣传。至少搞教学的人出去一下对教学是有好处的。

个人对古建筑修缮，概括地说是门外汉。不过我的兴趣还是有的。我认为不能把学科的范围划得太窄、太死，对各有关方面学科要有点常识。

世界上有名望的学者，他们认为一幢建筑的设计，实际上是一个地区，那个时代政治、经济、科学、技术以及生活习惯的反映，我认为是有道理的。

北京的故宫，如果当时皇帝不集中全国的财力，他是无法建造十七万平方米的宫殿建筑。秦始皇不灭六国，也建不成阿房宫。虽然规模未必有文人描写的那样夸张，但也不能说一点影子也没有。

人类社会的发展，从半坡村的考据，一直到今天科学技术的发展，不能否定建筑的变化，但都是反映当时政治、经济的情况。总之，中国建筑史的研究范围要广一点。

建筑学科的发展*

我们知道编辑出版中国大百科全书是我国科学文化的一项基本建设。在我国建筑界还没有进行过这样的工作。在世界上，百科全书曾经推动过一些国家科学文化的发展。我们国家古代也有过不少类似百科全书性质的书，如《太平御览》《古今图书集成》等。现在由于科学技术的飞速发展，学科门类也变多、变细了，百科全书就成为帮助人们用比较简捷的方法来扩大人们的知识，寻找各样答案的一种重要工具书。同时也是人类积累知识材料的重要文库，可以在里面帮助人们对于某方面的知识很快地打开库门，了解到一个基本的全貌，这个作用可想而知是大的。

建筑学，英文是“architecture”，它有着古老的历史，随着历史的演变，新的科学技术迅速发展，它已成为一门很广泛的综合性学科。这门学科为人们的生活、工作创造着实用与良好的环境，不断地满足人类日益增长的物质功能和精神功能的需要。城市规划、园林，有类似情况，也都包括很多方面的知识，有一定的综合性。它们与建筑学彼此互相联系，这种情况现在一天天表现得突出起来。因为许多学科不像半个世纪以前那样，有一个固定的范围。现在这些学科互相渗透、互相包容。环境保护，现在世界上许多国家都提到议事日程上来了，像这样的一个学科综合性更广泛，因为这里面包括许多学科的内容。我们现在把建筑学与城市规划、园林混合起来合成一卷，这样可以给人们一个比较全面的“总图”，目前暂称为“建筑学”。经过初步地和许多专家和同志们的研究，拟定了大致的框架和条目，当然还可以进一步讨论研究，不恰当的可以改进、调整。根据不同学科专业的分工，同时考虑到组织和编审工作的需要，设置了8个分支，也请同志们看看合适不合适。这8个是：(1)总论；(2)历史与理论；(3)城市规划；(4)园林（其中树木、花草的生长是属于农业卷）；(5)建筑设计；(6)建筑构造；(7)建筑物理；(8)建筑设备。由于近代建筑的趋势，一天比一天复杂，要求也高了。城市规划、建筑设计、园林是这个学科最主要的内容。在历史上，它直接和人类生活

* 1981年12月在“中国大百科全书建筑学编委会筹备组扩大会议”上的讲话。来源：《杨廷宝建筑言论选集》

紧紧结合在一起，内容包括一般原理、方法，还有功能、性质、类型等。例如，园林是人们生活组成因素之一，它以植物系统为主体，既有规划，又有建筑，在风景环境和城市环境中又是不可缺少的组成部分。专业彼此渗透，若不提哪一方面就不完整，知识也很难全面地表达。总论包括各分支共有的概念性内容，有理论性条目、学术组织、机构、刊物等。历史与理论的内容丰富，尤其中国建筑史，有三四千年古老文化，自然还要反映世界各国历史作为参考。安排方式采取纵横两方面的概述介绍，不同学派、流派、思潮、人物等。这些都反映了建筑学中理论和实践，传统与革新的问题。建筑物理、建筑构造、建筑设备是现代建筑中不可缺乏的迅速发展的部分。

在大百科全书出版社的组织下已建立了初步的编写组。现在框架条目也已初步编出来了，虽然没有最后正式定下来，这些为我们开好这次会创造了十分有利的条件。

在这里我要再强调一下，编辑出版一部实用、具有相当水平介绍人类全部建筑学、城市规划、园林知识的工具书和参考书，对我国科学文化的基本建设来说是重要的、迫切的。这一卷书要做到既全面系统，又精炼概括，全卷书的字数有一个规定，设想在150万字左右，包括图、表。究竟每一条目多长多短，还需要各位专家经过进一步研究确定。中国大百科还要强调有中国特点，若和外国百科差不多，就不很理想。它既要供检索查寻，又要供浏览阅读，使用上要能满足多方面的需要。要面向基层，包括基本建设战线上的干部、教学的老师以及科研人员。满足这些要求，是参加这项工作的同志们的责任。

人类的建筑历史源远而流长，我国又是有着十分悠久的建筑历史传统的国家。在党的领导下，广大建筑工作者在社会主义建设实践中有着丰富的经历，积累了宝贵材料。编写这样一部书在我国国内是第一次，我们能将人类的建筑历史文化，包括世界的建筑科学文化的新成就归纳在一起，又由我们这一代来完成，这是一项十分光荣的工作。自己年纪大了，很多方面的知识已经落后了，很惭愧，但能够和同行们共同参加这一项工作感到荣幸。我们有些同志年纪大了，当然也有丰富的实践和经验。中年学者身体、精力都很充沛，实干精神强，因此他们承上启下的责任更重一些，大家共同结合起来一定能够完成好。

对无锡园林风景建设的意见*

我年纪老了一点，头脑中陈腐的东西多了一点，接受的新事物少了一点。解放前，我有时去上海工作，有个同行童寯，他很喜欢园林，常约我出去旅行，京、沪、杭一带都去，往往是星期六给我一个电话约我吃饭，就商量第二天去哪里，给我印象深刻的就是无锡。无锡有个太湖，小学读地理就知道是江南名胜，范蠡泛舟五湖印象也很深。还有一位同行，无锡的赵深，比我大二三岁，是我的学长，常听他谈起很多无锡名胜。我们到无锡，一下火车就到寄畅园。寄畅园名声大，谐趣园虽然也不错，一看寄畅园，谐趣园就不行了。谐趣园是皇家宫苑气氛，寄畅园既风雅又有野趣。从寄畅园出来后就上惠山，登三茅峰，转过七十二弯下山，再上锡山。登锡山有砖台阶直通山顶龙光塔，下山时童老的朋友累得吃不消了，就在台阶两侧斜的竖带石上慢慢滑下去。他回到上海后说，以后再也不和你们出去了。但我们却不以为苦，反以为乐，游兴更浓。当年，京沪沿线的小园子都跑遍了，无锡的印象最深，回想起来，很有意思。

鼋头渚的灯塔，1931—1932年就有了，今天看来风景依旧，但有一点则大大不同了，就是过去游人很少，房子也少，疗养院更少，当然也没有如大箕山那样一列拖车的建筑。太湖边有很多芦苇塘，长得很茂盛，野趣很浓。当年没有大轮船，也没有结成串的船队，只有小木船，点点漂浮。乘这种小船游湖，船旁拖一张小网，上岸时鲜鱼就有了。今天太湖周围建筑物多了，游人大增，作为画面来说与以前大不相同了。

人的好恶是很大不同的，如人吃东西，口味就不一样，我就最怕辣椒。人们的欣赏、审美观点也各有不同，有人认为那个建筑好，有人则不然，各有所好，这也是自然的。别人不喜欢的不一定错，原来喜欢的，后来改了，也是可能的。人们的爱好没有一定的标准，要看个人的素养、影响、训练、经历不同，而各有好恶。我喜欢的和想象的不一定与在座各位相同，不一定正确，讲错了，请同志们原谅。

先讲一个很好的印象，事先我不知道惠山又添了个小园子，叫“杜鹃园”，正门

---

* 1982年3月在江苏省无锡市视察园林风景建设时的讲话。来源：《杨廷宝建筑言论选集》

在稍高处的竹林里，现在却不开，要走后门，看来，这也是目前很时髦的走法。这个园子，因地制宜地修路，因地制宜地叠山，因地制宜地引泉，因地制宜地建了一些房子，我觉得确确实实做到了因地制宜，至少给我上了深刻的一课。总投资仅花了 90 万元，做到这个成绩，令人钦佩。尤其是现在有许多地方都在做这种工作，做到这样是很难想象的。印象如读了一篇文章，文章读完了，余味还在脑中回旋，我在走到去大桥的路上还在想，像这样因地制宜地建立这么个园子，原来的树利用得很好，要是再有一两颗古树，那将更会增加不少动人的镜头的。

关于锡山大门，据说对它的设计有过不同的设想，各有理由。但是，应该考虑如何因地制宜，根据那个地势，我想有三个可能的方案。第一，要是地点不移的话，由于锡山大桥很突出，南面陡，北面引坡长，还要转弯，靠右走，与对面的车流、人流交叉，难免不出意外的交通事故，在这样一个环境里，公园大门靠大桥太近，不理想。现在花了 2 ～ 3 万元做了部分基础，可以改做别的设施，大门不妨向南移或向后退。如果改动地点，投资下去的东西，能否利用？第二个想法，现在的大门太长，太宽，廊子长除了可以躲雨、遮太阳外，别的只是虚张声势，摆了一个大的场面，不紧凑。大门搞长廊不如园子里有长廊好，外面既不易管理，卫生条件也难维持。是不是搞一个小一点的门，大门是买了票，一穿而过的。香山和颐和园的大门也不会使人太留恋。大门不是一个欣赏的对象，仅仅是买票进场的过程，不宜搞得太堂皇。谐趣园的大门就很小，并不起眼。大门只是示意人们进园精神准备的起点。要是实在找不出个地方，甚至于仅搞几个墩子也可，四个墩子可以考究一点，可再做三档铁门，不怕人家看见锡山，不一定要用大木门锁起来。苏联符拉索夫桥的大门就是一排墩子加铁栏杆，花钱很少。有人说，我们看惯了三开间大屋顶的门楼，我看可以议议，看看多少人赞成。现在的地方交通乱糟糟，不理想。第三种可能，有人认为这个方案已通过了，地方不能挪了，那就改进现在的模样。现在的大门太宽了，钱花得太可惜了。北方大门台基高，这个门前面只有 3 ～ 4 级台阶，在这么大的广场上就等于消失了，觉得这个门贴在地上，不够稳重。台子要升高，搞 8 ～ 10 个踏步，可以神气一点。现在这个门全长 54 米，太长了，进门后也要下几个台阶。边上的房子离开大门太远，房子都是很窄一条，进深不够，窗户门洞衬低了。两个耳房太远，耳房与大门的大小比例不相称，耳房本身又分成一半一半，比例有问题。如果认为大门一定要放在这里，一定要这个形式，那么尺度就要大大压缩，小了反而好，不能和大桥搞竞赛。我个人不主张摆得与大桥太近，离桥近，灰也多，进门光吃土，不够理想。总之，把门做小些，换个地方，甚至可以用铁栅门形式。看了大桥以后，觉得搞另外形式的门也好，投资可以省下来，可以添点别的小品。现在强调门内有一片水池，刚好能看到塔的倒影。其实别的水塘里也能看到倒影，这不是决定门的位置的一个重要的理由，这与承德文津阁的水中看月不一样（注：是指避暑山庄文津阁前“松前望月”景点——记录者）。

关于鼋头渚灯塔的改造方案，屋顶坡度提高点更好，照顾到湖里观望。三层檐口如改一下，最下一层檐口可以改成挂檐，檐口不必挑出太大。

关于在三山准备建第三个较大码头的问题，三山是无锡太湖风景区中一个幽静的小岛，面积不大，我希望能保持当年那种不是一般人想去就容易上去的地方，而是要少数人费了劲才能上去则更有价值，更有味道。一大批游人挤在大码头上，边上边下，闹嘈嘈，不像游玩的样子。已经有了两个码头，还要造一个停靠5～6条轮船的大码头，我觉得很不相宜。不能在小岛沿岸都连上码头，你们有钱不要花在码头上，可在别处添点小品，如果无锡园林有钱花不完，可分点给我们南京。

关于蠡园，老蠡园有四个鱼塘，四个亭子（注：指四季亭），很不理想，不像园林的处理，进门后两排仪仗队式的石壁太呆板，要打破。现在新的扩建部分很好，扩建区利用老路稍稍弯曲一下就很好。

现在绿化喜欢种雪松、龙柏和奇花异草，外国人看到我们都是小树，是解放后新种的。现在新搞的园林大树很少，这个问题看来要解决。现在国外大量种白果树（银杏），白果树大了好看，潭柘寺里的白果树，子子孙孙几代同堂。美国的花旗蜜桔是引进的中国广柑，加利福尼亚的红杉树有断面的切片，供人们看年轮。园林局的同志要在报上写文章，宣传爱护树木。

现在，北京、天津两家争水，北京的地下水下降了很多，玉泉山泉水流量也小了，玉泉是乾隆题的第一泉。裂帛湖已干，地下水下降是个大问题，回灌水会污染地下水，对后人不是福气。兰州枸杞子很多，不怕旱，枸杞子种在山上，悬挂下来很好看，可以推广种植。人没有水活不下去，搞园林没有水就困难。惠山要是没有泉水，恐怕惠山不会如此有名了。杜鹃园要是能引到了水就更好了，哪怕小水也好，没有水也就没有寄畅园了。

我国的园林发展怎么办？我看江南的苏州、无锡、常州、南通、扬州这些地方都有一些传统，要尽可能保存一些地方特点。地方特点不一定是坡屋顶，小青瓦，不要如此狭隘地理解。如在布局上、处理手法上研究，都可以形成特点。杜鹃园的处理，我看后有一个感想，就是保存了地方特点：一是“因地制宜”，一是“就地取材”。

四川都江堰，有“深淘滩，低作堰”六字治水原则，就能保持特色。这个园的布局、设计可以与它媲美。

无水不行，有水污染了也不行，对人不行，对鱼也不行，以前鲥鱼到南京，现在不去了。

现在有些园林，如拙政园中部就保存了当年风貌，东部是新的，西部是不中不西，东、中、西三部，成为分明的样板。狮子林也近代化了，水泥出来了，水泥船已坏了。苏州的旧园子，不修，又怕它倒塌了，要修，又怕修不好。目前，这方面的老专家，寥若晨星，天亮后将一个个看不见了。无锡有文化，人才多，应该做出表率。

目前不少地方的园林建筑照搬广州的东西是很危险的。北京紫竹院中有一组建筑照抄广州的，冬天就没法使用了。有些东西抄不得，一学就会，一会就抄。这样不行，要善于学习。好比练字，颜、柳、欧、赵的书法都可以学，但学到了家，就要有自己的东西，此中必然会暴露出学习的基础来。

要说园林还是江南一带基础好，内地不行，但内地有些寺庙的处理手法可供借鉴，要用得活。

中国园林，毕竟要发展，要适应新生活的需要。

故乡南阳的今昔与展望*

离开南阳37年啦！现在回来看到城市大变样，几乎认不出来啦！唐朝诗人贺知章有几句诗："少小离家老大回，乡音无改鬓毛衰。儿童相见不相识，笑问客从何处来？"的确几十年后又有机会能见到少小时代的家乡环境，心情格外激动。我开始出去的时候才12岁，以后虽然也回家来看看，但时间都很短。1921年夏天我在北京清华学堂毕业，准备到美国去留学以前回家乡一次。记得那年河南大雨成灾，京汉铁路不通了，我就没有办法及时赶到上海报到。后来有人出主意让我坐船由白河顺流而下。白河当年是一条很重要的水运路线。我就坐小船到湖北襄樊，改乘小火轮到汉口，再坐大船到上海。当年我穿着河南的土布褂子，随身就是一个行李卷，到了陌生的上海，准备出国。回想起来感触很多。当时地方父老对我寄托很大希望，因为地方上出去求学的不多。那时家里经济情况又不大好，是亲戚朋友们每人几块钱给我凑起来的盘缠。现在想起来仿佛都是昨天的事。虽然今天又回到故乡来了，老城区有些地方我还记得，但是大部分的印象等于到了一个新地方。当年城外有条梅溪河，上小学的时候和小伙伴在河里洗过澡。这条河又叫娃娃河，相传有娃娃鱼。现在找不到娃娃河了。现在新的大马路两旁种的大树，完全是崭新的面貌。当时到卧龙岗，出了寨门有一条走牛车的路，还有许多牌坊，大约6～7里路，今天坐上汽车一转眼司机就说到了。马路两旁都盖了很多新房子。进了卧龙岗印象还对，先进大门，前院就是大拜殿，路埂是高起来的。但后院的古柏亭、茅庐不认识了。记得当年还有个老龙洞，现在改到西边去了，石头排法也不对。后边的楼房宁远楼我记得很清楚，因为当年我在那里给诸葛亮照相，我和当家的老道商量，开始他不让照相。说这样不尊敬，我答应一定恭恭敬敬地照，总算照成了，只是屋子里光线太暗，诸葛亮头部看不大清楚了。三顾堂还没有怎么变，据说十年动乱破坏不少，以后又恢复的。汉画馆是新修的大展厅，原来没有大房子。从前武侯祠北面有个碑文，述说当年卧龙岗山上很大的扶桑树，现在没有了，新的树木长起来了。前面山门外的诸葛井和牌坊还差不多。南阳还有几个风景点：一是王府山，据说明朝时驻过军，有一个庙，有老道，现在没有了；城东北角一个小山顶上有

---

* 1982年5月11日在河南南阳市的报告。来源：《杨廷宝建筑言论选集》

庙，记得当年庙里有位老道，一年四季不梳头发，现在那里变成酿酒厂了，望乡台长了不少树。过去从城里东门到白河桥都要坐牛车，白河桥是在涨水期才临时架木桩桥。过去南阳经商人都是从白河坐船一直到汉口，当年白河是交通要道，比公路还重要。在没有鸭河口水库以前，白河水量不算小的。总之，短短几天印象加回忆，南阳已经不是幼年的印象了，发展很快，变化很大，这都和解放后中央政府和同志们的努力工作分不开的，带来了工农业繁荣和城市面貌的改观，这是事实。不仅南阳如此，我们国家很多旧的、老的、小的城市，城市面貌都有很大改变。过去郑州一出西门外，就是一条大车道，推小车的很多，城市很小的。记得路旁卖小米粥里面放枣，味道很好吃。一个人少小离家老大回，就是感想很多，不像同志们天天在这里工作的情况。将近四十年在外，回来看到南阳的景况，改变得这么快，多么令人高兴又兴奋。

城市规划在我国目前是新课题，已经引起各级领导越来越多的重视。自古以来我国城市农村都是自然发展起来的，大多数情况下城镇发展往往附近有水。人的生活离不了水，生产也需要水，社旗发展是因为有水运，南阳建城也是靠水，白河在古代是相当宝贵的水运交通线。现代城市要发展大企业像钢铁厂，要及早把布局研究好，否则生产和生活用水以及防止水污染的问题就很严重。苏州在过去历史上素称“上有天堂下有苏杭”，风景和城市规划都搞得很好。宋朝时代在苏州存有一个石碑，记载着当年的城市规划。可是现在情况变了，发展旅游事业结果，汽车要到处跑，许多小桥汽车上下不方便，就把桥拆掉，水沟也填了。过去许多水系畅流，现在水也不流畅了，引起水流污染更加严重。苏州有个地方，是唐伯虎幼年生长的地方，参观时能闻到水的气味很臭，有位老太太当场大声疾呼，这地方现在没法再住下去了。苏州城市发展很快，原来的自来水厂供应不足，开辟了第二水厂引运河水还是不够。接着又建第三水厂，引阳澄湖水，听说现在也不够了。而且排污处理不好，引起严重后果，影响人的健康，影响鱼类生长。水的问题是人生最重要的问题之一，污染问题又是近代城市规划很重要的一个课题。当然治理污染要有一定经济条件。

我在美国费城上学的时候，有一条河污染很厉害，当局决定要改变面貌，广泛发动投资解决排污。英国伦敦泰晤士河，一度河水污染严重，海里鱼类都不上来，结果忍无可忍，当局采取措施每个厂必须将污水处理过才能排放，否则罚款。据前年有人去伦敦回来说，现在泰晤士河水清了。所以不要轻易批准建厂，既然批准建厂，就要严格执行排污处理，否则发展严重引起工厂不得不关闭，损失就更大了。前年到朝鲜去了一趟，据介绍平壤就没有污染，看到的江水是清的，由于大工厂都不在市内，只有两个烟囱，那是火力发电厂。南阳工业布局向西北发展比较有利，河水污染的矛盾要小些。设想鸭河口水库为了用作水力发电，现在才保持了较高水位，最好水库稍微多放点水，白河能走小船对水路运输不是更有利吗？多放水冲刷河床，河水污染程度也可以减轻，风景因此会美一点。南阳这些年发展很快，大家很高兴，但发展速度太快带来许多难办的问题。街上车辆太多，加上运货车，一辆接一辆。南京就预备修几条外围的马路，运货车在一定的钟点内不能进入市区道路，这在有些城市是行之有效的办法。城市要行驶无轨电车，上面拉线要影响城市绿化。过去许多城市没有将电缆走地下都有这个矛盾。发展一个新区，最好先把地下管线都做好。南阳道路规划，采取东南西北规整布局，认方向比较方便，这是很好的优点。但现在经济条件不允许，有的道路不能打通，交通就显得不够理想。像出南关就不能过河，都是受到当前经济条件限制。因为修一座大桥投资很大，当然也可以因祸得福，使近期城市尽可能向白河以北发展，不破坏南岸高产田。现在看来铁路引进南阳，交通方便，从郑州一天就能到南阳，但不利的是线路限制了南阳市向西北的发展。本来西北岗坡地带最有条件发展城市，对农业影响较少。铁路目前的位置有朝一日要步徐州的后尘。徐州有津浦路几公里长的铁路编组站，把一个城市分成了很长的两部分，城市的联系只能靠地道、立交桥，投资就很大。有关南阳市的火车站、火车编组站等的发展布局，应与铁道部门及早研究解决。一般来说，城市工厂布置在低窄地排水就很困难，像现在造纸厂的位置就不如放在岗坡地。酒精厂布置在城近郊，气味很大，也是不相宜的。飞机场布置在城西北郊，将来是必须搬家的，暂时不搬能对老城区起保护作用。目前城区内房屋太密集，本来应该是一家一户的居住条件，现在一个个都变成大杂院了。将来机场一搬家，把城里居民迁一部分到那里，盖一群 3 ～ 4 层住宅小区，城区就可以轻快一些。当然南阳由几万人口迅速增加到 15 万，只在城区范围内考虑住房问题，必然带来人口密集，居住条件紧张，缺房严重。南阳采取旧城不动，就在西关外发展，这个原则很对。北京还有其他几个城市，用见缝插针盖房子的办法不好。现在旧城不动，城区住宅虽然都变成大杂院，那只是暂时的。将来经济条件好了，向郊区发展盖 4 ～ 5 层房子以后，人口都可以腾出来了。南阳新辟道路宽敞，但市容是否能想想办法，尤其北关一带很乱。垃圾问题没有解决，尤其大杂院里垃圾都堆在院子里，很不卫生。

不惟南阳，许多城市都是不好解决的问题。南京有许多水塘被填掉了，这有利也有弊。雨水多的时候水塘还可以蓄水，有一年南京下暴雨，市内雨水泛滥成灾，许多水塘被填掉了，结果无处蓄水。所以地皮固然宝贵，蓄水也很宝贵，应该有个通盘考虑。南阳旧城虽不大，但城里至少要有几条能通大车的道路，有的路太窄将来就有加宽的必要，要及早有准备，居民盖房应不妨碍将来旧城改造。从城市规划角度看，南阳有不少厂矿单位分别圈成很大围墙院，比起城区大杂院居民，又太空旷，甚至种菜的也有。现在在北京就认为是不妥当的，甚至外国建筑师也有这种看法。在考虑城市道路规划时，不应为了把道路拉直，就轻易决定拆房子，已经完好的房子，最好就不要拆了。北京北海金鳌玉蝀桥，过去曾有人建议把道路修直，直通景山前街，这样就要把古代团城切去一块地方。后来周总理亲自到现场查看，决定不破坏团城，只将马路加宽，现在看起来效果很好的。欧洲有许多城市的马路都是古代延续下来的，甚至还有当年石子铺的路。所以大拆大改不一定就好，不是很经济的一个办法。南阳要在南岸高坡地发展轻纺工业，固然可以，但应由省市总体规划统一考虑，不能各自为政。许昌产烟时要建厂，但做出来的还没有上海好，就不妨仍请上海加工。国土利用要从一盘棋考虑，并不是本地有什么条件都要搞出来。听说卧龙岗后面宝地预备盖大医院和文化建筑，需要慎重研究。因为将来每个单位都打井恐怕不妥，还是种树绿化比较好，当然也可以盖几个茶亭。作为城市文化教育的设施像图书馆应该增加，现代化城市文化方面不能太弱。现在技术人员太少了，地方可以发展中等技术学校。江苏省各县目前都重视加强规划设计的力量。当然要实事求是逐步来办。

论文化，我们中国是不折不扣的古老文化国家，许多国家的历史过程比不上我们国家。我国有文献可考的就有 3 000 多年历史，也有人说推到 4 000 多年也未尝不可。世界五大洲都像中国这种情况不多。美国从二十世纪以来文化科技发展很快，历史过程也不过是我国历史的几夜时间，历史过程很有限。在美国只要有什么事物可以推算历史，假若超过 50 年的东西，就非常宝贵。美国独立战争到现在也不过 200 年历史。当年起义敲的钟，意思是不让英国再剥削殖民地，现在就很宝贵。那时独立厅旁边有一幢房子，住着一位年纪大的妇女，她给起义军做过第一面旗子，这面旗子宝贵得很。在我国历史上有两百年的历史的旗子是不足为奇的。我国清朝同治年间甚至乾隆以后的古玩文物，海关出口就不大注意了，可是在那些国家就很难出口了。人的年纪不同，看法就不同；国家年纪不同，看法也是不同的。像我国这种历史的尺度是别的国家比不上的。

年前我有机会参加一个国际学术会议，是巴基斯坦历史上某国王的后人赞助的。他很有钱，在世界上也很有名望。他捐款想做些有名誉的事，在国际建筑界立了个国际奖金，奖励世界上 2 ～ 3 年周期内建造的出色建筑。去年 11 月来到中国，巴基斯坦属伊斯兰教，所以特别关心我国少数民族情况，要求到我国西北少数民族地区去看一看。先在北京开了会，会议有一个题目叫“变化中的乡村居住建设与建筑”，他请了十几个国家的学者，我国也有十几人参加。会后到西域去参观，先到西安接着到甘肃、新疆吐鲁番，一直到了喀什。经过的地区，大部分都讲维吾尔语。他预备了解那个地区的卫生条件，他想捐钱在少数民族地区盖一个综合医院。他要先了解那个地区都有什么病症，他的医院重点就放在那个方面。我国政府很重视。我陪他到西域去看。过去我到国外跑了很多地方，祖国甘肃以西地方就不大熟悉。过去小说西游记里讲到的火焰山的高昌国就是吐鲁番，那里盛产葡萄，葡萄干是最好的。离火焰山很近，有一个高台子像一个寨子，已没有人住，但国家文物局仍列为重点文物保护单位。西域有很多汉代遗迹，长城遗迹还可见到。那里人烟稀少，可以看到很多瞭望台、烽火台。古代用烽火传信息，在戈壁滩上几十里远都能看到烽火的。过去想象戈壁滩一片沙漠，实际许多是很硬的地面，上面长草。祖国西域伟大得很，要是对本国地理熟悉的话，对那个辽阔的地方一定会感到非常伟大的。唐朝与西域几十个国家来往，这些国家当时都向唐朝进贡。看了以后，对祖国的伟大，有了不起的印象，可以激发爱国心。我去欧洲旅行，最老的地方埃及也有4 000～5 000年历史，但后来许多别的民族来统治。印度的历史还要通过玄奘到印度取经回来写的西域旅行记来查它们的历史，因为历史上有一段时期是阿拉伯民族统治了印度。印度就有许多著名的伊斯兰建筑物，而不全是印度本民族的文物。欧洲很多国家都有受到外来民族统治的历史。这些国家没有像我们祖国历史这样从黄帝传下来一直延续不断，虽然也有金、元和满族统治，但不同的地方在于我们民族把别的民族基本都改造了，使中华民族文化一脉相承。当然有小的改变，魏晋南北朝佛教传来，使我国文化受到很大影响。建筑也是受到佛教很大影响，像佛教特有的建筑，如寺塔、石窟之类，最初模仿印度，但后来又同化于中国固有建筑形式之内。所以中国的文化仍然可以说是一脉相承下来的，祖国文化确实是伟大的。

当然近代外国也有许多好的经验值得我们学习。像去年我到朝鲜去，看到过去战争破坏的，有的都炸成一片废墟的城市，兴建成崭新的城市。当时他们改造一个满都是瓦砾的区域，事先都把总体规划好，把任务明确后，交给某一个部门承担。把定下来的投资分成三份：一份是做地下管线，第二份是做规划好的住宅，还有三分之一做小区中心的托儿所、学校、商业网等，这个三三制的办法很好。地下管线必须先做好，房子建起来把水电一接就行了。北京前三门大街的高层住宅，房子盖好后没有人住，因为工资少住不起。高层建筑需要电梯，两部电梯20几万块钱的投资，开电梯三班制需要用三个工人，坏了还要维修，再增加两个技工，共需五个人，算起账来是不得了。住进去的人平常下楼买菜打酱油，自行车存放都是问题。老人一上楼就下不来了，电梯坏了又上不去。还有托儿所的问题。而且听说很长时间市政管网接不上不能住。工资高的人也不愿意住，愿意住四合院，街口就有卖菜的。朝鲜三三制的办法很好，把经费全写出来，让群众都知道。朝鲜很重视文物保护。平壤城南门东门在战争时期都被毁坏了，他们照原来图样照片一点点恢复起来，照朝鲜民族形式老样子一点不改，并把它作为街心目标，周围建筑物都保持一定的距离，不论走到哪条街口，都能知道是平壤。他们做的民族形式味道很浓，在江岸桥头有一个古代老房子，修复以后彩画完全描画的古老图案，一块匾额是古代朝臣给国王写的。在每个区的中心都能看到民族文化气氛，这一点在建筑布局中非常重要，而不应失掉。朝鲜的旅游风景区和城市建设，究竟因国家小力量还不够雄厚而受限制。中国的地方城市像南阳社旗可能有些条件还比他们优越，但我们的技术力量不够，否则应该能做到的。因为宛城是古老的城市，若把古老的建筑物保护起来，那会是很有特色的。王府山就是现成的文物古迹，可惜现在没人管。假若有专人看管整理并做出小区规划，把力车厂搬家，干脆划归公园管理，一定能搞得不错的。北京德胜门原来就剩下箭楼，一度也要拆，建筑界反对，结果保留下来了。一个国家把文物古迹都破坏掉是很不妥的。

南阳是汉代医生张仲景的故乡。他著的《伤寒论》，至今受到全国甚至国外研究中医学者们的重视。为了纪念他，历史上修建医圣祠，历代曾经修缮过，十年动乱受到破坏非常可惜。现在正在研究修复，将来南阳开放，这里是很重要的文物点。再一个文物点就是武侯祠，诸葛武侯在历代民间印象很深，还有很多碑帖和汉画古玩。所以虽然当年诸葛武侯躬耕在襄阳隆中山，南阳武侯祠也是重要的，有出师表、汉画、许多碑帖。王府山在南阳仿佛北京景山，是城市的制高点，应该很好地整理起来。南阳外围郊区还有很多值得注意的风景点，像独山，历史上有庙会，说明这个地点与农事有关系。在旧社会这个季节就有庙会。农业生产方面有重要作用的地点，据说旧县志上记载独山有七十二灌渠，现在有些在修复，这是很重要的。还有蒲山，山势不大，但石头都是石灰岩，作用很大，现在有3～4个取石场在开石头，把这座山砍得不像样了。就像南京长江边上的幕府山，也是因为山上石头是炼钢需要的，结果被砍得山势残缺不全。能不能对这类问题想个办法管理好，成立个委员会，把公园门票收入补助于教育方面，做一件好事。南阳这几座山都是有些名气的，将来看不到就很可惜。蒲山店那个地方，从前做手镯、烟嘴、砚台等手工艺品到外乡卖，现在没有了，是不是因为没有提倡。总之，将来能不能认真管理起来极为重要，不然南阳附近名胜古迹看起来很残破，开放后怕给人的印象不好，这是很可惜的。

武当山的建设与古建筑保护*

武当山名不虚传，风景有奇，古建筑雄伟壮观，保存得比较完整，在我国可以说是属于第一流的。今后如何进一步规划和建设好武当山，保护好武当山的名胜古迹，是摆在我们面前的光荣课题。中华民族有三四千年历史，有悠久的文化，古代遗留下来的文物非常丰富，世界各国凡是有学识的人，没有不尊重我们民族的文化的。今后的年月里，我们应该使古老的文化更加放出异彩。武当山是我国的一个宝，是宝贵的财富；不管是开发旅游或者是保存文物，我们都应该尽最大的努力，使国家的财富不受损失。

武当山区有天生的美好的大自然条件，这样山清水秀，仿佛人世上的一个天堂。这个地区可以说从唐朝以前，甚至再古老一点的时期，就已经开始建设了。而到唐、宋时代就有历史文献可以查考。武当山的极盛时代是明朝永乐皇帝年间，他发动了30万大军修理和整顿武当山，在古代的一些庙宇和建设的基础上，集中统一地整理成一个完整的建筑群。规模之大，气势之壮观，都给我们留下了深刻的印象。

武当山的古建筑在当时是根据道教的需要设计建造的。我国在唐宋时期很盛行道教，道教是我国自己历史上产生的。道教本来是推崇老聃，老聃又叫李耳，老子。李耳在春秋战国时代受到孔子的尊敬，孔子说像李耳这样的人和神农一样，我们非常钦佩他。当然李耳的学问和历史上任何思想家一样，是综合积累了在他以前的中华民族的传统文化，并不是生而知之的。就像李时珍，他是湖北历史上的明星啦！他能对中国医药有伟大的建树，在全国各地采集药草，写成《本草纲目》，这也是把古人的知识，我们民族长期积累的文化和经验总结起来的结果。李耳的学说怎么产生宗教的呢？这个问题离不开当时的社会背景。因为佛教的传人，对中国社会各方面影响是很大的。佛教是从印度开始的，释迦牟尼这个传闻人物，他是一个皇太子，不愿意做皇帝，出家修行，经历了千辛万苦的考验，后来就成了佛。佛教在我国北魏时期，经过西域许

---

* 1982年5月在湖北省武当山风景区考察时的讲话。来源：《杨廷宝建筑言论选集》

多国家，帕米尔高原，经过丝绸之路，传到中国内地。佛教有许多教义，这些教义综合了他们那个地区的经验、知识、文化传统，建立了一门宗教。佛教传入中国后，和我们中华民族的文化互相交流互相影响，使我们汉族文化受到很大影响，而佛教本身也开始有些汉化了。许多汉族人信奉佛教，严格地说，并不是当初在印度的那个佛教了，已经加入了汉民族的文化结晶，就像我国古代的佛塔与印度的塔就有所不同，许多佛教的仪式也按照汉族的习惯改变了。汉族的民族文化传统，从尧、舜、禹、汤一直下来，各个朝代所积累的文化，有很多的东西，这些东西和新兴的外国传进来的佛教相接触，互相影响，互相交流，于是乎我国的道教也开始形成一种宗教的味道了，也就是说宗教化了。这种影响是互相影响，虽然孔孟的学说更单纯一些，但严格说来，佛、道以及孔孟学说也是互为影响的。任何宗教它总要披上某一种神秘的宗教外衣，才能够事实上为古代大多数较愚昧没文化的群众所接受。许多信奉佛教的群众主要是受到一种迷信的因素影响。但是佛教教义本身多少都是有一些哲学基础的。这个道教呢，也是如此，就把老子的清静无为的学说，给它披上了一层宗教的外衣。儒家、孔孟学说也是如此，慢慢地有了宗教的仪式、宗教的设施，影响了哲学性质很浓厚的学说。

明成祖发动30万大军，动员整个国家的财力、物力、人力来修理整个武当山的道场、庙宇、庵观，使得武当山名胜的声望驾乎五岳之上。我还看到沿途很多石碑记，写的诗词都是说这个地方比其他的岳好像要隆重一些。徐霞客所说："山峦清秀，风景出奇"的话，确实是因为这里的大自然风景比较奇特。除了美好的风景，美好的山石林木以外，这个地区地处华中地带，地理位置比较适中，离洛阳、西安都不太远，离山东、江苏也不算太远，这个地理条件对这个地区的兴盛，也会有很大关系。

明成祖发动大规模建设，使武当山在历史上变成了很突出的一个地方，就像埃及修金字塔。埃及有四五千年历史，以前埃及南部沙漠素来有不少坟墓以及各式各样的宗教遗址，但今天一般教科书上，一般传说上，都是首先提到埃及的金字塔。金字塔变成了一个很突出的、有代表性的建筑文物了。武当山现在所有的建筑，从金殿起就是明朝的建筑，所有的道观，所有的庵以及其他方面的建筑文物设施，无疑都清楚地表现了明朝初年，明成祖修建北京宫殿时代的式样。不论是建筑开间、建筑细部、建筑处理手法以及各式各样的部署，基本上都是以明初的样式为主。当然明朝建筑也是继承中国古代建筑传统逐渐演变而来的。历史上所有朝代的建筑都是如此。像敦煌石窟也是一样，在历代已有基础上，在唐朝把中华民族灿烂的文化发展到极盛。由于唐朝建筑当今保存的极少，所以今天研究唐朝建筑，有许多方面要从敦煌壁画上去考察。

有些建筑细部处理后代失传了。唐朝有一些剌纹，有一些屋顶上的兽纹，梁架处理以及组群建筑布局的深度做法，在唐朝是很普遍的。从五台山佛光寺和南禅寺也可以看出来，那个时期的建筑处理有多种多样，只是没有典型化，没有统一化。现在遗留下来的庙，完全把它典型化了，是按照宋朝那种法式搞下来的。宋朝有了李明仲营造法式，总结了以前各方面的成绩。李明仲是宋朝一个类似清朝工部侍郎式的人物，他代表宋朝宫廷，掌握整个建筑创作，建筑设施，也就是现在的建委主任。李明仲把宋朝以前历代关于建筑规划、建筑设计和建筑施工整个地法定化了。从宋朝以后，在江南一带，因为南京是发祥地，从上海一直到浙江杭州一带，那里的建筑形式基本上都代表了宋营造法式。

武当山的建筑形式，就是明成祖在明初建造北京城的一套办法，完全搬过来了。所以它的建筑布置，虽然有一些局部的变化，但基本上是明朝的建筑形式，地地道道明初的，是有代表性的明朝建筑形式。武当山的建筑形式是统一的，有一个总的蓝本，这个蓝本好像道教的法规似的，不管那个庙都是那样的法式。这个法式代表了武当山的建筑形式，是另外的时代所没有的。四川峨眉山的建筑形式是各个时代的。比如峨眉山的金顶，是木结构建筑，后来被烧毁了，现在听说又有一个新的设计，当然要跟武当山的金殿比起来，是没有办法可以比的了。武当山金殿每一块地方都是纯铜底子，纯镏金的，真材实料做的，而峨眉的金顶就有点逊色了。峨眉山沿途还有好几个庙，但它不是尊重一个形式，一个时代的。四川青城山也是一个道教的名山，青城山的道观我也住过一夜，那里的建筑清代的东西比较多，虽然不敢说全都是清代的，但是它有很多东西比较乱。福建泉州的开元寺有很多细作是很不错的，但它所代表的那个时代的作品不纯，而武当山从建筑形式的性质来说是很纯粹的。总之，像这样大规模的使用明初建筑形式是第二个地方找不到的，甚至建筑细部处理，譬如房子上面那些走兽，什么天马啦虎啦，也完全是明初采用的。至于当时采用的绿琉璃瓦或黄琉璃瓦是附近烧制的还是从北方或什么地方运来的，还没有听说有过记载。不过据说在元朝，做得最好最盛行的是在山西，那里做琉璃瓦的师傅经验积累很多，他们的瓦做得最好。

武当山经过历代的变迁和失修，遭受很多的破坏，当然很可惜。但是金顶，紫霄宫还没有遭到很大破坏，应该尽快把它修复。整个武当山规模太大，三十六峰廿四洞，一下子都整修起来是不可能的。要用既经济又有效的办法，使金顶在旅游方面发挥很大作用。原来元代的金殿规模小，在明永乐年间另铸金殿，将此殿迁移保存，这已经是历史事实了。假若现在为了扩大金顶游览面积，要把金殿两旁的房子，从前道士在那里收捐款的地方都取消，总得有一个替代的办法，不至于把它修坏。在没有改善监护办法以前，最好不要轻易地动它。金殿里面的文物很多，而且都是铜铸的，在明朝这个铜器镏金是很有名的，我们应该很好地加以保护。总之在没有找到好办法以前，宁可少动。少动比多动强，因为多动反而会造成一些破坏。现在有钱可以先用在建设方面，而不要首先用于拆改。譬如有一些宫、观、碑亭的顶子没有了，可以修几个碑亭，这对我们来说，修起来还是有把握的。这样做起来不但没有害处，使得这个地方看起来整齐一点。不能急于求成，什么都想修修改改。还是稳当一些好。除一部分危险建筑或漏雨要修理外，应集中力量把紫霄宫等处先整修好。除房屋建筑外，古代传下来的神道路步行台阶可以修补起来，使它能存在下去，游客不可能都是坐汽车上山。一部分年轻人或善男信女能够爬台阶上山。太子坡破坏得还不是很厉害，可以稍微花一点钱整修一下。总之集中几个重要的点，像太子坡、紫霄宫、南岩等。我们现在财力有限，用的时候要慎重，否则投资很少，100 多里撒胡椒面式的，撒也撒不过来。有一些桥梁要整理，有一些香客走到的地方，要是有妨碍的话，是否将一些民居搬迁一下。

现在国内有一个带普遍性的问题，就是各地名胜古迹敞开让游人出入，毫无一点控制，这对于保存文物固然困难，管理也有一定困难。最好适当参照国外一些经验，他们的名胜古迹对一次游览人数加以控制。国外一般惯例，你要去哪一个城市必须事先给人家写信，早订旅馆床位，可以保证到达时有车坐有饭吃有住处。黄山那里就很不理想，上海一辆接一辆大车开去，事先也没有和黄山打招呼，往往是说来都来了，说不来大家又都不来，这样很难办，来了没有地方就打地铺，这反映出我们管理工作还不够理想。安徽九华山的居民，家家户户惯了，都有 10 床 20 床被子，香客来没有地方住的时候可以住一住。平常他过他的日子，一旦有事，一家有 10 ~ 20 床被子，十家就是 200 床，几十家就可以容纳很多香客。武当山吃水比较紧张，要节约用水，有条件的话能找个山的背角或哪里合适的地方做一些小水库。将来用水的问题一定要出告示，明文规定珍惜山上用水。山区最好不要做水塔，它是煞风景的。另外要控制进入武当山风景区的车辆，应该收费，收费就是控制。当然游人也要收费，便于维持山上秩序。上山道路沿途的小庵像磨针井等虽然是小地方，但可以修复几个，万一天晚有些香客走不到地方，有一个歇脚处。风景区建设不能急于求成，要有周密的规划，否则人多了，没有地方住，交通不方便，又要搞缆车上山，弄不好会破坏风景的。譬如泰山，在中央还没有点头以前，就自己花了外汇定缆车，还想把缆车上山的路线搁在上南天门的那条路上，这是破坏风景的。后来决定不准在南天门搞缆车，就搁在旁边的一个山沟里了。现代化的旅游交通与领略古建筑的趣味的矛盾要慎重处理，不能简单为了旅游的方便。江苏省鲁寺这个地方，是宋朝古庙，古代是坐船去观看，将船划到庙前才上岸。现在搞旅游的觉得这样太耽误时间，而且划船的办法太古老落后，就要把汽车开到庙宇门前，于是把太湖港水面用土填起来了，四五十人的车子一下都开到庙前，从旅游效率看是不错的，但从保护古建筑，从古建筑的奥妙，领会古建筑的趣味就不行了。另外，高层建筑搁在风景点的核心地带是要不得的，这样会把整个风景点破坏了；而且真正好的风景点，我们把高层建筑盖在那里，旅客到来之后，用电梯登上楼顶，四面一目了然，一眼就都看到了，第二天就买票到别的地方去了。我们要让他口袋里的外汇留下来的话，最好离风景点远一点建旅馆，他走又走不动，就得雇汽车到那里去，一天看不完就用两天，两天看不完就用三天，这样才是搞旅游的方法。意大利、西班牙管理旅游的经验很多，法国南部的古建筑也很多，他们都不搞那种蠢事，我们国内很多地方是花钱办蠢事，本来想让人家多花一点钱，多留两天，结果呢？他反而可以缩短时间啦！目前国内有很多名胜古迹都遭到破坏，有些讲起来很好听，实际上在那里破坏。我们南阳有个玄妙观，本来很不错，现在无声无息，没有了。那是有名的山门，从前那山门，还有北京式的牌楼，山门里面一景一景的，从前做道场的那些东西都没有了。那些荷花池啦！假山啦！都没有了。现在不但那些东西看不见了，整个的都改观了，也不晓得是什么“观”了。

过去很多古建筑不修怕塌掉，因为是我们祖先留下的名胜古迹。要是修的话，也是提心吊胆，怕修出来不像样子，修出来红的、绿的乱七八糟，搞出来没有那古色古香的气氛；还得经过五六年的时间，慢慢大自然才把这些颜色协调起来。现在真正能够把古建筑修好是相当不容易的事。这方面真正有本领有经验的老师傅现在也不多了，人才缺乏是一个很大的问题。

当然我们各级领导对武当山还是很重视很关心的，这是最重要的。只要我们认真去规划好，武当山的建设一定会搞得更快更好，将来能够驾乎五岳之上。我也向领导上谈出了自己对建设好武当山的几点意见，现在我再讲一遍：

1. 要有一个坚强的组织管理机构实行统一管理。
2. 在名胜古迹、风景游览处不要修疗养、休养所等高大的现代化建筑。
3. 交通问题，下边一段公路（元和观至老君堂）要改善。

4. 要修建几个小水库，解决食用水问题。

5. 控制旅客的人数，上山要有预约。

6. 要保持好和保存好明初的建筑面貌。

7. 重点修缮几个地方，如玄岳门、遇真宫 、磨针井、太子坡、南岩、龙头香、金殿、紫霄宫等。

8. 迁移民居。

9. 山上种茶和绿化的矛盾要解决。

10. 加强对地方的教育，包括初中等学校的学生、社员群众和职工等的教育。

11. 修整好古神道，先修乌鸦岭至金殿一段，再修下一段。

12. 文物保护要有专门机构，还要从事研究工作。

三、其他文言

南斯拉夫参观随笔*

编者按：杨廷宝副理事长代表本学会参加中华全国自然科学专门学会联合会所组织的中国工程技术代表团，出席在萨拉热窝举行的南斯拉夫工程师技师联合会会议，在南斯拉夫进行了一些参观访问，此地发表他所写的参观随笔，供会员了解南斯拉夫建筑情况的参考。

中国工程技术代表团于11月10日下午1点半到达贝尔格莱德飞机场，南斯拉夫工程技术联合会国际联络秘书拉多依高维奇（Milan Radojkovic）等接待，陪同赴市区。他是一位土木工程师。过萨瓦河（Sawa）时，他遥指旁边一座正在建筑的大钢桥说："这是我们利用战争时期被炸毁的一座钢吊桥的旧基础建筑的一座新的很经济的样式美观的钢板电焊结构钢桥（图1）。本年国庆节前（11月29日）就要把中间跨度所剩的一小段接通。"这座大桥的设计过程经过一次国际图案竞赛评选录取的，全部采用各种不同厚薄的钢板，用电焊焊接。一概不用铆钉。结果使全桥重量比原来吊桥减轻了很多（旧桥7 000吨，新桥只3 800吨），大大地节省了造价；而且在建筑形式方面，也产生了一种简洁、快美的轮廓；使与城市规划所要求的与房屋建筑的剪影相协调的效果，完全达到了。在施工的方式上，采用了预制片段，从两岸施工同时并进，大大地缩短

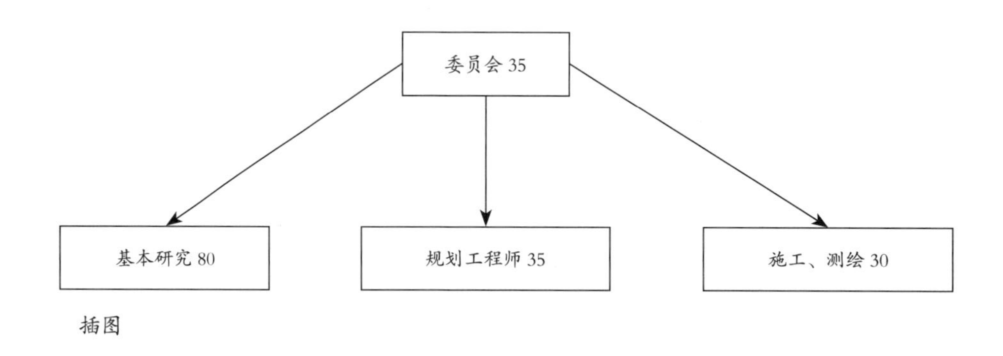

插图

* 原载：1956年《中国建筑学会会讯》第1期。来源：中国建筑学会资料室

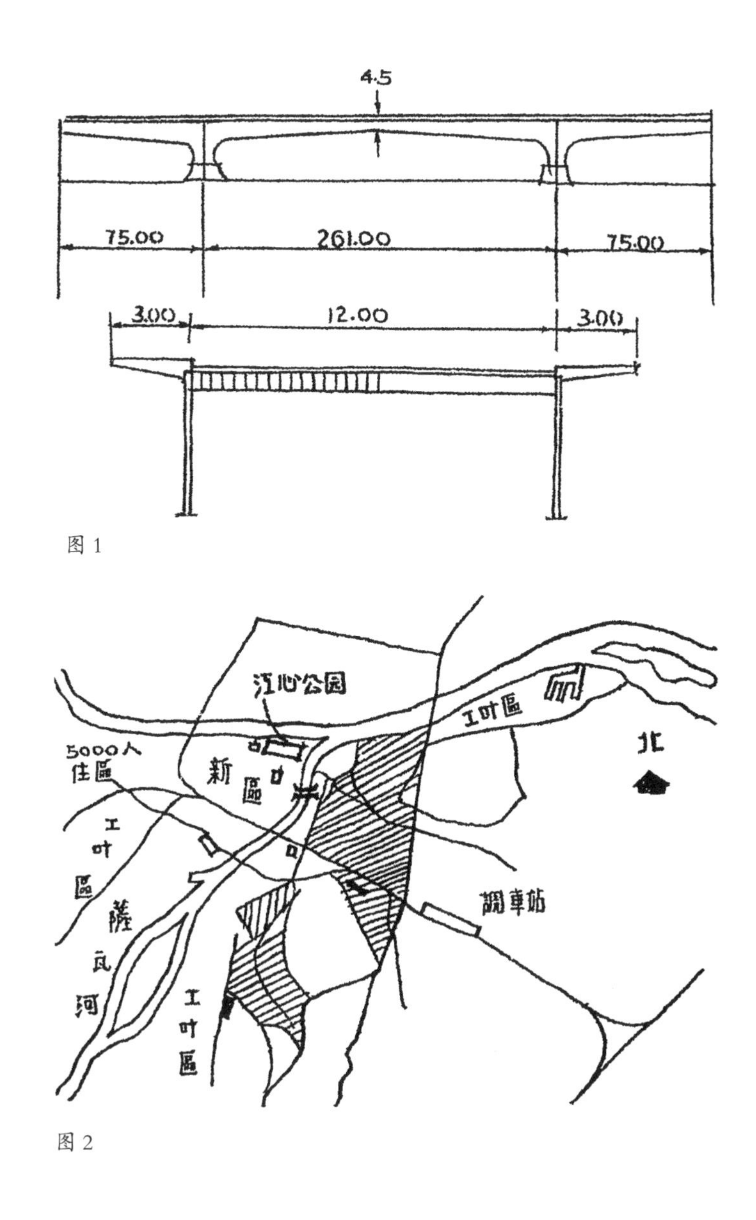

图 1

图 2

了施工期限。据说 1965 年 5 月 1 日可全部通车。

贝尔格莱德的旅馆不多，我们到达的那一天就因为城内找不到房子，晚上是住在贝尔格莱德以北约 60 公里多瑙河南岸一座新建筑的休养兼游玩性质的旅馆。这里除了卧室之外，有大厅、餐厅及屋顶露天舞台。依山靠水，林木丛茂，环境殊为秀丽。房屋设计采用因地制宜方式，颇感自然。装修工作，都很细致，木活尤佳。窗上多用大片玻璃，该玻璃亦南斯拉夫特产之一。桌上酒杯刻花玻璃很普通，类似捷克。这个旅馆的名字叫都那夫（Hotel Dunav）。

由都那夫旅馆进城的路上经过萨瓦河的西岸一带见有钢筋混凝土大的房屋结构架子两处：一处是将来的政府大厦，一处为未完工的大旅社。当我们参观贝尔格莱德的城市规划局的时候，由他们一位建筑师指着一些城市规划的图样向我们解释时，才了解到萨瓦河以西地区，是他们未来的新行政区（图 2）。这位建筑师说贝尔格莱德的人口约有50万（470 000）；但是他们的新城规划是按发展到100万到120万人口合计的。这个城市历史悠久，从纪元前3世纪罗马时期即已奠基。后曾被外国统治。他们的城市规划工作是从第二次世界大战后才开始的。这个城市地位当萨瓦河流入多瑙河处，交通是最大问题。货运很重，铁路及火车站都需要调整。在旧市区内要发展绿化地区。如萨瓦河入多瑙河处之高地，原为古时期的街衢。刻下仅留堡垒改为战争时期遗留武器的陈列所。中古时期的街衢已改造为公园。将来江心洲也要辟为公园，并建游泳池。在多瑙河上再新造两座大桥。人口密度每公顷250人至300人，或150人至200人，甚至每公顷100人要视地区而异。居住面积现设计的是按每人9到15平方米，但实际上目前每家独用一所新寓的情况不多。往往两家共用一寓。1955年造4 500套住宅按每户80平方米；但实际需要每年造12 000套住宅。贝尔格莱德城市建设预算是一年一千万包括桥梁道路。其他各处亦正在城市规划机构。南斯拉夫的中央城市规划机构只有50人包括各方面的人才。贝尔格莱德的城市规划局则有150名工作人员，委员会有35人。其组织情况如下：此外另有市民组织的城市规划社会团体。

贝尔格莱德城市的面貌大体与西欧一般城市相仿。一般公共建筑及商业建筑多为五六层上下。建筑样式虽有少数近代作风者，但一般房屋设计都还简洁。外面采用粉刷仿文艺复兴末期（巴洛克式）者颇不乏例。德奥的影响亦很显著。树木绿化都做得不错，尤以住宅地区。单幢住宅多用四注脊红色挂瓦，淡色外粉刷。宅傍树木多植箭杆杨。

贝尔格莱德的C.D.J.大体育场全部为钢筋混凝土结构，局部为3层。设更衣室淋浴间等。操场周围看台能容6 000座，观众入口共20个在看台中段。运动员入口共为两个。两旁均植花草。路面用碎砖沙粒铺成；色为赭石红与旁边绿草相映，效果甚好，而且亦甚合用；因下雨时可以免于泥泞。运动场的四角有四只约30米高的三角架子（三角钢制）为了装灯照明之用。

最大的旅馆为麦吉司体克（Majestic）旅馆，共有116个房间。一般房间为双床附宽敞的浴间；每日房租约为2 300“的那”（Dinar），加税50“的那”，折合人民币约20元。建筑系战前物，虽感老旧但一切装修工作水平颇高。按所住62号房间测量结果为5.10米 ×4.30米，高为2.86米，所附浴室尺寸为3.00米 ×2.00米。

在贝尔格莱德的南郊，约18公里，为阿瓦拉（Avala）。山上林木葱郁，有汽车道可绕至山顶，海拔52米。此地为南斯拉夫人民抗战圣地。山顶建有无名英雄墓（图3）。五层花岗石台均经打磨光亮。上面建筑物的前后廊均有雕像四只，系南斯拉夫著名雕

图 3

像家米斯托洛维奇的创作。建筑设计亦出于其手。雕刻手法甚高。可惜建筑方面的比例配衬未能适当配合。

11 月 11 日搭夜车离开贝尔格莱德；次日早到南斯拉夫中部保斯尼亚与赫斯哥维那的首都萨拉热窝城（Sarajoyo,capital of Bosnia and Herzegovina）。地处群山之中，风景秀丽；有市民 15 000 人。此地原为土耳其占据约四百多年，故在建筑方面受土耳其影响甚大；号称有礼拜寺一百处之多。以白高瓦礼拜寺为最著名（Begova Mosguo）。旧城区街道极崎岖，依山势建筑在海拔 537 ~ 700 米之间。近代城区大部分在山下平地。回教徒甚多，妇女习俗以黑布遮脸行走街上。刻已由法律禁止。参观中盛行土耳其式以小铜罐煮咖啡。1878 年奥匈帝国占领到 1918 年为止，在文化方面亦产生很大影响。对人民的爱国运动极力压制。6 月 28 日奥太子夫妇就是在本城河边桥头被萨拉热窝志士开枪杀死引起第一次的世界大战。德奥建筑方式的影响亦能到处看到。

新建筑中以解放后建造的新火车站最为突出（图 4）。原设计建筑师斯多依柯夫

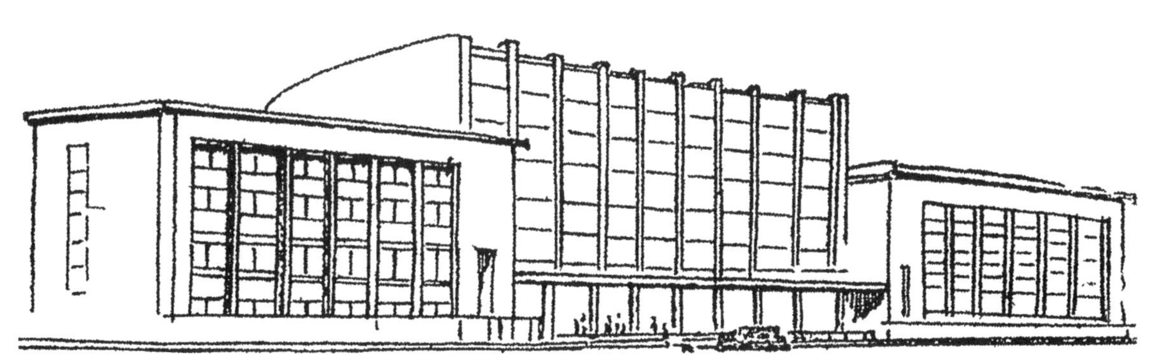
图 4

（Bogdan Stojkov）亲自带领参观解释。全部建筑面积为 15 000 平方米；立面镶砌石灰石。1947 年开始建筑，1952 年竣工；前后施工共五年。

这座火车站的设计是与捷克布拉格一位工程师合作的。他把大穿厅顶子做成向后倾斜的弯曲状。又把倾斜的梁与梁之间作成向下垂的双曲拱。最薄的地方，钢筋混凝土顶子只有 5 厘米的厚度；因此很轻而且泄水也很方便（图 5、图 6）。大厅的跨度是 30 米，向外的一边是 21 米高，所以窗子面积很富裕，光线很充足。地板下面用六分圆的通暖气管子排满。这样就使地板上面一段很够温暖；而大厅的上部就不再浪费暖气了。只是吸声材料不够，回声很显著。右部上层是旅馆，左部是办公室，整个建筑物接近三等分的排列。

省博物馆的建筑是 1888 年建造的，很笨重像德奥的作风。附有植物园颇能烘托建筑的环境。内藏新石器时代及埃及罗马的文物颇宝贵。全部博物馆的面积有 25 000 平方米。

我们在萨拉热窝是住在距市区 12 公里的一个政府招待所斯脱依契瓦奇（Stojcevac）。这个招待所是盖在一座山的背阴。依里甲这个地方多年以来因温泉沐浴著名。继续走约二公里左右，即到保斯那温泉（Vrelo Bosna）沿山脚涌泉多处，水势甚旺，为保斯那河发源之地。1942 年冬，在零下 32℃的南斯拉夫，有一支军队在此处越过 1 629 米高的突别维奇山峰，冻死 180 人。主泉旁还留有石刻以资纪念。此处风景绝佳。招待所居高临下，分为三所井干式木建筑；但处理方式新颖，工作细致，给人以十分快美之感。正中为客厅及大餐厅；楼下进门，附有挂衣室，后部为各种服务部门所用房间（图 7）。二层客厅及大餐厅外面均设有廊子可供休息眺望之用。宿舍分为两幢二层的楼房排列餐厅左右（图 8）。用料多依当地取材如虎皮石、圆木及当地出产的镶板。造价当不致太高。各种家具都很简单合用，样式灵巧，工作细致。南斯拉夫的木材加工工业是有其一定成就的。

离萨拉热窝以北约 15 公里在依里亚叙地方（Ilijas），正在施工建筑一座新的炼钢厂。据称此厂将以冶炼特种钢供给其他加工厂原料为主要任务。年产量为八万吨。将建立三座电炉。参观时看到正在施工的机器厂、铸工厂及离心力铸铁管厂。建筑方式一部分系钢结构；据谓所用钢料均系南斯拉夫自己国内产品。另一部分系钢筋混凝土构架及部分预制的弧形钢筋混凝土房顶。弧形屋架系分成数段在地上预制，跨度为 22 米；屋架排列为 10 米中至中。水泥强度为 250 ~ 300 公斤 / 平方厘米。钢筋均系南斯拉夫自制的圆料而无竹节。此厂是 1953 年开始建筑，预计 1956 年可以完工。附近建筑许

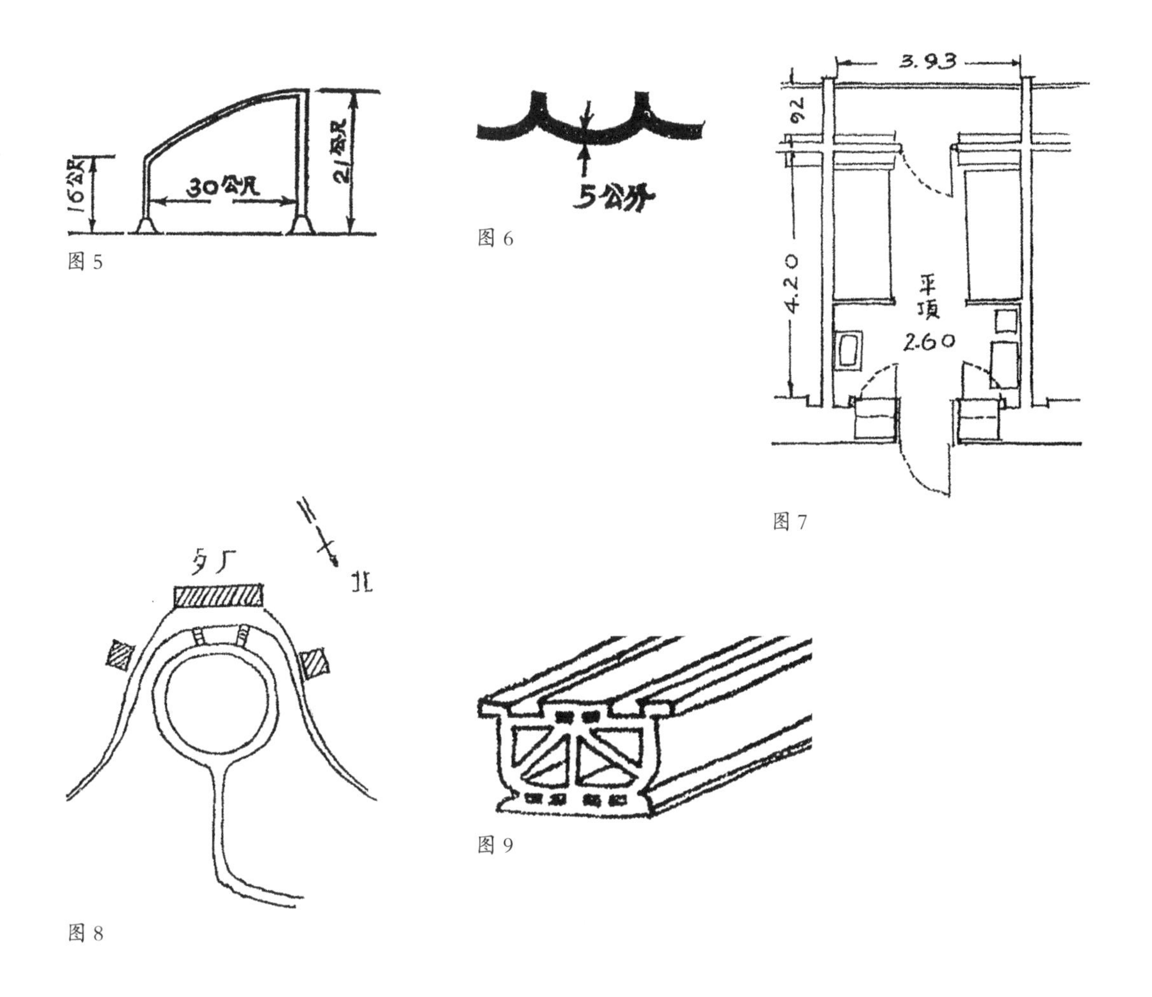

图 5

图 6

图 7

图 8

图 9

多职工宿舍，多为两层楼，外墙粉刷有门廊红挂瓦四落水屋顶；样式简单玲珑，既经济合用而又美观。

卡体奇（Catici）在萨拉热窝以北约 35 公里，在保斯那河边，正在建筑的一座火力发电厂。发电量 60 000（千）瓦，将来扩建后可达到 192 000（千）瓦。1948 年开始建筑，曾一度停工，1953 年继续建筑；预计 1956 年 3 月可以完工。1953 年在河上建筑水坝以供电厂用水。现在只有两只锅炉，将来扩建后共有六只。现只有两部发电机，将来扩建后共为六部发电机。在机器设备方面，法德制品各占 20%，其余的 60% 均为南斯拉夫自制。烟筒附有电气洗尘设备。煤场布置很宽敞，两旁设有吊车架子以利运输。全场可储煤 50 000 车皮。全部工程质量前段较差，例如所捣混凝土工作，蜂窝与露钢筋之处屡看不鲜；据说初施工时工人经验不够；后段工作确有显著的提高。工地上见有红色空心砖多块，质量颇不恶（图 9）；但南斯拉夫工程师说意大利人做空心砖更为拿手，能做的隔膜更薄，使每块砖的重量更轻。

归途在布拉茹依（Blazuj）距萨拉热窝约 11 公里保斯那河边，参观了一座木材加工厂，主要是制镶板。全厂有工人 180 人，大多数是女工。每日能做 35 立方米，每月产量约一千立方米上下。全部建筑设计近代化；按生产程序布置全厂平面设计。结构全部采用钢筋混凝土；局部弧形屋架及屋面板为钢筋混凝土预制方式。内部布置宽敞，空气流通，光线充足，成为一种接近理想的工作环境（图 10）。女工服装一般都很漂亮，色彩鲜艳，工作情绪表现愉快。除三夹板的一般生产，还有名贵木料的切片，如胡桃木的切成长条薄片，表现美丽的木纹，可作家具表面装饰，或做墙纸之用。南斯拉夫山区天然林不少。全国森林面积约有 7 853 000 公顷；占其全国土地面积约为 30%，本来木料系出口物品中一大宗，但换取外汇不多；乃转向木材加工，制成成品出口。镶板厂就有五座；一座大型四座小型。另外还有火柴厂、松香厂、干馏厂等等。出口数量约 80%。

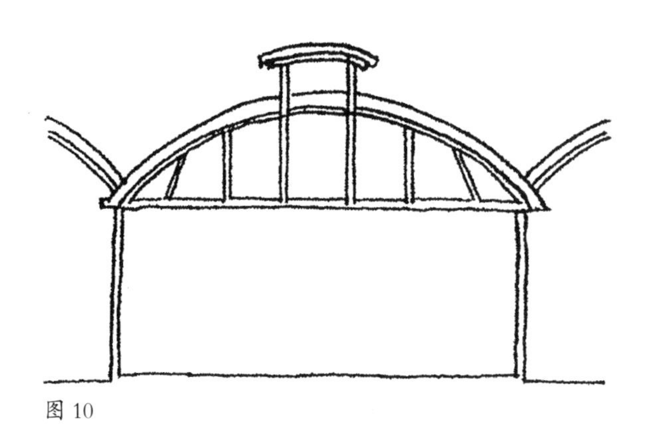
图 10

大会安排了两天的集体参观。11 月 16 号是到距萨拉热窝 82 公里的雅布朗尼查（Jablanica）水力发电站。地处群山之中，公路险峻，寒林积雪，风景绝佳。山巅有窄轨铁路绕行，尚未改成宽轨。沿小溪自康尼奇（Konjic）以下为水库开端，聚成一系列的湖沼。拦河坝建在那茹特瓦（Noretva）河的山峡中当拉玛河（Rama）注入后的下游（图 11）。水坝全部用钢筋混凝土建筑共计 13 万立方米，分为八个档子；闸门的机械设备可在两岸管理室远距离操纵。坝高 80 米，水深 70 米，最低水位 66 米。施工七年，预计 1956 年底可全部成工。混凝土应力采用 360 公斤 / 平方厘米。水库的蓄水量为 3 亿立方米。流域面积 920 平方英里。每年平均雨量 61 英寸。蓄水面积 5.6 平方英里，约合 14.4 平方千米。发电间是藏在山洞内长 100 米 × 宽 20 米高至拱顶为 36 米；内部装修很简单，全部用水泥石棉瓦镶砌。二米直径输水隧道两条通过高山长约二公里。全

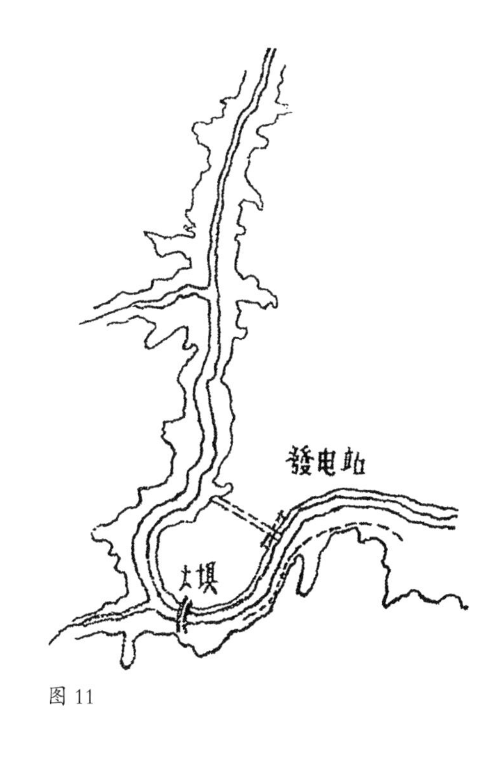

图 11

部计划为水输发电六座；且已装好三座除一部水输机系购自意大利外，其他各项机器均为南斯拉夫自制。招待人员颇有以此自豪之慨。发电量为 144 000（千）瓦。

11 月 17 日集体参观再尼札（Zenica）钢铁厂。此厂创建于 1892 年，原年产量仅 80 000 吨。经扩建后现年产量为 400 000 吨，将来拟使达到年产量 800 000 吨。共建高炉三座。原有平炉三座，1930—1940 年增建两座。有自动化轧钢厂。房屋建筑布置因系零星增建，颇感乱杂；只新建电力厂及少数新厂房设计尚好。

11 月 18 日早到萨格勒布（Zagreb），上午参观锐德康扎（Radekoncar）电机制造厂，规模颇大。“锐德康扎”是一个工人的名字，1942 年牺牲掉的革命先烈。这个工厂就是以他命名为纪念，在工厂前面做了一个雕像，是 1946 年创建。工人总数 3 800 人，另有设计室。厂地面积约 250 000 平方米；厂房建筑面积为 60 000 平方米。平面布置很经济紧凑，互相毗连。成为一大方形集体。马路对过为将来发展各种工人福利建筑之处。厂房建筑设计比较新颖。一般通风采光以及暖气设备都还好。结构方式，则因各个厂房的具体要求不同，有采用钢结构者，亦有采用钢筋混凝土构架者，亦有局部采用预制钢筋混凝土片段者。例如一榀钢筋混凝土的屋架往往被分成几段预制装上之后再接起；从屋架的接头痕迹还可以看得明白。屋面的处理有平顶，锯齿形，弧形及高低不等的平顶。在这个厂里生产许多种的发电机，变压器，开关，透平，分线版，电动机等等。小件大件都作。像雅布朗尼查水力发电站所用的各种电机，除一座大透平之外，差不多都是这里修造的。我们还在锻工厂里面看到一只很大的船上用的排水钢轴正在那里施工。厂房头上有工人的更衣间，洗手槽及淋浴就附设在旁边。淋浴的小隔断均镶白瓷砖，下面设方格木垫子；一切都很整洁。更衣时所用的凳子都是悬在柜子上，使打扫地面时很快痛，没有腿子的障碍。整个工厂是由全体工人选举出来的 91 位代表组成的工人委员会管理的；每月开会一次。工人委员会推举六人组成执行委员会。每次开会厂长可列席但无投票权。他只是执行人员，执行工人委员会的决议。工人全体大会为最高权力机关，可取消工人委员会的决议案或解散工人委员会。本厂工人总数 3 800 人中约半数参加直接生产；出产品大小共约 2 000 种；其中约 6% ~ 8% 出口。年终盈余约 50% 交给国家。

到萨格勒布这一天的傍晚，由该埠大学建筑系一位建筑史教授莫霍维奇（Andro Mohorovicic）陪同参观中古时期遗留的古城区（图 12）；范围不大，原来石壁尚有存留；共有三门，东门上有楼房两层，门洞作曲尺形；壁上有耶稣像；进门时适有二妇女正在跪地祈祷。城中央有礼拜堂，再西为一座巴洛克式皇宫；据谓现用作市人民委员会办公之处。道狭而短，路面铺方石块，全区仍保留原有建筑印象。下山坡后绕至大学区，建筑形式受奥匈帝国影响颇重。中区正对市火车站做极工整的公园布置，并有美术陈列馆，科学馆，工艺馆等建筑物。全市绿化工作很好，树林花草的培养已有相当的基础。这座城市为南斯拉夫文化中心之一，亦重要工业城市之一。

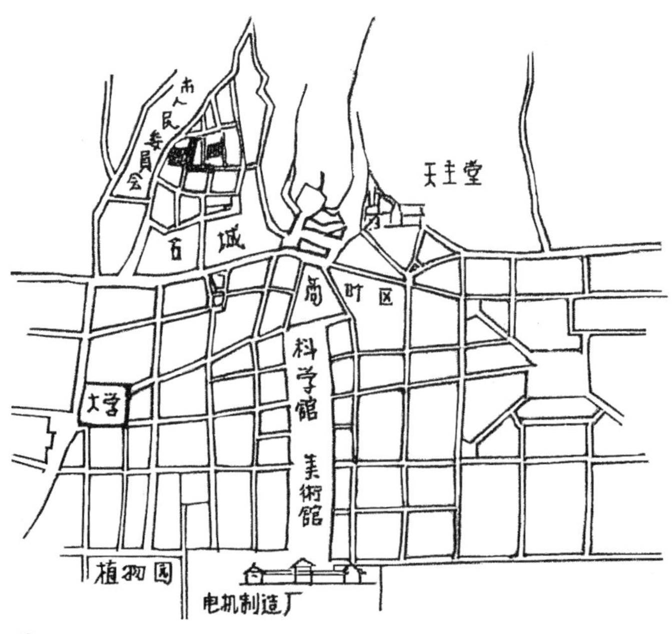

图 12

次日集体参观原子物理研究所。有一位男研究员理昂体奇（R.Loontic）用英语解释，据称曾留学英国七年。其他研究员中能操英语者亦不少。先到办公室然后参观各种实验室。图书室不甚大，书籍多为外文。另有试验室正在建筑中，半埋地下以防危险；墙均用混凝土。有一扇钢筋混凝土拉门极笨重，厚约 1 米，下面装有滑轮；作试验时可把拉门关闭以保护人员免受伤害。更下面还有一层地窨子；内藏抛弃经过试验的物体。各个试验室的建筑设计都比较简洁新颖，光线亦充足。试验室所用栏杆不用金属而利用化学胶木以资绝缘，这是一个特点。试验室的窗外都作有钢筋混凝土遮太阳的格子。大片玻璃用的很多。穿堂多采用磨石地面，室内用人字地板的亦不少；南斯拉夫出产木料可能是不太昂贵。屋面的处理一般都是四落水。

归途经过大礼拜堂，原为中古时期建造，后经战争破坏；重修时完全按照正规的高矗式修复；但许多当地建筑师认为不若当初形式富有地方风味，较为美观。又参观他们的菜市场，系钢筋混凝土结构，宽广等于原有的广场。两面可由下层街道进入；而平屋顶与其他两面街道取平，形成了露天的市场，无可怀疑的是个很聪明的办法。对于四十万人口的萨格勒布城是很有用处的。

我们回到贝尔格莱德首都之后又参观了一处原子物理试验所。这里分若干部门如数学计算室，物理试验室，有 1 000 倍的电力放大镜。色带照相室，物理化学试验室，生物反应试验室里有对人的健康影响纪录的研究，特殊建筑设备的试验室，工厂与图书室。地址是在一个山坡下平坦地方，各种试验室排列成行。建筑方式都很简单经济，一般为粉刷墙面，红挂瓦四落水屋顶。亦有少数房屋采用平屋顶。庭院布置草坪，杂以树木花草。居住区在大门外旁边；房屋并不多。有些职工仍住在城内，往返交通是上下班时间开交通车。试验室一般都用水泥地或磨石地，但亦有采用地板。大试验室平面较为特殊，走道甚多曲折，钢筋混凝土墙为 1.50 米厚度。全部工程为 1948 年创建。据谓南斯拉夫全国共有原子物理研究所三处，我们参观了两处。

在贝尔格莱德城市规划局遇到一位建筑师米尼奇（Oliver Ninic），他也在大学建筑系教书，并且是建筑师总会的联系秘书（前任），谈了许多话。据他说全国的工程技术人员一共约有 36 000 人，其中工程师约占 12 000 人，全国建筑师约有 1 600 人，单是塞尔维亚约有 500 人（包括建筑师与技术人员），全国有建筑系四处：①贝尔格莱德大学；②萨格勒布大学；③卢勃略那及；④斯科普利大学。每处学生人数约 300 到 500 不等。专业的年限 4 1/2 年到 5 年。

贝尔格莱德大学建筑系是五年制；有教授 20 人，讲师及助教 30 人，学生总数 1 200 人，其中一年级就有学生 400 人，从三年级开始分下列专业：

①普通建筑设计　　②农村建筑设计

③工业建筑设计　　④城市规划

生产实习一般都排在三四年级的暑假当中。全国的土木工程师约为 1 700 人。全国建筑师协会的秘书长名姓及通讯地址如下：

ARH, VLADIMIR TURINA

SAVEA DRUSTAVA ARHITEKATA JUGOSLAVISE ZAGRER

TRG TRPUBLIKE 3

贝尔格莱德的建筑材料试验室规模很大，是 1951 年创办的。有烧砖的各种试验，石料各种试验，土壤试验，沥青试验，木材各种试验，五金试验及预加应力的钢筋混凝土试验。在这预加应力混凝土方面很有些成绩；据称苏联数月前曾有代表团来此参观，甚为称许。明年春季将请谢谢里（BRAHKO ZEZELJ, Director, Instituto for Prestressing）到苏联讲学云。

南斯拉夫的建筑杂志及刊物曾参加大会展览的有下列若干种类：

ARHITEKURA

ARHITEKT

ARHITEKTURA URBANIZAM

NOVA PROIZVODHJA

总的印象：南斯拉夫国虽不大而建筑师的人数不算少。一般的建筑设计及施工质量相当高，雕刻装饰亦有相当人才。建筑材料都可以自给自足，木材尤为丰富，石料亦不缺乏；惟钢筋只有圆料而无竹节钢。许多工地都看到预制构件的应用。对预加应力的钢筋混凝土的研究，造诣颇深。在建筑形式方面，受到土耳其及德奥帝国影响甚大，无显著的民族风格。建筑教育相当发达；城市规划工作二次世界大战后开始，各城逐渐成立机构。

参加巴黎国际建协第五次代表大会情况报告*

9月5日至7日为国际建筑师协会代表大会会期。这次代表大会为两年一次的例会，上届代表大会系在1955年和海牙大会同时召开，今年的莫斯科大会决定延缓举行，所以只召开代表大会，讨论会务和改选。

本届代表大会埃及未派人出席，土耳其今年未缴会费，只派了一名观察员列席。朝鲜民主主义人民共和国因法国政府不给签证而不能出席，匈牙利因法国政府拖延签证时间直至会议开幕还没有取得签证所以赶不上会议。其他会员国出席正常。

会议情况如下：

5日上午巴黎市议会主席在市政府酒会招待。下午代表大会在联合国教育科学文化组织（UNESCO）大厦正式开会。首先全体通过新会员国菲律宾和委内瑞拉。奥地利在去年匈牙利事件后曾借口财务关系请求退会，大会同意了秘书长瓦哥的建议：以代表大会名义，请它继续为会员国。他说：如果不同意见的国家都表示这样的愿望，是可以请它打消顾虑的。秘书长并表示亚洲的大国印度还不是会员国，希望不久印度也能参加协会。

主席祖米提议全体起立为新近逝世的前任主席阿伯克朗比致哀，副主席切阿士建议设立两种奖金：在建筑上纪念倍莱（第一任主席），在城市规划上纪念阿伯克朗比。波兰锡尔库斯建议出版阿伯克朗比专集。

秘书长报告秘书处工作情况。其余提到关于发展国际建协组织问题，认为工作得很不够，两年来只菲律宾和委内瑞拉参加，今后应注意发展拉丁美洲、中东和英联邦等国家。其后又由工作委员会附加报告几个工作委员会的工作情况。大会通过上述两项报告。

晚间，巴黎商会主席请宴，饭后乘船游塞纳河。

6日上午，司库凡贺甫报告财务情况，大会通过。凡贺甫建议：鉴于法国币值不断跌落，以后会费改缴美金，并汇至比利时的布鲁塞尔，不要再汇巴黎。经大会讨论并

---

* 1957年9月杨廷宝手稿。来源：中国建筑学会综合部

表决，决定从1958年起，改用美金或其他外汇汇到布鲁塞尔（原规定每名代表的会费是40 000法国佛朗，在会议上凡贺甫建议是改为120元美金。但法国佛朗还在续跌，大家不很同意这个换算比率，究竟将来照多少美金计算，还需等候协会秘书长或司库的正式通知）。

其次讨论第五届大会时间和地点问题，主席提出执行委员会商定1958年在莫斯科举行，表决时，瑞士、荷兰及斯堪的纳维亚投反对票，多数通过。接着主席请苏联首席代表阿布拉西莫夫报告苏联会员国筹备莫斯科大会的情况，并报告已将有关城市规划材料送到者有英、法、东德、西德、日本、中国、罗马尼亚、波兰、捷克、保加利亚、以色列和苏联，请求总会秘书长函催尚未送材料的迅速报来。开会时间拟在1958年7月或8月初，因为那时莫斯科天气甚好。

会后拟组织大家到各地参观，阿布拉西莫夫强调说这次会非常重要，可以加强各国之间的友谊，加强相互之间的了解。这个大会是我们大家的事情，代表苏联会员国以大会筹备人的身份感谢各方面已经给予的帮助，希望大家继续帮助。

大会接着讨论第六届大会的问题，主席报告原应在1959年召开，因第五届大会由1957延至1958年召开，英国认为如在1959年召开第六届大会，他们筹备不及，要求改在1960年。经执委会讨论，主张改在1961年召开，以后仍旧恢复每两年一次大会在单数年份召开的规定，这样才可以避免和某些有关的国际会议冲突。大会全体通过，即1955（海牙大会——第四届）→1958（莫斯科大会——第五届）→1961（伦敦大会——第六届）。关于代表大会开会问题，主席提出仍维持每两年一次的规定，以便能按期改选，所以1959年应召开一次，全体同意。但在讨论地点时，葡萄牙代表要求在里斯本，墨西哥代表要求在墨西哥，智利代表要求在圣地亚哥。

下午开会时继续讨论代表大会地点问题，西班牙代表主张在黎巴嫩，黎巴嫩代表同意，墨西哥代表则坚持在墨西哥，并说可以顺便到古巴参观。最后美籍副主席瓦尔克尔建议地点问题授权执行局决定，全场通过。秘书长宣称凡有关于地点的新的建议，请在三个月以内函告秘书处。

以下讨论工作委员会的工作，讨论1955年在荷兰举行的展览会已在各国巡回展出，讨论与其他国际组织的联系，讨论国际设计竞赛等问题。

休会后，由于明天上午即将改选，苏联召集各兄弟国家会外研究。阿布拉西莫夫报告说，主席候选人两名，是智利的马东奈斯·累斯塔特（Mardones-Restat）和荷兰的凡·登·布洛克（Van den Broek），但荷兰在表决明年大会在莫斯科召集时投了反对票，态度不好，建议大家选马东奈斯·累斯塔特。各兄弟国家均表示同意。关于副主席候选人现有三名，即英国马休（Matthew），捷克诺沃尼特（Novotny）和波兰锡尔库斯夫人（Syrkus）。经昨晚保加利亚托聂夫与诺沃特尼联系的结果，诺沃特尼认为捷克原任执委，今年未届改选，而波兰执委今年应该改选，为了加强社会主义阵营的力量，他可以自动表示不参加候选人，让锡尔库斯当选，比较妥当，阿布拉西莫夫建议同意诺沃特尼意见，大家一起选举锡尔库斯，各兄弟国家均表示同意。

7日上午完全是改选工作，改选主席时马东奈斯·累斯塔特获58票，凡·登·布洛克仅得5票，马东奈斯当选。

改选副主席时，主席宣布有人提出选两名副主席而候选人因诺沃特尼声明退出选举也只是两名，不很好，建议休会10分钟，让大家再酝酿一下。在休会中，西德代表塞节（此人为西德建筑师协会副主席，国会议员，今年五月应邀参加德国建筑师访华代表团来到中国）走过来找我们，说选两名而候选人也只两名确是不好，你们有什么建议，我们笑着摇摇头。复会时大家才坐定，塞节又走过来向杨廷宝说：我们商量了一下，拟提你为候选人，你千万不要推辞，杨也未置可否。主席宣布复会后，塞节即提名，另有人提出凡·登·布洛克，马丁和克切克斯，此时候选人增至6人，投票结果如下：

马休　47票当选

杨廷宝　30票当选

锡尔库斯　29票

凡·登·布洛克 18票

马丁　5票

克切克斯　0票

秘书长由瓦哥连任，司库仍由凡贺甫连任。执行委员会改选结果如下：

第一区 法国

斯堪的纳维亚

德国（新选）

荷兰（新选）

葡萄牙（新选）

第二区 埃及

捷克斯洛伐克

南斯拉夫

苏联（新选）

波兰（新选）

第三区 墨西哥

古巴（新选）

美国（新选）

第四区 日本

大会于宣布改选结果，新任主席副主席上台致词后即闭幕，下午参观两处工地，晚在法国建筑师密拉保住宅内酒会，并在酒会后召开了执委会，随便交换一些意见，没有什么决定。

我们于中国当选副主席后思想情况是很复杂的，当塞茚说要提名时，我们都认为不会当选的，没有重视这个问题，及至开票时，杨与锡尔库斯的票数此上彼落，形成互相竞争的局面，我们的心情是紧张的，觉得在资本主义国家面前形成兄弟国家在竞选，很不合适。到最后以一票之差当选，我们深怕苏联和其他兄弟国家特别是锡尔库斯有所误解。又加副主席开票时，阿布拉西莫夫突然胃出血，吐出约一两千 cc 的大量鲜血，当即昏迷不醒，电话要救护车，迟迟不来，大家都很焦虑。

散会后，苏联代表团特找我们致祝贺，杨向他们很诚恳的讲：这次当选完全出乎意料，事先一点思想准备也没有。苏联代表团说：这样非常好，比我们预料的更好。杨说：我们对于国际建协的工作经验很少，以后必须随时向你们请教，遇事都要和苏联及其他兄弟国家商量，特别是锡尔库斯夫人，她的国际活动经验非常丰富，要向她请教，好在她仍在执行委员里。这时保加利亚、波兰都过来道贺，都说结果非常理想（锡尔库斯在会场先道贺，即随阿布拉西莫夫到医院照料去了）。

几天后，吴景祥访问保加利亚托聂夫时，托聂夫说：瓦哥曾向他表示，主席在南美，一个副主席在中国，路都很远，万一执行局开会他们不能来，剩下只有意大利的切阿斯和英国的马休，而切阿斯为人保守顽固，马休新任，如果糊里糊涂，我就很不好处。（因为瓦哥曾向切阿斯表示过南美中国都很远，开会时会不会不来？切阿斯即说：不来活该，我们就决定了票数，故瓦哥有此顾虑。）托聂夫又着重地说：现在执行局中社会主义阵营只有中国，你们责任很大，要随时想到杨不只是代表中国，而是整个社会主义阵营的代表，开会时千万不可不去，工作要更加积极起来。

我们分析这次投票的情况，发现资本主义国家也有不少人投了我们的票，这是祖国国际地位日益提高，以及中央指示国际活动要谦虚谨慎实事求是的正确政策的结果，今后我国在各方面担任的国际义务还会陆续增加，这是很自然的。我们当时的感觉出乎意料，是由于在这一点上认识不足。今后除随时请示并严格执行中央政策指示外，必须加强与苏联和兄弟国家的联系与交换意见。目前关键性的问题是如何帮助开好明年的莫斯科大会，请求有关方面大力支持建筑学会做好这项工作。此外，是否可以考虑提出1959年的代表大会在北京举行。（外宾的六十至七十人，按惯例：来往旅费自理，会议二至三天，会后可参观一星期，参观时的招待费可由我国担负），以密切我们和国际建协各委员国的关系。如果代表大会规模似觉过大，可否邀请于适当时期在北京举行一次执委会（约二十一二人）。

出席1957年国际建协代表

杨廷宝

汪季琦

吴景祥

殷海云

意大利的古建维修与利用*

意大利的古建筑特别多，而且著名，他们保存修缮与利用古建筑的经验，值得我们学习。例如米兰的斯富尔查宫在二次大战中局部被破坏，现在修缮后把内部布置大加改进作为一个历史博物馆。建筑处理使展览品的更换能有最大的灵活性，如地板内预作一些洞可以使支架自由生根，墙上的架子高低亦可由墙上一系列预制的洞眼自由安排。有的大房间内另作地板及台阶，可以使房间虽大而不呆板，同时使展览品更好突出。灯光的安排亦是很灵活的，而不是排成一行。

罗马古代市中心广场上古建筑遗迹很多，刻下清理出来之后尽量保持原样，以供游人参观。必须修补之处采类似之石料打琢平正，而局部抽换，不作仿古以假乱真，使研究古建筑的人一望便知哪是原作。像罗马附近提伏里 (Tivoli) 的古罗马哈德良离宫遗迹，虽是断垣残壁，而亦任其自然不加拆除供人游览；但另作恢复原状的模型陈列在门厅内供人研究。但亦有人经常查看整理打扫清洁。旁边的埃斯特别墅（Villa D' Este）以泉水著名，游人最多，刻下亦在经常整修。

佛罗伦萨的城市规划首先就考虑到这个古老文化故都为世界各国游人汇集的地方，所以在不妨碍城市的发展下尽量保存旧城区的原有气氛。当重建阿诺河古桥两岸遭轰炸的地区时，用极简单的方式在新建的房子上仍保持原来的色彩以及体型的特点：但同时用途不同了，所以不是复古。这个城市没有大的工业而主要是靠旅游业及手工业过日子；若不顾到这种特殊性质，而想一味大拆大改，使羊肠小巷均变为宽广通衢，故宫、旧庙都变成玻璃匣子式的摩天楼，单就经济这个角度来说也是不可能实现的。

* 1957 年 10 月赴意大利考察汇报提纲摘要。来源：《杨廷宝建筑言论选集》

意大利的城市规划与建设*

在意大利前后二十天，除在米兰参加三年一次“Triennale”的大会之外，虽然亦走到都灵（Torino）、罗马、那坡利邦贝（Pompei）、美特拉（Matera）、佛罗伦萨（Firenze）、威尼斯（Venezia）等市，但接触的面并不很广，遇到建筑师亦不多。由意大利建筑师带领参观的，解释的，只有一小部分，大部分都是我们自己看的，所以这里所谈到的许多只是我们观感。

米兰这个城市是一个中古时期封建霸主所盘据的地方，遗留下来不少旧建筑：堡垒式的王宫、城门、教堂、修道院等，与一般市房民居、广场大小、道路宽窄在比例陪衬上很协调。近年来，摩登高层大厦如雨后春笋，但体形大小、材料色彩各随地主之便。米兰城市的面貌的确完全改变了，由封建城市转为一座资本主义城市。在资本主义国家中，城市规划是很难实现的，总是自由发展造成乱七八糟的结果，米兰就是一个很好的例子。

米兰外围有许多新建的住宅区。包脱尼（Botto）建筑师曾带我们参观他所设计第八次米兰三年展试验性住宅区。这里特点在地形上不大整齐，有小河沟还有战后市内清理垃圾所堆成的土山都被尽量利用而不去把他们弄平。这样不惟节省了造价而且增进了环境的美化。山顶拟作眺望游玩之用，山坡遍植树木。附近建小学校。一座礼拜堂平面设计为不同中心的两个圆形，使进门廊子特别得宽些，上层作歌咏台，办法颇有趣味而亦很合用。这一小区内有许多种试验性的居住建筑，用不同的方式建造。在米兰，我们所看到的其他住宅区亦多是根据“INA CASA”投资方案所兴造的。一般为廉价住宅，但仍嫌租金太贵。这个方案是由工厂提一笔款，工人工资中扣一部分，再由国家投资一部分，建筑费用是由三方面的来源。这些住宅可由住户分期零星付款购买，到十年或二十年后付清不等。一般用料都很普通，如水泥地、预制石膏板墙或空心砖墙、磨石踏跺及平台。房屋的分布多采用不规则形式，间或亦有

* 1957年10月赴意大利考察汇报提纲（二）。来源：东南大学档案馆

比较工整如行列式。大多数小区内都布置了草坪，亦设有学校、商店；但不如法国所见的比较完备。

意大利西部都灵是一个工业城市，有规模很大的菲亚特（FIAT）汽车厂及附近约五十公里依弗利亚镇（Ivria）的奥利威体（Olvetti）打字机与计算机厂。都灵市中心还存在比较古老的道路系统，有许多中古时期遗留下来的广场及宫殿礼拜堂。许多街道两旁均有两层高的柱廊或拱廊；甚至在街口还要通过去，使雨天或暑天行人很便利。但是因为近来汽车太多常由廊下穿行，对行人的安全殊感有问题。只有火车站大门前一段建有地下道以便行人过街。这个地下通道墙壁镶有磁砖并附设许多陈列窗，有一段还安排了一些小的商店，灯光明朗，效果甚好。火车站的中线即是都灵市的中轴线。据谓新的城市规划预备把中心区移到古罗马城门一带。我们访问了都灵市的总工程师，他后来带我们到规划室参观，看到他们一比五千的总图及一比一千五百的分区发展图。介绍一比二千五百的全市略图时说，这个城市本来是罗马帝国的一座重镇，在中古时期继续有一些发展。除城内有封建主的宫殿堡垒外，在市区西南郊十公里还遗留下来一座规模很大的打猎用的离宫，附有园林（Balazzina Mauriziana Dicaccia）。全市面积约为 130 平方公里；若包括外围新区则全部面积将为五倍。现在人口为 80 万，最后发展预备到 150 万，居住区每公顷将来为 250 人。每个小区都要有学校、商店、停车场等。房屋之间的距离约为 40 公尺。绿化则分为两种：一种属于公共，一种属于私人。都灵市的突出问题是交通问题，现在市内每 15 人就有一辆汽车；郊区则每 25 人有一辆汽车；共有汽车 40 000 辆。城内停车行车均很困难。现在考虑改一些单行道并增加一些快车道。

都灵以北依弗利亚镇系新发展的工业城市。主要是奥利威体打字机制造厂，现有工人约 8 000，大多数是由方圆二十公里之内来的。另外还有一个 NYLOH 化学工厂。这个地区是在阿尔卑斯山的南坡，土地不甚肥沃；四周农村生活相当苦。奥利威体工厂老板少年在美国学徒，1908 年回意大利在他家乡依弗利亚创办这个厂。1951 年开始这个地方的城市规划是由他这个厂里所请的建筑师进行工作的。当初把这个规划给市政府而参议会批不准，因私有财产关系同有些人的个人利益相冲突，1956 年又提出来才被批准。他们的法律规定要公开展览 62 日，在这个日子以内可提意见。经过提意见修正后再送罗马工程部正式批准为法律，在正式批准之后可付诸实施。他们在作规划时考虑了下列这些问题：

（一）根据现状图研究怎样保存那些名胜古迹及如何处理那些不能改变的东西。

（二）研究工业区的距离、房屋的高度以及道路的宽窄。

（三）分区的详细规划（各项指标系自定的）。

（四）财政规划如何实现（须要送罗马批准）。

这里规划人口密度按每公顷 250 人，主要道路及花园均不计算在内。现在有些分区内还是半居住区及半农业区。他们感觉实现这个规划很不容易。

工厂建筑都是很新颖的玻璃盒子。制造打字部分集中在一起；附有中央研究所、俱乐部、运动场及更衣沐浴室。机器厂规模亦很大在另一个地区。住宅区则分散各处，有三层两层的不等，亦有更高的。这些住宅的投资是由工人工资中抽 1.5，工厂出 3.0，还有 1.5 由政府拨。这些区内都有一些绿化及儿童游戏场。

关于罗马的规划，据康尼欧建筑师介绍，是 1951 年才开始研究。他说新建筑的作风在意大利产生最晚，因过去意大利主要是靠手工业而无大型工业，缺乏近代建筑及城市规划的发展动力。在法西斯反动统治时期要求古代罗马建筑作风。二次世界大战后建筑师们首先反对法西斯古典派，开始注意实际用途、标准、合理化及有机组织。罗马市中心一带有许多古迹名建筑及广场等，多年来在市政建设方面无多大的变化；而在外围则新建了许多高层公寓。但是因为私有财产的关系，各自为政互不相谋，以致体形色彩非常杂乱。有些地区街巷很狭，亦不肯退房基线而盖些多种多样的高层公寓，形成许多的“一线天”，空气阳光都成了问题。这里有些公寓因为造价关系，租金昂贵无人问津，同时听说罗马四郊却有二十万人住棚子。罗马的表面繁荣据说是靠旅行业及房地产经营的建筑业，将来建筑饱和之后还会造成更多的失业。罗马城市性质主要是行政中心消费的，没有一个稳固的经济基础，单靠房地产投机是没有搞头的。这个城市的规划不容易作是完全可以理解的。

意大利南部农业区中美特拉城，据该处规划局总工程师介绍，已有三千年历史了。这里山势很险峻，自古以来人们都是利用两个山洼的一些悬崖峭壁开凿石洞，修成穴居。到 17、18 世纪才开始发展到外围，在上面山上建筑房屋，下面有深涧。住山洞的人口约有一万五千人，多系务农为生。每天要走很远的路到田里工作，但是习以为常。虽然这些穴居的卫生条件很差，他们亦不大愿意搬出去住。意大利中央政府预备在该城的外围建设五个新村，把这些居民逐步迁出去。遗留下来这两个山洼的穴居辟为博物馆供人游览。负责这一工作的设计机构总共七十人。他们的工作方法是先做调查研究，穴居的人口每家都有调查单子。对地区的环境情况方面亦作了详细的分析。把外围兴建五个新村，已经作了四个：（A）村预备住 720 户；（B）村住 830 户；（C）区住

354户。这（B）村共用地16公顷，建筑面积占1/11不算楼层。一农村已盖好住进。每家有七八公顷的田，住房是两层，宅后就是花园及田。两宅之间有平房可存农产品及农具。中心广场有教堂、村公所、售品所、酒吧间及集会大厅还有小学。（D）村内的公寓有二层、三层及五层不等。这里大量使用空心砖，屋顶扶手墙及平顶小间洗衣处等均利用空心砖。此地天气比较暖，外廊楼梯被采用。房间一般比他处所见大一些但窗子却很小，是意大利建筑的传统习惯，亦是因为地中海一带阳光充足的关系。门窗细部构造一般都作得很简单。这些新村虽规划得还好，但是在经济方面还存在很大的问题。就是一般住户出不起租金。租金每月七千里拉（意大利Lira）到一万二千里拉；最小宅亦要每月三千里拉。有些人是参加建筑工程的，等到这些工程都完毕之后就会失业了。

佛罗伦萨是意大利文艺复兴的圣地，有许多名胜古迹，最著名的首推市中心的大教堂。宫殿、庙宇、园囿、广场到处皆是，雕刻壁画珍品极为丰富。世界各国到此游历的人非常得多。第二次世界大战中遭遇了一些轰炸破坏，尤其是古桥Ponte Yecchio两端。我们看到他们用很简单的方式把那些建筑物又修复起来。其外观样式还与旧日相仿佛；保持了那一带地区的古色古香的气氛。佛罗伦萨当年是跨在阿诺河（Arno）两岸发展的；这两岸的后边都有高山，只是在东边阿诺河两岸有一小片平原，多是菜园区专为供应城内蔬菜之用；城西阿诺河下游平原较大，为新城市规划建设住宅区的较为方便的地方。据德提建筑师Eddardo Detti介绍城市规划时，说这里在历史上一向为首都，1951年的人口数字是39万。这个山谷南北狭东西约有29公里长，郊区人口很多，种菜园经济价值很大。1950年作过一次规划，他（Eddardo Detti）亦曾参加。现在规划规定了某些区内不能自由建房。城东部分拟划为新矿工住宅区；城西阿诺河南岸拟建设四万人的新住宅区；根据Ina Casa投资方案现在已经盖了一些房子了。密度是按每公顷250人，总共有150公顷。新工业区将沿着铁道向西发展。他们作有1:2 500分区图：计有中心区山区及工业区，但是1951年批准后并未能很好发展。他说至少要四十公顷作一区，而收买土地非常困难，这充分说明在私有土地制度之下想实现一个城市规划几乎是不可能的。社会主义制度的优越性于此又多一个有力的证明。

佛罗伦萨的火车站是一个现代建筑，米克陆奇设计。前面有广场，周围有教堂同一些旧建筑。这个车站的体形是采用矮而长的立面，与环境相当调和，甚为成功。在平面布置上一面为入口一面为出口，交通路线十分清楚。为便利旅客起见，站上还设有各种临时服务的设施：如理发室、浴室、快速洗衣烫衣处、擦皮鞋处，等等。

威尼斯城市的外貌与二三十年前大致差不多，没有太大的变化。这个城市的特点水道甚多，到处都是驼背桥。他们不许汽车在这座城内行驶；事实上因为拱桥太多，街巷又弯曲狭窄无法通行。房屋建筑体形错落、色彩丰富，有一些东方风味。全市为许多沙洲组成。中心区在圣马可教堂前面广场，面向海湾码头；但因丽都沙洲以内海水太浅，大船进港非常困难，虽经人工疏浚仍不够深；所以这个城市作为一个通商海港已逐渐失去它的重要性，只是旅行业特别发达。许多中古时代的名建筑都已改为大旅馆饭店。这个城市在规划上想发展是很不容易的，因为四面环水；几乎每一寸土地都已被利用了。据说因为住宅不符应用必须发展新区，现在考虑人工造岛的办法，但是造价总是很高的。

总而言之，在意大利除美特拉一处有计划地建设几个新区之外，其他城市多系旧城发展及改建。有几个城市虽已作了规划，但以社会制度关系实现中障碍甚多几等废纸。

意大利的新建筑与古建筑维修*

在意大利前后二十天，除参加米兰的三年一次大会（Triennale），以及途中旅行的日子之外，所剩的时间不多，接触的建筑师很少。因此我们在参观建筑的数量上是远远赶不上在法国。其中以看的居住建筑比较多一些，公共建筑次之，工业建筑又次之。因为意大利的古建筑特别多，而且著名，我们也顺便看了一些；并且观察了他们怎样保存修缮与利用古建筑。

（一）居住建筑

意大利的居住建筑大约可分为三类：政府领导投资方案 Ina Casa，工厂投资的自建房屋及房地产公司经营的房屋。政府领导的投资方案一般是由政府出一半，工厂出六分之二，再由工厂的工人及雇员出六分之一或按其他分配的比例；总而言之是三方面集资合建的办法。这头两类住宅区或多或少都还能考虑到小区的要求；至少在它本范围内如何排列这些房子都还有一些章法；至于房地产公司或私人所经营的则往往不能照顾到环境的协调。

在米兰西皮昂尼大道上，建筑师包脱尼设计了一座十八层的高层公寓，地下还有两层作汽车库及商店，头层也有店面。每部楼梯到每层楼，可由外走廊通到两家住户的外门。中层有花园，上层栏杆均采用平片，由下面望上去看不透。这座房子在许多地方有很大的创造性。米兰有一批政府领导的投资公寓，每间大小约为 4.5 公尺 ×5.5 公尺。房租每间每月 3 500 里拉，厨房设备不在内，有煤气无热水。每家每月房租约 1.3 万 ~ 1.5 万里拉，而一般工资平均为 4.5 万 ~ 7.0 万每个月。米兰区失业者很少；一般夫妻二人每月能收入十几万里拉。冬季暖气费每家每月约需 8 万里拉，

* 1957 年 10 月赴意大利考察汇报提纲（三）。来源：东南大学档案馆

每间采暖费约 4 万里拉。米兰城还有两三处住宅区我们去参观过，但规模都不甚大。在包利特住宅区 BOLLATE 我们首先注意到有大量的质量很高的空心砖在工地使用。地板用的是 0.25 公分 ×0.25 公分 ×0.12 公分，屋面用的是 1.20 公分 ×0.25 公分 ×0.06 公分，面砖用的是 0.20 公分 ×0.20 公分 ×0.04 公分。这些空心砖都是棱角方正、尺寸准确。尤其特别的是里面的隔膜都是极薄有的只到半公厘厚度，所以屋面用的空心砖，0.25 公分宽 1.20 公尺长，我一只手轻轻即能拿起来。这种建筑材料可以使整个房屋的净重减轻，工作快，运费亦减少。这个工地还有一个特点是三种合作社联合起来搞的，即土地合作社、房屋合作社及消费合作社。这是一个共产党员很多的地区。

依弗利亚镇内奥利威体打字机厂为他们的职工所造的住宅有几个区。人口密度是根据每公顷 250 人设计的。主要道路及花园则不算在内。其中有一区是两层的住宅约 80 平方公尺，月租要 7 000 里拉，25 年可以还本。这里采用水泥地面。

都灵为市政府职工亦造了一批住宅，外表很朴素。另有一批钢筋混凝土框架红砖住宅区，每家只有 45 平方公尺，平顶高 2.85 公尺（地板到地板 3.10 公尺）。这些房子的装修都是极简单，但都采用百页窗可以卷到窗头上，不是用绳子而是用铁棍。

在罗马看了一处战前造的相当考究的房子，建筑式样是近代手法，用些大块玻璃金属装修。门厅地面铺红琉璃砖，院内地面是小方块磁砖。罗马郊区有一处最现代化的高层公寓，头二层均有各种商店，楼梯挂空颇敞快。后边小坡上有租金很贵的高层公寓，院内有水池花圃，旁边正在建筑一座小学。Quartere Tuscolano 是一批政府投资的廉价房子，一般是五层高，住宅区布置有一批平房，设计质量虽属不高，如室内室外每见有倾斜的屋顶及吊顶，一般住户多有意见；但每家均配有一个小天井院约十公尺左右见方，可以在院内种点花草或种树木，平常还可以晒东西、晾衣服，或者夏季乘凉露宿。对于我们一般中国人的习惯需要以及经济情况造价限制来说，大有可以参考之处。若用青瓦石灰粉墙，傍午之后树影上墙亦极美观；这种风景在苏州园林中是常见的。

意大利南方美特拉新村的建筑有许多种，以层数来说两层三层及五层的均有，大量使用空心砖。有些设计是把楼梯间敞开而不封闭，在气候温和地区有无限的好处，既豁亮而又经济。（B）村内有一种设计在屋顶上设平台可以晒衣服亦可以乘凉，每家在屋顶上还有一间存物室。这间存物室基本上就是利用瓦屋顶下面的地方，不会增加太多造价因而用处很大。每家还有自己洗衣服的地方亦是个优点。我们中国家庭习惯一般都是杂物多得很，永远会感觉存物室不够用的。

佛罗伦萨的新住宅区在城西南区阿诺河以南，总计约有 2 700 人口。房屋设计比较简洁，符合这个城市自古以来的建筑作风。

在威尼斯没有看到大规模的住宅区，只是有些新造的旅馆，外观一般都很简单。丽都沙洲上却是有些新住宅，但水平亦不甚高无可叙述。

（二）公共建筑

意大利的公共建筑一般是规模宏大形式庄严。除有些纪念性质建筑物追求富丽外，多数是朴素大方。艺术宫 Palazzo Dell'Arte 建筑在米兰的公园内；这里环境很好，树木很多。这座房子是他们屡次举行三年一次工艺美术及现代建筑展览会的地方。这座建筑的特点是正门内的门厅不采取对称式，主要楼梯亦偏一旁。平面不对称后使各种展览占用地面各有大小，在布置上就自由一些。建筑展览部分本来平顶很高，他们布置的方法是进场后逐步上升很快就变成两层的展览。这个办法在地面缺乏而平顶高的地方必要时可以采用，既增加了地面而又使得展览馆不呈呆板的印象。在这个展览会上看到的纳威（Nervi）结构工程师计算的 30 层高的钢筋混凝土框架摩天楼的图样及模型；地平下面还有四层。这个建筑物是五位建筑师联合设计的，现在正施工中。这座建筑物可能给我们一些启发，打破我们以往的习惯同保守的观念，认为钢筋混凝土的结构只宜于作到十一二层高度。

距离市中心米兰教堂还不远，罗杰斯（Rogers）设计一座 26 层高的钢筋混凝土大厦（Torre Velasca），下面是商店上面是办公室及高级公寓。总高度只有 96 公尺，因为他们米兰市不准任何建筑物的高度超过大教堂尖顶上圣母像的高度。这座建筑还有个特点就是在第 18 层中设计了一处供暖及热水的机器间。由此而上房子的平面又扩大了，占天不占地。罗杰斯建筑师自己说这个房子的体形像棵树；后来看到意大利报纸上登了一个照片说是像个蘑菇。

米兰的人道社 Societa Humani Taria 正在建造一批新房子，因为原有的房屋遭到战争的破坏。这批房子是钢筋混凝土框架结构三四层不等；但是有个共同特点：在使用上的要求很像学校。因为在这里要进行二三十种不同职业的训练，亦可说是像个补习学校。因此他的隔间作法及走道门窗都设计得容易机动而且经济，立面上则大量使用大玻璃的钢窗。

都灵市正在建第一座校舍，有15个课堂，外面用的带花纹的砖。窗子都用双层玻璃，当中是百页窗；这个玻璃窗可上下并能翻动，使擦玻璃很容易。地面都是铺的沥青红色薄方片。我们在这个800人容量的学校礼堂里，看见有工人正在把这些薄的方红片用一种化学胶粘在普通的钢筋混凝土楼板上，不但能吸音防噪耐磨擦，而且同时也增加了美观。据说在他们国家一个工人每天能铺30平方公尺，每公尺只需造价2 000里拉。都灵的大展览馆拱形跨度非常得大，据说亦是意大利著名工程师纳威设计的。

都灵北边，在依弗利亚的奥利威体打字机厂看到一座研究所，他的平面布置是采用“卍”字形而把楼梯及升降机都放在中间，这样使三层楼的上下交通都便利，而且各试验室的阳光都好。在山坡上依弗利亚的市区里参观了一座新建的医院，这个医院是由市政府与打字机厂合资举办的，现在只有178个床位，尚未全部盖完。总的计划是300个床位，病房有两种2床及6床。头层是耳鼻喉眼科及化验室，将来添盖部分作办公室药房及增加的开刀房。现在的开刀房是在房子的中间，完全与外界隔离，全靠人工通风与照明。一般走廊只作到2.40米平顶净高，因为上面有通风管道。病房内平顶是3.20米高。造价每平方公尺64 000里拉，每立方公尺15 000里拉。这里门窗细部构造作的比较特别有些创造性，内门亦是采用搭口的。

罗马正在改建一座体育场，原来是25 000座的看台，现在要扩大到60 000座，场内的绿草坪不许动，旧的水泥看台拆卸工作亦不许用炸药。这个工程是由纳威父子二人合作，儿子是建筑师，父亲是工程师。为了能保证工程速度赶上明年开运动会使用，纳威设计一套预制钢筋混凝土的办法，并特别设计了一个机械化的水泥搅拌厂。主要梁柱是现浇的但亦利用50公尺高的吊车，挑臂30公尺长，顶端可起重1.5吨，现场只有150工人。距这里不远有一座室内篮球比赛场，能容5 000座位，形式很特别，亦是纳威工程师设计的。这个建筑物利用莱米列结构的原理，但是完全用钢筋混凝土来做。看台下面是一些更衣室浴室及办公室等。全场光线通风声音以及整个气氛都很好。

奥林匹克运动场在罗马近郊山坡下能容十万座位，规模很大，形式亦极壮丽。座位上下共分三组，各有出入通道，散场很快。共有64个门口，每个宽四公尺，每个出口约按1 500人计算。这个运动场是1958年5月18日完工的。司令台上大量使用铝，上层共有广播记者席40间；再上面的平顶亦是用铝板制成。司令台的栏杆装大块玻璃，场上一片绿草跑圈则用红砂与看台上绿坐席相映很美观。

在罗马近郊阿匹亚大道（Via Apia）附近有一处古老的取天然石灰的穴洞，第二次世界大战中许多意大利共产党员牺牲在这里。现在修建了一座很伟大的纪念碑，是一块48公尺 ×7公尺的大混凝土盖板，下面排列336座墓。大门口有一组雕像代表工人、农人、学生参加反法西斯的斗争。

佛罗伦萨设计火车站那位建筑师米克陆齐又设计一座银行，外部立面仍保持原有街景气氛而内部处理崭新。用钢筋混凝土框架支撑，木屋架及铁皮屋面，但形式则很新颖。营业厅用大理石地面，木柜台，化学台面。大玻璃窗外可以看到天井院的花草。大楼梯的处理比较自由不受柱网的拘束。有空气调节机器房设在地下室中。营业厅中的水泥柱子均露出本来粗面，不加修饰，只微微刷了一点浆，与华贵的大理石面及光芒四射的钢条相映，效果甚好。这样做法总的造价不会太贵的。

（三）工业建筑

在意大利没有参观很多工厂，主要的还是依弗利亚的打字机工厂。这个工厂老板爱好新建筑，所以他请了一批建筑师替他设计比较新颖的厂房及工人住宅区。除这一地区之外，他在那波里附近也盖了一座分厂，印了一些刊物到处宣传。主要是采用钢筋混凝土或钢结构而装大片玻璃，气象比较敞快。到都灵后曾数次行经菲亚特汽车厂的旁边但未有机会进厂参观。从外表来说建筑布置手法是很现代化的，房屋很整齐而有统一性。沿大马路为厂前区办公楼等五层楼，厂旁设有大批的停车场。在都灵参观的两个空心砖梁预制厂均甚简陋，其一是用空心砖梁作的桁条及椽子，另一个仅仅是个棚子但是也能敷用。在美特拉附近参观的空心砖制造厂只有一部机器，房屋亦极简陋，但是出品的质量还是很高并没有受到什么影响。

（四）古建筑修缮与利用

在这方面我们确有许多地方可以参考意大利的办法。例如米兰的斯富尔查宫在二战中被局部破坏，现在修缮后把内部布置大加改进作为一个历史博物馆，建筑处理使展览品能有更换上最大的灵活性。如地板内预留一些洞可以使支架自由生根；墙上的架子高低亦可由墙上一系列预制的洞眼自由安排。有的大房间内另作地板及台阶，可以使房间虽大而不呆板，同时使展览品更好突出。灯光的安排亦是很灵活的而不是排成一行。

罗马古代市中心广场上古建筑遗迹很多；清理出来之后尽量保持原样以供游人参观。必须修补之处采用类似之石料打琢平整面，局部抽换不做仿古以假乱真，使研究古建筑的人一望便知那是原作。像罗马附近提伏里（Tivoli）的古罗马赫都灵别墅遗迹，虽是断垣残壁而亦任其自然，不加拆除供人游览。但另作恢复原状的模型陈列，供人研究，亦有人经常查看整理打扫清洁。旁边的东墅园林（Villa D'este）以泉水著名，游人最多，亦在经常整修。

佛罗伦萨的城市规划首先就考虑到这个古老文化故都为世界各国游人汇集的地方，所以在不妨碍城市的发展下尽量保存旧城区的原有气氛。所以当重建阿诺河古桥两岸的轰炸区时，用极简单的方式在新建的房子上仍保持原来的色彩以及体形的特点，但同时用途不同了，所以不是复古。这个城市既没有大的工业而主要是靠旅行业及手工业过日子，若不顾到这种特殊性质而想一味大拆大改使羊肠小巷均变为宽广通街，故宫旧庙都变成玻璃匣子式的摩天楼，单就经济这个角度来说也是不可能实现的。

出席西柏林国际建筑师协会执行委员会及居住建筑委员会情况报告*

（1957.8.19—21，8.23—24）

这次国际建筑师协会执行委员会是在西柏林市中心一座饭店内举行的。会期三天，由8月19到21日，会后集体进行了一些参观。到会的有瑞士、法、比、英、德、葡、挪、苏、中、日、捷、古巴、智利等国代表；西德建筑师代表大会亦同时在这里举行，中午聚餐及会外活动都在一起，大大地简化了招待工作。开幕时西德建筑师协会会长巴特宁（Bartning）致简短欢迎词。当晚柏林参议会在市府大楼举行宴会招待。

执行委员会这次的工作是为9月5日至7日在巴黎即将召开的全体代表大会作准备。主要内容除由主席、秘书长、司库及工作委员会主任作报告外，有苏联代表汇报1958年将在莫斯科举行的国际大会筹备情况，以及拟向代表大会提出讨论的各种事项。如会费问题，因法国币值不稳定，司库要求今后改交美金或其他稳定外汇，并拟将存款由法国改汇比利时。瓦哥秘书长谈到发展新会员问题，认为印度及澳洲尚未入会，却很重要。亚洲其他国家虽建筑师不多，亦应征求入会。讨论了会中刊物与各工作委员会负责人名单。关于本届代表大会选举主席、副主席候选人，原已列议事日程，但因有几位重要执行委员均未到，会长建议容继续酝酿，暂不讨论。闭幕后，集体参观了东西柏林的新建筑，主要是西柏林的“国际建筑新区（Interbau）”。

居住建筑工作委员会8月23日起在同一旅馆继续开会。到会的代表共有十二国。我代表林克明出席，由西德布伦尼希担任主席。当日上下午交换了各方面有关最近居住建筑的情况及各位代表的意见，推举四人归纳起草以供报告人修正补充参考。次日上午正式通过德瓦斯特写的有关居住建筑的报告文稿便宣布休会。下午集体参观西柏林“国际建筑新区”。

* 1957年10月30日杨廷宝手稿。来源：中国建筑学会综合部

先是到西柏林开会之前，我驻德大使馆得悉东德建筑师协会因西德建协举办柏林中心区规划，把部分东柏林管辖区包括范围之内，东德建协主张双方共同组织这一工作未能谈妥，东德建协拟致函国际建筑师协会，声请代表大会时东西德代表仍应分别出席，不再作一个代表团体（因前在海牙代表大会上东西德两个代表团自动改为一个代表团）；当时因考虑到万一东德托我代转此函应怎么办，所以请示了大使馆，国内回电指示在我赴西柏林前已收到，不过后来始终东德协会未向我提到这一件事。

由东柏林赴西柏林时，事先未作签证手续，统由东德协会秘书处代向西柏林接洽。据说签证将留在预定的旅馆柜台上，只须去到之后在柜台上索取。及至8月23日上午来东德协会汽车过境时，并无留难，亦未索看签证。但到预定之旅馆后，发现并未留有任何签证；旅馆亦未索要只把原护照号码照一般旅馆登记办法抄下完事。到会场后，我向西德协会秘书长追问此事，他说若要签证须和他们政府的护照管理方面高级人员接洽，他说先帮我打电话问一问。不久就由秘书长派来一位建筑师说要我本人到护照科去一趟，他准备开汽车陪我去。该科负责人问我拟居住多少天、还到哪些城市。我说只预备在柏林开这几天会就要往瑞士去。他马上回答说那就无须要签证。我说若有人问时怎么办，他说："可以叫他打电话给我。"随即给我写了电话号码同他的名字。结果在西德住了一星期，8月25日自已雇出租汽车回到东柏林，始终亦未有人问到签证。据新华社刘桂梁同志说他亦常来往东西柏林尚未遇到过什么困难。

8月20日下午会上国际建协祖米会长提到此次西德政府拒绝波兰代表西尔库斯（Syrkus）签证，波兰协会提出另派代表时，亦未能得到签证，乃致缺席，影响会务，会议所在国分会应事先考虑到签证问题。讨论中大多数执行委员均主张向德国分会提书面抗议转达该国政府；最后一致通过，请秘书长办理并将该函副本一份寄交给西尔库斯。

这次在会场上同参观时，在汽车上有多次西德协会会长巴特宁主动与我接谈，表示好感，并谓他可惜春天事情忙未能来中国。此人在西德建筑界声望甚高。据他自已说1906年曾到过中国几个月，看到过好几个城市。他曾写了一本书，里面有一章是讲他当时在中国游历的见闻。副会长赛吉（Seegy）亦多次表示好感。此外，在东德建协会长家遇到西德城市建设委员会主席希列伯瑞西特，曾邀我去汉诺威（Hanover）游历，在会场外遇到汉堡市主任建筑师亥伯博朗德（Hebebrand）夫妇，亦再三邀我到他们汉堡市去玩。这些人今春到我国参观，拍了很多照片，回国后做了许多次讲演。据赛吉博士说他个人就举行过五次的五彩幻灯讲演了。

在西柏林的参观包括一些新住宅区新造的公共建筑等，总的印象是他们在城市面貌上极力下工夫。建筑材料多是采用最新颖的大片玻璃及化学制品。在“国际建筑区”中由许多外国名建筑师设计了一些高层建筑，并根据各国的不同施工方式进行建造。在一片钢管及帆布搭成的巨大面积的展览篷下，陈列了多种多样的新建筑材料及设备，还有一些内部家具陈设与邻里单位的设计模型。接近东柏林河边新建尚未完工的国会大厦采用大型壳体结构，式样最为离奇，系美国建筑师司度本斯（Stubbins）设计。有人说资本主义国家在西柏林投资建设造了许多外观特别的房子，其主要目的是在把西柏林装饰成为资本主义社会的橱窗，现在回忆当时的印象，感觉这句话的确是一针见血。

1957年10月30日

对于建筑教学的几点意见*

（一）我认为建筑学专业应与中等技术学校有所不同。在中等技术学校学到一套办法，毕业后在一定条件下就能马上应用；但是建筑学专业的学生应有相当广泛的常识与训练，而能在不同条件下，分析问题，做出设计。

（二）建筑学专业与工民建专业在我院的具体条件下，应有明确的分工。建筑学专业宜以建筑设计为重点，而不宜以结构计算或施工、组织计划为重点。

（三）我认为在改图的过程中，教师一定要考虑到实用问题、结构问题、材料问题，经济要贯穿到各个方面。

（四）办专门化与不专门化我没有成见。若办专门化则对师资培养可能会起一定的积极作用。

（五）在我系的设计思想上学习苏联不力，热情不够，我认为是不可否认的事实。但若一定要按照苏联而不结合我国情况，我认为也是不妥当的。

（六）片面地强调立面体形以及表现艺术都是不正确的。

（七）我认为在建筑设计中，对于有些题目是可以不受规范限制的，如各种特殊建筑物，纪念碑等。在学校建筑设计题目中要实事求是地去分析问题，我不赞成过分强调规范，在设计院工作则不同。我觉得这样可使同学易于掌握基本设计原理，遇到不同的情况可以灵活应用，不致偏于教条。

（八）对于新颖的设计方式，我认为可以让同学们采用，但是必须懂得它的所以然，在材料施工各方面都应心里有数方可。在总的设计训练中还要掌握适当比例，反对一味追求新奇，盲目抄袭。

（九）做建筑设计不应以形式出发，这是我常向同学讲的，但我以为有时候也可以。例如设计一座纪念碑，在这里形式上能否产生一种令人肃然起敬的效果，就成为在用途上突出的要求。但毕竟我们不会每个人一年四季都在设计纪念碑，所以不能让两只眼睛只看见特殊的口味，而忽视一般的。

---

* 1958年对建筑学专业教改提出的意见。来源：东南大学档案馆

（十）在一次建筑群的设计中，我曾说过，我不反对做几幢高层建筑以资练习，同时又对另一个同学说，在他的设计上最好不做水塘边那幢高层建筑，常常因为地脚会发生困难，不经济。但是倘若你那里泥土下面有磐石的话，那你就可以做。我认为我们这样也行，那样也行，最好能说明道理，才不致于迷糊人。

参加哥本哈根国际建筑师协会执行委员会工作报告*

一、一般情况

每年一度的国际建筑师协会执行委员会今年是从九月五日至十日在丹麦首都哥本哈根举行，由北欧地区四个国家，芬兰、挪威、瑞典、丹麦最近又增加冰岛，共同出面做东道主人；而这次组织工作的具体负责人则是丹麦的建筑师协会。该会会长是韩逊建筑师（Hans Henning Hansen）。

这次到会者共有17个国家的建筑师。15个国家代表席中，除到有瑞典、法国、荷兰、苏联、美国、墨西哥、古巴、希腊、日本、匈牙利、西德、波兰外，另有意大利代表临时因事请假，土耳其代表来电说拿不到护照签证。协会主席马东奈斯（智利）来电表示遗憾，不到会，并请马休副主席（英国，苏格兰爱丁堡大学教授）代理主持会议。执行局的其他两位副主席，中国（杨廷宝）与葡萄牙的拉莫斯教授，司库凡贺甫（比利时），秘书长瓦哥（法国）和前任主席祖米教授（瑞士）均落会。苏联代表阿布拉西莫夫（Abrosimov）未到，由莫斯科建筑学院Chkvarikov教授出席，亦不能操英法语，故在会场上与他国人接触较少。

开会地址在丹麦建筑师协会旁边一座应用美术陈列馆的会议厅。会议之外又插进一些古代建筑、新建住宅区和公共建筑的参观，政府机关的接见宴会及学术讲演等节目。开幕时首先由丹麦学会主席致欢迎辞、代理主席答谢后即进行议程安排的各项工作。主要报告了新会员国的接洽入会问题，各工作委员会工作进行情况，与其他国际团体关系，1961年伦敦大会筹备情况，执委会改选等问题，修改大会代表人数问题，财务收支报告，各项出版问题，各地会务活动情况，国际建筑设计竞赛，国际建筑师协会奖牌等问题。总之，这次会上各项议程进行情况尚属顺利。

* 1960年9月24日杨廷宝手稿。来源：中国建筑学会综合部

在开会过程当中，曾有丹麦首都市政府隆重接待，并由总工程师介绍丹麦京市哥本哈根的都市规划，乐都湾新建区的县长接见，还有丹麦的居住建筑工程部的宴会。参观丹麦皇家美术学院建筑系时曾招待吃酒和点心，参观丹麦的“常期”（Den Permanente）工艺美术展览会时亦曾招待午餐。临别晚餐是在林区海边的一座近代美术馆内举行并有歌唱音乐节目。

这次会议中虽未出现什么尖锐的政治斗争，但还是反映了一些当前国际情势的新发展。

二、几个主要问题

（一）主席、副主席候选人问题

谈到这一项议程时，副主席英国苏格兰人马休教授首先表示明年任期届满，拟不再连任，可给别人一个机会。我们中国的副主席职位也是明年到期，英国人既已表示谦让，我亦同样略作表示。关于主席候选人，瑞典代表首先提马休教授，当即有许多国家赞成。荷兰建筑师协会推荐（书面）本国的凡·登·布洛克（Van den Broek）。宣布后，会上未听到复议了。我本考虑提瑞典名建筑师奥尔逊（Olson），此人在海牙大会上表现甚好，可惜在此次开会前约旬日病故。瑞士人祖米（Tschumi）教授已做过一任主席，据工作委员会负责人伍喀（Vouga）表示瑞士希望下届能取得执行委员席次，似无意再竞选主席了。古巴代表年轻对会务似不够熟悉，巴西现在执委会中无人。因此我就未提任何候选人而只说请大家先考虑吧。事后向大使馆汇报，郑大使亦觉得这样办，我们可以保持主动。

谈到副主席候选人时，匈牙利代表提阿布拉西莫夫（Abrosimov），苏联史可瓦利可夫（Chkvarikov）当即表示他亦赞成英国马休（Matthew）作主席候选人和阿布拉西莫夫作副主席候选人。英国马休提出他主张仍请杨廷宝教授继任副主席。马上就有瑞典代表阿尔伯格（Alberg）表示拥护。波兰又建议墨西哥的喀隆那（Corona）作副主席候选人。最后酝酿结果是主席候选人：

马休（英国）Robert H.Matthew

凡·登·布洛克（荷兰）Van den Broek

副主席候选人：

杨廷宝（中国）

阿布拉西莫夫（苏联）Abrosimov

喀隆那（墨西哥）Ramon Corona Martin

凡·登·布洛克（荷兰）Van den Broek（若是主席落选则作为副主席候选人）

以上作为执行委员会初步酝酿的名单，将寄发各会员国，请各会员国作进一步的考虑，还可再增加提名。

司库候选人仍是凡贺甫（比利时）

执行委员会代表席次初步酝酿如下：

（Ⅰ）西欧北非

西班牙

瑞士

荷兰 *

英国 *

（Ⅱ）东欧近东

捷克斯洛伐克

保加利亚

以色列

苏联 *

（Ⅲ）南北美

古巴

美国

巴西

（Ⅳ）远东

中国 *

（* 倘主席副主席落选时）

（二）与联合国的关系问题

碰巧有一次我和秘书长瓦哥两人在赴会场的途中谈到我们国际建协与联合国的关系问题时，我说你知道中国不在联合国，若是这个业务咨询关系超过一定范围时，我们是不能办的。他说他完全了解，所以他一向就很注意这些问题，说："而且这个问题还不仅只牵涉你们中国一个国家；因为我们还有别的国家亦不是联合国的成员。"

美国建筑师茄琪尔（Churchill）在纽约与联合国有关机构接洽业务联系及取费要求说结果是"不得要领"。瑞士伍喀（Vouga）报告在日内瓦与联合国接洽的业务联系亦未达成协议。只是法国建筑师一向在巴黎同联合国下面一个教育科学文化组织取得有关居住建筑的研究工作，去年收到三千元美元费用；但大家认为付费太少，今年要争取四千元。

（三）邀请执行局与执行委员会问题

秘书长在会上报告各个工作委员会开会日期及做东道的国家之后，说1962年的执行委员会已由瑞士担负东道，中国亦有表示很愿做一次东道，但是去中国的路程很远不太容易。我接下去说："是呀！我们中国分会本来预备邀请执行局，若是今年召开的话，就在北京举行；我想交通情况这几年改进得很快，再停三四年就是在北京举行执行委员会也不成问题。"最后秘书长建议把中国邀请的盛意暂留在记录上，将来到适当的时候再考虑。

（四）香港问题

瓦哥秘书长报告联系可能参加的新会员时，只用几句很简单的话说澳洲、奥地利、加拿大、中国香港、爱尔兰等等都尚未决定参加。印度似有参加的打算；但随后来信又说已决定暂不参加了。马休教授补充了两句说对于这些和英联邦有关系的地区，他将来遇机会还可以再同他们谈一谈。

三、个别接触

这次路过莫斯科时，在旅馆餐厅曾遇见前在北京设计苏联展览馆的安得列耶夫建筑师和他的爱人。交谈时他们都还表现很亲切，安得列耶夫说他本拟请求参加建筑师访华团，但是未能得到上级的批准。这次去哥本哈根开会不是阿布拉西莫夫而是莫斯科建筑学院的史可瓦利可夫教授。从前在莫斯科曾见过几次面，这次在会上相互周旋不亚往昔。他不能操英、法语，与他国代表接触不多。苏联编印的国际建协莫斯科大会报告文件已出版，他送我一册，存学会。

这次代表古巴出席的是一位比较年轻的建筑师——马锡亚斯（Raul Macias France），对我们中国表现很友好，曾数次主动同我交谈，我亦数次同他坐在一道，告诉他我在中国已经吃到古巴的糖。他说："是呀！中国的粮食也到了古巴啦！"他说美国宣传古巴杀死许多中国人，这完全是造谣。他在古巴一个国家管理建筑机构里面工作，他的政治态度是很清楚地反帝的。

日本代表是前川国男（Kunio Mayakawa），他是1959年比利时世界博览会上设计日本馆的建筑师。去年在葡萄牙里斯本举行的执行委员会上发言态度颇积极，这次在会上发言不多，曾说这个国际建协似乎主要是西方建筑师的活动。有一天开会之前，大家都在草坪上散步，他拉我到一旁说："请原谅我，可否让我问你一个不够客气的话，听说中苏有些不同意见是么？"我说："那不会，都是社会主义国家。"他说："噢！都是社会主义国家，应该不会，恐怕是谣言。"

茄琪尔（Henry Churchill）是美国费城的一名67岁的建筑师。他认识我的几个从前在费城留学时的美国同学，现在都是费城的建筑师。他亦认识梁思成先生，这次还让我给梁先生带好。他喜欢写作有关建筑的文章，那次参观丹麦建筑材料展览之后，他邀我们三个副主席一块儿去吃便饭。饭后回到旅馆时我请他夫妇吃了一杯酒。谈起来许多人想到中国旅行，他说他也很希望能有一天到中国去看看，但他很怀疑他的政府肯给他发护照，他认为是没有道理，表示很遗憾。

马休（Robert Matthew）副主席是苏格兰，爱丁堡大学建筑系教授，以前在伦敦城市规划设计部门工作过。我第一次遇到他是和他的夫人在意大利参加1956年的执行委员会，去年在葡萄牙里斯本又同住在一个旅馆，一向对我态度很好。今年似乎又特别地向我表示友好，在会上他提我做下届副主席候选人。有一天在游览汽车上坐在我的旁边说他明年八九月间也许要去香港一个学校有事，事毕之后他想顺便到日本和大陆旅行，问我有无可能。我回答，可能我想是有可能的。他跟着说到适当时候他预备给我写信。估计这个情况，1958年我们请智利马东奈斯主席（Mardones）来中国游历，他是知道的，大概很想届时由香港进来。如果他届时来信要求，我们将怎样答复，似宜先做必要的考虑和准备。

马东奈斯主席这次未到会，在会上报告因为他的国家遭遇了不幸的地震。但是会外秘书长瓦哥说他写过许多信和打电报都没有收到回信，又听说他到过巴黎一趟但未向协会露面，使他很不好做工作。原拟在智利举行的工作委会，他亦不能招待了。故此关于赴南美的计划，亦无从着手进行。古巴代表说他不拟去美建筑师大会，亦不了解详细情形。

希腊代表克切克斯（Kitsikis）1955 年在荷兰大会上给我们的印象是很反动的，这次他来参加执行委员会。他说他有一个兄弟是希腊共产党员，两年前他自己的儿子和他的兄弟曾到我们中国访问过。

四、对今后工作的意见

关于明年的伦敦大会：

这次会上美国代表提出希望各国早日送进参加大会人数名单以便及早预订旅馆。这次伦敦大会的中心题目是“新材料与新技术对建筑的影响”，可能有些东西对我们有参考价值。是否可以选派代表时，亦考虑到将要分担的任务，回国后可以整理出一套参考资料。

关于执行委员会参加开会问题：

国际建筑师协会自瓦哥等发起组织以来，一切事物主要是由一批谙法语的建筑师们所操纵。开会时所用语言虽然列法、英、西、俄四种，而重要文件仍以法文为主。所以不懂法语很不方便，为培养此项工作的后继人材，最好是能使用法、英两种语言。

关于参加开会的准备工作：

为了宣传祖国社会主义建设的辉煌成就扩大影响，似宜由学会经常收集资料准备展览，或制成五彩幻灯片或活动电影，还可以准备几篇有关我国建筑动态的简短演讲稿子，以备不时之需。建筑杂志，若用作交换物品，最好能再求提高纸张及印刷质量。

建议学会编辑同我们有关系的各国建筑师人名卡附简历及其政治态度以便随时参考。

1960.9.24

我对建筑设计教学的看法*

我以为建筑学专业与中等技术学校有所不同，在中技学到一套办法，毕业生在一定的条件下，就能马上应用；但在建筑学专业的毕业生应用相当广泛的知识和训练，而能在不同条件下做出设计。片面地表现立面形体以及表现艺术是不正确的。

我认为在建筑设计中，对于有些题目可以不受规范限制的，如各种特殊建筑物及纪念碑等。在学校建筑设计题目中要实事求是地分析问题。

我不赞成过分强调规范，在设计院工作不同于学校。为使同学易于掌握基本原理，遇到不同情况，可以灵活应用，而不限于教条。

对新颖的设计手法，我认为可以让同学采用，但是必须要弄懂它的所以然，在构造、材料、施工各方面都大致心中有数方可。在总的设计训练中，还要掌握适当比重，反对一味追求新奇抄袭。

做建筑设计不应从形式出发，这是我常向同学讲的，但我认为有时说也可以。例如设计一座纪念碑，在这里形式上能产生一种肃然起敬的效果，成为它用途的突出要求。但毕竟我们不会每个人一年四季都在设计纪念碑，所以我们不能让两只眼睛只看特殊的而忽视一般的。

在一次建筑群的设计中，我只说过我不反对做几幢高层建筑以资练习，同时又对另一个同学说，他的设计中最好不要水塘边那幢高层建筑。常常因地质条件发生经济困难，但是倘若你那里泥土下面有磐石的话，那你就可以做。我认为我们说这样也行那样也行，最好能说明道理，才不至于迷糊人。

杨廷宝　1958 年

---

* 此文系根据“双反”时所写大字报内容摘抄，原载建筑系《教改专刊》1959 年 1 月 1 日第 4 页。来源：东南大学档案馆。标题为主编后加。

1953年在中国建筑学会第一次全国代表大会第二次理事会会议上的发言语录*

大家异口同声“要人，要资料”，但人从哪里来？我做教学工作、培养人才，但感觉也有很多困难，尤其是教员方面，都是年纪较大的，对新的东西知道的少。希望能抽出一些时间来做一些讲演。对设计资料，希望各地寄给我们一些资料。中国建筑史图集，各方面要的很多，想把册子再扩充正式出版。

* 此语录是杨廷宝先生在中国建筑学会第一次全国代表大会后不久，时任建筑工程部周荣鑫副部长听取建筑学会各理事对当时学界存在若干问题的理事会上的发言。来源：中国建筑学会综合部

1954年在中国建筑学会第一次全国代表大会第六次常务理事会讨论会上的发言语录*

任何一个建筑物，通过建筑师设计，不管是大是小，都应该设计和建筑得很好。建筑师得工作应该是全面性的、综合性的，不仅注意建筑艺术，同时也应该考虑到结构和材料等方面的运用，否则浪费就会很大。

* 此语录是杨廷宝先生在第一届全国人民代表大会刚闭幕之后，召开的中国建筑学会第六次常务理事会上，讨论周总理政府工作报告中批评基本建设工程中浪费现象时的发言。来源：中国建筑学会综合部

我的简历*

致伦敦西一区普德兰广场66号
英国皇家建筑师学会转
情报主任麦尔克姆·麦克埃文先生

亲爱的麦克埃文先生：

根据您9月29日来信的要求，随函附寄我所写的有关在伦敦召开的国际建筑师协会第六届大会的几段短文。请念念看，是否符合您的要求。同时，我还附寄我的一张小相片，下面就是我作为一名建筑师的生平简历。

我在1921年从北京清华学校毕业，接着赴美国宾夕法尼亚大学从P. Cret学习建筑学；1924年毕业，翌年又在该校进修，接着就在Cret先生的事务所中工作。1926—1927年往英、法、比、瑞士和意大利作建筑业务考察旅行。1927年回中国后，开始了我的建筑师业务工作并成为北京、天津、上海、重庆和南京的建筑师和工程师们办的关、朱、杨合伙公司的负责人之一，这是中国解放前最早和最大的建筑事务所之一。1944—1945年因建筑业务方面的任务，我在美国、加拿大和英国。从1940年起我即在后来改为南京工学院的从前的中央大学建筑系中担任建筑设计的教授工作，后来担任该系系主任一职。现在我是南京工学院的副院长。我在1954年和1958年连续被选为中华人民共和国全国人民代表大会的代表。在中国建筑学会中，我担任副理事长的职务。

您的真诚的
杨廷宝（杨是我的姓）

1960年11月24日
于北京西郊百万庄
中国建筑学会

---

* 1961年6月，杨廷宝参加了在英国伦敦召开的国际建筑师协会第六届大会，并主持了一个关于新材料、新技术对建筑影响的讨论。会前应英方要求，在国际建协刊物上发表了一篇文章、一幅水彩画和一张照片。此文即为杨廷宝于1960年11月24日给英国皇家建筑师学会麦克埃文先生邮寄上述材料的附信。来源：中国建筑学会综合部

英国城市规划、建筑与施工的一些观感*

中国建筑代表团在参加1961年国际建筑第六届大会期间曾经参观了一些英国预期新建的城市与建筑。因时间短促，未能深入研究。仅将访问中的一些观感和体会写在下面以供参考。

（一）城市规划

英国的城市规划，远在第一次世界大战之后即有所谓花园城市的理论。主张将城市的住宅区远离城市，集中地建造在大片绿地当中，保持环境安静，以增进居住的卫生条件，并且与城市的工业区域分割开来以防止工业废气烟尘的污染与噪音的干扰。这种理论逐步地发展，一直到第二次世界大战之后，才在实际上有所实现。代表团这次参观的几个新城市，如哈劳、克劳雷、考文垂、堪波诺特等即属于这一类城市的典型。

第二次世界大战之后，英国城市遭到比较严重的破坏。在住宅方面，大战期间有202 000幢全部被毁，25 500幢遭到严重破坏。453 000幢需要进行彻底的修理，居住情况恶劣，急需大量的添建新住宅，以解决居住问题。同时由于资本主义城市的盲目发展，现有大城市如伦敦、格拉斯哥等工业与居住杂处，人口及建筑的密度过高，严重地影响居民的健康与生活，就不得不提倡新建卫星城镇以疏散大城市的人口，减轻某些工业的负荷。因此在1945年英国通过了一次城市建设法，由政府供给投资，由私人组织成所谓城市开发公司，负责规划设计与建设工作。建成的房屋或租或卖，其经营所得作为偿还政府贷款的利息，并且要求全部政府的贷款，在六十年内必须本利还清。在这一项法规之下，英国战后就新建了十五个城市，在伦敦周围的卫星城有八个。

＊1961年8月访英考察汇报提纲。来源：东南大学档案馆

城市开发公司的业务范围很广，其中包括工业企业的建设、住宅的建设、公共建筑公用建筑的建设以及修复工程及其他市政工程。

在伦敦和其他大工业中心附近新建的卫星城甚多，如艾克利费、巴泽尔敦、布雷克夸尔、考尔毕、克劳雷、块布伦、哈劳、赫麦尔、赫姆斯梯德、彼得里、斯特维涅什、魏尔温、哈特菲尔德、堪波诺特，等等，代表团这次限于时间只参观了其中的两个。

这些卫星城镇一般距离母城或中心城在 25 ~ 30 英里之间。与母城有一定的防护距离而又有便利的交通干线，以资生产与工作上必要的联系。在工业生产上，一般选择一些污染性、干扰性不大的轻工业迁至卫星城的边缘，另立工业区，工业原料的输入与成品的输出仍靠交通运输干道来供给，而居民在生活上的一整套文娱福利教育等设施则是全部配齐设置的，不需再到大城市中去。

这些卫星城市的规模一般在 5 ~ 7 万人上下，达到这一数字就不再增加扩建。已有扩建也是限于人口自然增殖范围之内。

另外代表团还参观了一座战争中受到严重破坏、战后经过重新规划而新建起来的新城市考文垂。这一城市在规划原则上与其他卫星城市有很大相同之点。

从参观到的几个战后新建城市中看到几个明显的特点：

1、道路功能分工，城市中的几个居住小区内部道路尽量不使其穿线。穿线道路均由小区外缘经过。

2、城市设置一个生活中心，其中包括各种市级商店、百货公司、饭店咖啡馆、文化娱乐设施。这一中心从设计及规划上使汽车不能穿入，行人可在内自由活动。一般方法是抬高几个踏步或瓶颈方法以禁止汽车通行。其间广场上布置一些名人雕刻、花木、喷泉，或者音乐亭子等，而形成一个安全与热闹的城市生活中心。

3、在这一市生活中心的外围或屋顶上设有停车场。

4、每一居住小区中心设有区级小商店供应日用品食品等。

5、每一小区设小学一所为本小区服务，学童可不穿越交通干道。

6、小区内车道多用死胡同办法，以限制交通。

7、工业区设置在城市外围使工业运输交通不穿越居民区。

8、住宅多采用二层小住宅方式，每户均有小花园绿地。

9、由于汽车工业发达，住宅附近或住宅内均设有车库。

但由于兴建时期及条件有所不同，各个城镇的情况也有大同小异之处，现将参观的几所新建城镇的简单情况及规划特点分述如下：

“考文垂”新城

“考文垂”是英国中部的一个老城，工业与手工艺都很发达，为英国航空工业中心，在第二次大战时期破坏极严重。战后由开发公司重新规划建设，现在新的城市面貌已经形成。面积有 19 171 英亩，人口有 305 000 人。工业有钢铁、汽车、航空、工具（它的工具工厂自我吹嘘为世界上最大的）、精密仪表、轴承、柴油机、塑料、煤气仪表、电表、纺织、人造丝、电器工程、电视设备、水利工程设备等工厂，各项工业比较齐全。

全市约有 40 所学校。其中有 16 所近代中学，4 所罗马天主教中学，2 所大型小学及 8 所一贯制学校等。

城市规划的特点是：

1、该中心区第二次大战期间全部被毁。现全部按新规划重建，成十字形，行人生活中心区车辆不能穿越，中心区内有各种商店、饭馆、旅馆等，形成一安全热闹的中心地带。商店有二层街道，上层挑出，商业网根据商品性质布置，不集中一处，布置较灵活合理。十字形街南为圆形菜场，屋顶为停车场。

2、外围是住宅区，分三大部分，每一部分又分三小区，计分 9 个小区。每个小住宅区有一小商店，供应日用杂货。住宅区处理简洁经济，自由布局，一般为 2 ~ 3 层，多采用外楼梯和外廊式。每小区也有停车场，车子不致通过住宅中心。

3、除商业中心区外，有旧的政府大厦及新建政府大厦。中心区有艺术博物馆、电影院 17 所分布在各住宅区。但空间的分布新旧建筑参杂其间，尚有零乱之感。

4、大多数采用传统建筑材料。学校建筑采用型钢架，铝面板，造价高昂。

5、计划有内环路及外环路现尚未形成。

“克劳雷”新城

“克劳雷”距离伦敦市中心 25 ~ 30 英里（40 ~ 50 公里），伦敦外围 8 个卫星城镇之一，是在原有一小镇上发展起来的。面积 6 000 英亩，第一批工程 4 600 英亩，现已完成。人口 55 000 人，其中 1 万人为原住人口，45 000 人从伦敦迁入。该城规划图于 1948 年由英国建筑部批准。全城分四个居住小区，一个市商业中心，一个工业区，2 个将来发展的小区。全市有 3 所中学，一所大学，四个小区每区有小学。规划特点：

1、工业区集中一处，设在外围，面向伦敦市区。车辆由工厂直接通往伦敦，不穿越住宅区或商业区。主要工业有钢铁业、木作、食品、塑料、印刷、电子管等，以轻工业为主。1951 年有 96 所工厂，115 000 名工人，另 12 所正在兴建中。整个工业区的分布较整齐，外观整洁。

2、主要干道从小区外围而过，每区5千至8千人。小区中心有小学一所，小学生可以不必穿过交通路；小区设有日用杂货店、面包店、小教堂、集会场所等。

3、建筑物一般为2层的建筑，有一万所住宅为出租而建。只有少数公寓，大部分是低层的小住宅，有自己的花园。典型是三室户，起居室21呎 ×11呎（6.3米 ×3.2米）。老人退休住宅4米 ×3.4米，单层一室户加厨浴。有1 500所住宅是出售的。市中心有各种商店，不通过。中心有广场、喷泉、花槽、音乐厅、花木。整个布局显得既不拥挤也不空敞。

4、全市道路60英里长，有公共汽车、运动场、游泳池、剧院、电视舞场等建设。

该市为参观中比较完整的一个卫星城。

“哈罗”新城

哈罗新城是伦敦外围新建的8个卫星城镇之一。是完全新建的，兴建时间也较早，城市规划比考文垂新城小。它的规划特点：

1、中心区成方形广场，四周皆商店。但中心广场有敞式商店甚多，看起来较零乱。

2、用地较空敞不够紧凑，这与克劳雷新城不同。

3、高低层建筑相结合，多为四层，兼7 ~ 8层的，这种高层公寓式建筑比其他城市如克劳雷多，但住宅区多为小住宅建筑。一般为2层，与其他新城相似。

4、许多公寓用外楼梯。

5、住宅区中有许多死胡同，道路高速车道交叉用大圆盘解决甚多。

“堪波诺特”新城

在格拉斯哥附近新建的卫星城。规划已完成，并建有部分住宅区。规划人口7万，其中4/5是格拉斯哥市移出以疏散人口。地处苏格兰中心工业部分之低地，去北部的干道由城北经过，南北2公里，东西4公里（41 500英亩），山地有起伏。规划期为20年，由一开发公司经营建设设计工作。规划特点及原则如下：

1、有一紧凑的商业中心。现仅盖有小部分住宅与商店，由300户构成一小区；每小区有小商店。

2、行人道与车道分工。

3、外围有绿地、运动场。

4、住宅区分为单层，4间房，木板墙，每家有小院。室内设备较好。每户住宅有汽车库，全部约有14 000部汽车。

（二）旧城市的维修、改进及其他问题

1、从伦敦和爱丁堡两大都市看来，改建新建不多。爱丁堡几乎看不到新建筑；伦敦的新建筑也只廖廖十余所，有一 32 层的新建筑目前正在施工。这些高层建筑位置看来不很适当，新旧建筑显得不协调。

2、房屋维修较好，战后曾用大量投资作维修工作，一般整洁有条理，色彩悦目；维修材料配制较好，使用方便。绿化的作法雅致而又经济。伦敦的几个大公园位置适当。公园中花木的培植疏密有致，开朗而又无单调之感，所需管理人员较少。

3、交通和生活日用品的处理较为方便，公共场所的组织工作较好。如航空站每日 700 ~ 800 航次，秩序井然，有条有理的卸发行李等手续简便且快。据称在英国一般私营企业均有此特点，而公营企业则不知。

4、从伦敦的道路交通来看，道路窄，车辆拥挤，不得不采用一些单行道及立体交叉来解决。铁道车站及地下道脏且乱。

（三）民用建筑

住宅建筑

1、英国住宅建一般均采用联接排列形，二三层小住宅方式。每户均有小而自用的花园，大门离行人道皆有四五米的绿地，另一面即是住宅自己的花园 10 ~ 20 米深不等。

2、小住宅的结构多采用传统材料——砖墙木地板瓦屋顶。但砖的色彩调子变化甚多，砌工整齐，木工精细准确。

3、墙面的色彩与窗户的色彩配合得很好。门窗多油漆淡乳色，与红墙成明快的对比。窗采用整块的玻璃，玻璃的质量甚好，平洁无比。

4、房屋面积较小但布局紧凑合用。

5、室内设备质量甚好。卫生设备与厨房设备齐全，煮热水器既可用煤又可用电，占地极少，一般均放在楼梯下面，使用便利。

6、立面多整洁可喜。

7、居住区内道路绿化均较好，环境安静。

8、一般造价较高，合我国 160 ~ 300 元 / 平方米。

学校建筑

战后新建的中小学校多为高质量的建筑。采用型钢结构大玻璃窗新型家具塑料地面的较多，考文垂一所女子学校，采用了铝质墙板，大玻璃窗，室内明朗清洁。

小学校多采用内院四方形式，亦有将中部作为休息大厅之用，室内色彩丰富，采用花纹色彩塑料纸的墙面装饰，或壁面作装饰。

一般用单层或二层。有室内操场及室内体育馆。校舍内院多采用草坪绿化。

学校的家具及设备甚佳。采用通光均佳。考文垂女子中学内有音乐室、食堂、试验室等设置。施工质量甚高。建筑面积亦较宽。据说每学生有 72 平方英尺的面积。

伦敦市女子学校有 1 200 学生，每学生基建投资为 265 镑，总建筑造价为 318 000 镑。

公共建筑

各新建城镇都有娱乐场所。在伦敦的国家电影院系利用南岸桥台下面空间以桥墩作墙，桥顶作屋顶，这一设计可说是别开生面。造价经济，影院内设备也较考究。

皇家音乐厅的音响处理极佳，公认为世界最佳的音响效果。虽然离公路桥甚近，但由于噪音的完善处理室内并不受音响干扰。能巧妙的利用观众厅以下的空间，作开敞式的建筑处理显得厅内明朗活泼。内部装饰甚雅致美丽。

施工

施工场地一般面积小。采用钢脚手架；充分利用地盘，采用活动模板；模板多用七夹板上涂塑料可以重复使用十二次之多，而且捣出的混凝土表面光洁不需粉刷，混凝土质量甚佳。设计人员在现场有办公室配合工作。

代表团参观了一个 12 层的办公楼，该楼施工期限 8 个月，7 天盖一层（结构部分）。每天所需工人为：混凝土搅拌工 4 个，木工 12 个，吊车工 1 个（固定在基础上高 140 呎臂长 80 呎端部可吊 1/4 吨，近部可吊 5 吨），粉刷工 6 个，卫生设备安装工 6 个，电工 2 ~ 3 个。混凝土内留洞均用泡沫塑料胶在模板之上，装设构件时用火烧去甚简便。一般而言施工组织严密，用人较少，施工速度并不太快，而施工的质量是较好的。

此外，代表团参观了两个混凝土构件预制厂和一个家具厂。混凝土预制厂主要是预制，大梁屋面板及墙梁长 12 米，工字形，用快干水泥 24 小时可达 9 000N/ 平方吋强度。该厂规模小，产品质量并不甚高。

家具厂主要是生产沙发。木料从罗马尼亚及保加利亚进口，多为硬木木工用机制，可作不规则形木件，端头用小圆木，动物胶结实，内衬垫用泡沫塑料及橡片毛三种，面层用毛织品。木表面用泡力斯，但不太光，是暗棕色。钢丝弹簧及铁边线坚固，软垫用模铸。家具设计轻巧、精确、舒适。木料含水量 10% ~ 15%，空气干燥色不变。

生产的家具质量较高而量并不太大。一般桌椅橱柜等大量家具的工厂此次没有参观到。

回忆我对建筑的认识*

当我还在清华学堂念书的时候，学校里正建造三幢大房子：图书馆、体育馆和大礼堂。工人们怎样去挖土、打桩、砌墙给我留下很深刻的印象。我还看到一位负责施工的建筑师经常在工地上来来往往，介绍图样，照料工作。快要毕业的时候，我去访问了他，听他说建筑这项工作里，既有应用科学也有应用美术，我感到很有兴趣。因为我本来想学机械或者绘画，建筑既然是两方面的结合。那就再好也没有了。

我在美国费城宾夕法尼亚大学建筑系学习期间，进一步了解到建筑的双重性。我看到教学计划里既有一系列的美术课，如素描、水彩、绘画史、雕刻史；还有一系列的工程技术课，如力学、结构、木工和瓦工。但当时哪位学生的艺术水平高往往就容易在设计图上得到较好的分数。在欧美各国，自从古罗马时代维特鲁威提出"适用、坚固、美观"为建筑三要素以后，一般建筑师都奉为金科玉律。实际上在近代资本主义国家，许多建筑师渐渐走向专业化的道路。他们把工作重点放在建筑设计上，而把结构计算和工程实施都推给结构工程师和承包商。这样就显得适用和美观的要求对于建筑来说特别突出。建筑师的艺术训练有些基础，他也就特别容易在这方面表现自己，标榜自己，并以此拉生意。这种情况对学校的学生有很大影响。记得有一年暑假，我在费城替一位建筑师画了一张水彩渲染的透视图，表现一座预备建造的办公楼。本来施工图样都已经准备好，只是业主总是犹豫不决；及至看到这一张水彩渲染透视图后，才算满意了。

我的建筑设计教师是个法国人，到美国宾夕法尼亚大学建筑系教书，并且在费城执行建筑师业务。第一次欧战时期，他回到他的祖国法兰西参军，被派到炮兵营里当兵，耳朵震坏了，成了一个聋子。后来因为发现他是一个建筑师，才把他调到别的部分工作。他夫妻二人没有孩子。他的生活很简单，就是每天上午到事务所工作，下午到学校改图。

* 据 1968 年 2 月思想笔记整理。来源：《杨廷宝建筑言论选集》

为人很诚恳负责，改图很认真。他过去在巴黎美术学院建筑系学习，就把那一套学院派的教学体系带到宾夕法尼亚大学。他比较偏重艺术手法，认为结构问题到实际工作中自然会有结构工程师去解决。他对于希腊、罗马的古典建筑以及文艺复兴时代的建筑是很熟悉的。作为他的学生，在许多设计题目上，我也运用了古希腊罗马建筑或文艺复兴的建筑形式，造成很深的印象。觉得古典建筑是有它的一些奥妙的，不管在形式上或者技术上都有着不可否认的水平。是古代千百年来的工匠逐渐改善的、成熟的艺术和技术创作。我毕业后，到他的事务所实习，做过美术陈列馆的设计和大样。我的老师对于每一个细部也不肯轻易放过，必须在足尺大样上再三推敲，然后才定下来。做铁门大样时，就把铁门专家请到事务所，共同讨论修改方肯定案。设计一座普通铺面，也要用颜色铅笔画成渲染图，以便考虑建成之后的艺术效果。他自己的手笔是很熟练的，每项设计都要亲自动手，所以由他的事务所出来的设计，熟悉的人一望便知是出自他的手笔。后来他也受到欧美新建筑的影响，开始在古典的基础上加了一些近代的手法。

过去我对建筑的看法，完全是根据我求学时期所形成的观念。在工作实践中又进一步感觉到，搞建筑设计工作，需有广泛一些的常识。认为建筑设计是多方面问题的大综合，大协调。建筑师应能处理随时发生的各种矛盾，不但在设计过程中而且在施工进程中，他的工作等于是抓总。新中国成立后，经过一些学习，关于建筑的服务对象问题，有了不同的看法。记得当时在给学生讲课当中，谈到“建筑认识”时，我是这样讲的：“建筑是解决人生衣食住行四个问题之一。‘住’并不单指卧室而言，就广义来说，凡日常生活上所需用的各种蔽风雨的建筑物都要包括在内，工作的地方自然也不能例外。建筑是具有双重性的。它是融化应用科学与应用美术而成为一种应用的学问。所以只爱绘画而对于数理苦恼的同学不适宜学习建筑；喜欢数理而遇到绘画就发愁的同学亦不宜学习建筑。建筑是反映时代的，什么样的社会环境，自然会产生什么样的一种建筑。在以往的封建社会与资本主义社会中，很自然地产生了一些建筑物专供少数人和有钱人的享用，历史上这种例子太多了。现在一切都要以服务于人民大众为主旨，将来的各种建筑自然会反映这个新的社会环境。在建立新中国的过程中，我们可以断定要有大量的工厂建筑。这些工厂要包括厂房本身，工人住宅、医院、俱乐部等。其他公共建筑如图书馆、博物馆、影剧院、体育场、商场、车站、学校等，以及整个的都市计划，一旦建设开始，必须用大量的建筑人才。”

既然是这样，在工作中我们就应该注意一般的大量性建造的建筑，要执行勤俭办一切事业的方针。要贯彻执行“适用、经济、在可能条件下注意美观”的建筑方针。

近年来应用科学实践猛进，不惟建筑材料日新月异，即结构形式、施工技术也多创造发明。对于建筑的概念不再是仅限于砖瓦木石和日常的结构形式和施工方法。这就使建筑上的应用科学因素增加，而使形式和艺术退居于从属的地位。拿一座歌剧院来说，它的视线问题、通风问题、音响问题等又都牵涉到一系列的新科学。今天的建筑师就不能局限于砖瓦木石当中去打圈子。即使是大量性建造的一般房屋建筑，建筑师也应该熟悉结构计算和普通的施工技术，庶几在日常情形下都能担负起责任。这些情况，使得它的艺术性应该逐渐退居次要地位，而它的科学性日渐突出。因为它影响施工便利和节约造价。这个看法有时我也和建筑界一些同行谈过。

在资本主义社会里，建筑师和医师、律师、会计师等是并列的。他们认为这些都是属于自由职业者。在我们社会主义国家里，这个称号只能代表工作上的不同分工，而不是什么高人一等的荣誉称号。既然建筑是一种大综合的工作，就需要多方面的工作人员共同协作。建筑设计也需要集思广益，决不能闭门造车。当然这种大综合的工作，也需要经过建筑师的技巧把它们综合起来。我从前认为一个理想的“建筑师”，应该是一个熟悉建筑历史，富于想象力，善于分析事物，掌握绘图技巧，了解工程技术，具有广泛常识的综合协调工作者，既是一位应用科学家，也是一位应用美术家。根据这种想法，所以我对于中外的建筑历史都是很有兴趣的，随时都愿意多了解一些，喜欢参观建筑名胜古迹，想象当年的人们是怎样利用那个时代的建筑去进行他们的各项活动。每次看到一个设计图样或建筑物，多少总要动一动脑筋加以分析，假若自己去设计的话，将怎样处理？这样办虽然每次不去绘出图案，也能得到思索过程的训练。至于绘图技巧，那只有多作练习，熟能生巧。我经常喜欢遇到机会就随意作些速写，无论什么题目都可以画的，当然建筑题目更好，因为同时又增长关于建筑的知识。在工程技术方面，我注意掌握一些结合应用的概念，不追求计算。我认为广泛的常识对于一个建筑师用处很大。因为他在设计过程中需要协调各方面的问题，解决各种矛盾。这只有到处留心，随时注意了。

总之，一个理想的“建筑师”应该是一个工程从设计到完工全部工作的总指挥。施工方面也要服从“建筑师”的意图和决定去进行工作。只要这个“总指挥”集思广益走群众路线，就一定能够出色地完成任务。

关于建筑的发展方向问题*

自古建筑工作并没有什么建筑设计、结构计算与施工估价的划分，而是一竿子到底，直到完工交付使用。这种断然分工，划清范围的做法是来自欧美资本主义社会，往往矛盾丛生，互相牵扯；和我们社会主义大协作的精神完全不符合。解放前，我国的建筑业基本上是模仿欧美。就建筑教学来说，也是偏重艺术手法；学生毕业后，必须经过一段实习方能担任工作。解放后，在党的领导下，逐步改变了我国建筑业的旧制，使建筑设计、结构计算与施工估价，彼此配合，共同多、快、好、省地完成祖国的建设任务。像北京人民大会堂的兴建，总面积十七万多平方米，自始至终，边设计边施工走群众路线，开展大协作；在短短十个月的时间竣工，赶上国庆十周年应用，就是一个非常突出的例子。建筑教学方面，也增加联系实际工程环节，收获还是很大。我深信今后会逐渐地取得建筑教育改革方面的辉煌成果，为祖国社会主义建设事业造就得力人才。

为了使我国建筑事业进一步飞跃发展，应重视城乡规划，避免部署不当造成损失。至于建筑设计，结构施工的适用坚固，经济美观也是大家经常讨论的，我在这里就不预备多说。但是我想提出一个容易被忽视的、物质条件也必须适当配合问题。关于这一问题，我认为建筑材料，就是一项重要条件。换句话说，在当前情况下，建筑材料的革新和发展亦应及时地提到日程上来。否则，若只在传统的砖瓦木石当中兜圈子，会受到一定的局限，是不容易出现什么崭新面貌的；因为砖瓦木石这些传统材料已经为人类使用几千年了。对于它们的性能和用法，久为劳动人民所掌握，今天若只在这里翻花样是很难适应我们工农业大发展的各项新要求的。为了促进我们建筑事业的大发展，很有必要创造一些新型建筑材料。我国工业已经发展到现阶段，完全有条件而且必须研究创造一些价廉物美的工业产品，以丰富建筑材料的种类。有了一些新型建

* 来源：1972年4月为《人民日报》写的文稿

筑材料，就一定会带来建筑设计、结构施工的变化和革新。办好建筑刊物，及时交流情报，亦是当前建筑工作者的一致要求。

在大力发展新材料新做法同时，我们还必须注意不可忽视的以下三个方面问题：

一，利用条件。一味追求稀有材料，迷信高档做法，而不顾实际效果是错误的。我们必须注意因地制宜，就地取材，少花钱多办事。像大庆油田发动群众，开动脑筋，利用油井出来的废油渣，掺在泥砂中作夯土墙，既可以防潮，又能增加强度，避免虫害。充分利用了自然条件，就地取材，节约运输，及时地解决了工人们居住的困难，这是有利于祖国社会主义建设的。广东潮汕一带居民利用海滩上大量蚌壳烧成白灰，掺入泥土，筑夯土墙，建成许多三、四层楼房，经历数十年不发生问题。据说这种蚌壳灰质量很高，还经常出口换取外汇。我国四川贵州地区大量使用的捆绑结构中，存在不少奥妙之处，也是值得做些研究分析，在一定条件下加以利用。山陕及豫西一带的窑洞建筑，冬暖夏凉，接近恒温恒湿，既可防空，还节约建筑材料，有些地区大可采用；而且也是今后为了发展地下建筑成为科研方面一个有价值的题目。广东英德的新建设，为了少占农田，在山坡上造房子，把开平地基的土石方筑墙，充分发挥了因地制宜、就地取材，取得了多、快、好、省的显著效果。最近几年，我们的工业发展很快，各地新建工厂如雨后春笋，可是增加生产的同时带来了污染河流，毒害鱼虾水产，或污染了空气，妨碍居民健康。如何利用三废：废水、废气、废渣，消除后患的问题已提到议事日程上来了。这是我们制造各种新颖建筑材料的最好机会。例如炼钢厂的大量废渣可以用来制造各种房屋砌块，免得堆积起来占用大片土地。现在炼油厂多了，化工副产品也相应增加，可以综合利用，制造建筑上各类塑料敷面材料，如铺地各色漆皮糊墙，各种花纹薄膜，使建筑工地上减少粉刷工作，有利于提高施工速度，减轻劳动力，同时增进美观和适用的效果。时至今日，科学发达，工艺精巧。除却利用废气、废水、废渣之外，还可能有各种各样的工厂下脚用来制造建筑材料；国家可设置建筑研究中心，使学校和施工单位参加协作，进行三结合的科学研究，向新材料新作法进军。

二，古为今用。从安阳殷墟的发掘，我们可以看到早在三千年前，劳动人民就创造出一种整体土墙现场烧结的做法，使它格外坚实耐久。隋代匠师李春在河北赵县修建的跨度十一丈多长的大石拱桥，到现在已经一千三百多年了，仍然便利行人车马，照常使用。它的特点是跨度长、流量大、体重轻、用料少。这种做法，解放后在全国范围内已大量运用推广；尤其是用在我们举世闻名的南京长江大桥引桥部分，又以钢筋混凝土代替石料，发展成为新颖美观的双曲拱。我国幅员广阔，地理条件各处不同，自古以来劳动人民的创造，丰富多彩。若系统地加以调查研究，取其精华，对于我们今天的社会主义建设，定有很大的帮助。至若华北一带，婚丧喜事传统使用的临时装配式扇活棚子，搭起来很快，还可以重复使用，转运方便。就是像旧式铺面常用的拼板门，白天取下来，夜晚装上，非常灵便。从这些事物，我们亦可得到启发，加以发展改进，用于将来的活动房屋上面。木结构在我国具有独特的发展，这些木架的安装斗榫的方法确有不少科学道理。古代的设计方法是先画草样，再作纸版烫样，方案既定，则用木制模型，把每件木料的尺寸做法样式细则列出贴在指定的木件上，然后便可进行估工算料，依据施工，随时参考，不致有误；这就是明清两代专门设计官方建筑“样子雷”家的传统方法。有一次我在国外参观一座飞机制造厂，看到一个用木料制的飞机模型，在许多部位都贴上做法和要求。领看的一位工程师对我笑着说，“你知道不知道这个办法是从哪里得来的？”他接着说，“这就是由你们中国古代‘样子雷’作模型的办法学来的。”由此看来，我们祖国古代文化决不可一概排斥，而应批判地接收它，以利于推进中国的新文化。

三，洋为中用。欧美近代盛行的各种轻型结构、悬索结构、空间结构、壳体结构等，尤其是各种类型的地下建筑与地下交通设施，我们大可参考借鉴。许多新型厂房和精密车间亦各有可取之处。瑞士的砖墙承重高层公寓亦富有参考价值。塑料制品的建筑材料既能发挥其特殊性能又可大大增加强度与使用寿命；结合处理三废，可把碎料胶合成为整料，解决重大干件的缺乏，还可用以防水防锈防虫蛀。有的加热压成日用家具以及建筑上装配式零件。至于钢筋砼的预制部件或轻质砌块，北欧有些国家已取得丰富经验。大量使用塑料贴面材料，就能非常便利施工、缩短工期。近代房屋用的小五金更是花样繁多，不胜枚举。在我们建设任务与援外任务日益繁重的情况下，岂能满足于现有的五金品种。我们学外国决不可生搬硬套，而必须记牢要达到洋为中用的目的。

在当前形势下，必须促使我们建筑事业突飞猛进，以适应今后工农业的蓬勃发展，以响应“中国应当对于人类有较大的贡献”的伟大口号。我们建筑工作者决不能满足于现状，踏步不前。我们必须认真学习，团结一致，在党的领导下，努力工作，充分利用各种条件，大力推进设计、结构、施工各方面工作，使“古为今用，洋为中用”争取早日实现我国建筑事业进一步的飞跃发展。

日本对古建筑的保护修缮和对文物的重视*

日本现在许多方面虽然极力仿效欧美，却对于文化遗产非常珍惜。把古代木构建筑列为国宝，保护修缮无微不至。不但四季游人不绝，为群众所欣赏，而且大量招致外宾，发挥了国际宣传作用，引起世界各国广大文化界的赞扬。

我们代表团这次赴日考察，任务重点不是古建筑，只是星期天招待游览。顺便到日本故都奈良，参观了法隆寺、唐招提寺和东大寺正仓院，看到他们在这些地方尽量保持它们的自然环境，林木繁茂，泉水潺潺，使建筑物的背景幽静协调，充分烘托出来这些建筑物的艺术效果。

法隆寺的历史最为悠久，于7世纪初建。自我国后汉时期（约2 000年前）中日人民之间即有往来。我国文化通过朝鲜半岛输入日本。约在6世纪中叶朝鲜百济国王遣使赠送日本一尊释迦铜佛像和佛经，自此佛教传入日本，并逐渐传播。6世纪末，至德太子（593—621年）提倡佛教，奖励儒学，曾派遣“遣隋使”留学生、学问僧等来中国，移植了不少中国的封建制度和文化，修造不少寺院佛像。建筑方面的影响是规模空前宏大的。

这种木结构的殿堂在我们中国发展到盛唐时代已经相当成熟，可惜实物保存到今天的已不易找到，而在日本则尚有奈良时代（710—784年），天平文化期（729—748年）保存下来的唐招提寺的金堂（759年）。这座大殿是在大唐东渡的高僧鉴真和尚亲自设计和指挥下，由他带去的徒弟们具体参加施工而建造成的。金堂不仅为中日两国文化交流提供极为重要的例证，而且也是我们研究唐代建筑一个至为宝贵的实物。

奈良东大寺是唐代鉴真和尚初到日本时的住所。这里的大殿曾经两度火焚两次重修，殿座规模宏大，形式颇壮丽，殿前引有泉水，平时供游人饮用。如遇火灾也可接上水龙。据说这些庙宇四周均设有救火栓和各种灭火设施。日本人对于火灾的经验特别丰富，所以非常重视。他们对于这些木构建筑既然奉为国宝，因而经常检查维修。

---

* 1973年8月访问日本归来向国家文物局汇报提纲。来源：《杨廷宝建筑言论选集》

我们看到有些木件上遇有腐烂之处小则挖补大则抽换。我们参观东大寺时正值修缮山门，在屋檐挂铜丝网以避免雀鸟。在法隆寺院内路旁亦曾看到有窨井盖，据说下面亦是水管阀门备救火之用。正仓院是典型的早期日本井干式木构建筑物，位于东大寺的后左侧，为珍藏古代文物之处，设有专门保管机构。我们参观的东京国家剧院的立面建筑艺术处理，即是运用了正仓院的手法，是日本建筑设计人员表现他们的民族传统形式较为明显的一例。

参观奈良的时候，有一位日本爱知县工大浅野清教授作向导。他对于日本的古建筑颇有研究并写过几本书。离开奈良时，他指给我们看奈良北部公路旁平城京遗址的发掘工作，那里盖有一片房屋专为发掘研究人员办公与居住之用，原来的皇宫地带均为国家所保留，不作别用。

这不过是我们顺便看到的几处日本古建筑，他们对于这些古建筑特别重视，列为国宝，大力保护，审慎修缮。防火设备尤为严密，不惟得到一般游人的称赞，而且还经常组织他们学校学生列队参观，进行文化教育。建筑是一个时代的政治经济工程技术的产物。毛主席曾指出："今日的中国是历史的中国的一个发展"。还教导我们："不但要懂得中国的今天，还要懂得中国的昨天和前天"。我国古建筑是我们劳动人民的智慧创造，但是遗留到今天的已不多见了，有的还危在旦夕，斟酌轻重及时修缮维护，实属刻不容缓。

从建筑方面谈一点中日关系*

中日文化交流究竟从什么年代开始，固难肯定，有待历史学家研究考证，但是一般都认为后汉以来，两国之间即有了正式交往。中国人就不断地经过朝鲜到日本，往往有数百人乃至数千人，带去了养蚕、制丝、制陶瓷等手工艺技术和文字。日本历史上称之为"汉人""秦人"。随着历史的发展，交往日益频繁。可是事物的发展过程有时是曲折的，前些年虽然正式交往曾一度中断，但经过1972年9月田中首相访华之后，在两国关系上又揭开了一个新的篇章。

从建筑角度来看，自古我们两国的一般建筑物都是属于木结构系统的。这种木结构的房屋在我们中国发展到盛唐时代已经相当成熟，可惜实物保存到今天的却不易寻找；而在日本则尚有奈良时代（710—748年）、天平文化期（729—748年）保存下来的唐招提寺的金堂。这座大殿是在大唐东渡的高僧鉴真和尚亲自设计和指挥之下，由他带去的徒弟们具体参加施工而建造成的。金堂不仅为我们研究远东宗教建筑提供极为重要的资料，而且也说明了中日两国文化自古以来早已结成了一种脉络相通的关系。

鉴真和尚（688—763年）是中日文化交流史上最早一个突出的人物，生于扬州江阳县，长安元年（701年）十四岁，在扬州大云寺出家，曾游学洛阳、长安，中宗景龙二年在长安实际寺从宏景律师受具足戒，后成为律宗大师。天宝元年（742年）日本僧人荣睿等到广陵（扬州）敦请鉴真东渡传戒。鉴真当时已55岁，正在大明寺讲律，认为日本是"佛法兴隆有缘之国"，遂决心游海，曾数次备船启航均为风浪所阻。有一次竟漂流到海南岛，天气炎热，得了眼病，竟致失明。最后在唐天宝十二年（753年）阴历11月15日和法照等乘日本遣唐使藤泉清河等的第二舶东渡，几乎遭遇灭顶，终于次年即孝谦天皇天平胜宝六年（754年）2月，到达当时日本的首都平城京，即奈良，住在东大寺，受到僧俗各阶层的热烈欢迎。又过了十年，于淳仁天皇天平宝字七年即唐代宗广德元年（763年）5月逝世，享年76岁。他经历了十年以上的时间，六次的努力，

* 1974年2月为日文版《人民中国》写的一篇文稿

始实现了渡海的愿望，时已 67 岁。在中日友好关系和文化交流史上留下极其灿烂动人的一页。天平宝字三年（759 年），鉴真曾以朝廷所施备前国水田一百町的收入和给他的园地，在奈良建立唐招提寺，作为传授戒律的中心。他和弟子们不仅传授戒律，而且介绍了中国的医药、建筑和雕刻艺术。唐招提寺的殿堂就是他们师徒在中日文化交流史上留下的一件极其宝贵的具体例证。

唐招提寺是在奈良市西京五条町，即奈良时代的平城京右京五条二坊，环境松林叶茂，庭院极为清净幽雅。金堂的营建直接负责人是鉴真带到日本的弟子安如宝，迄至在宝龟元年（770 年）就已完成。金堂坐北向南，阔七间，深四间，由檐柱一周及内柱一周组成的单檐庑殿顶，建在较高的台基上。柱头有斗栱，外檐有二重椽。正面南侧柱间形成走廊。其大木框架结构，比例形式，内部平顶采用的小方格平闇，都和我国五台山唐大中十一年修建的佛光寺大殿有类似之处。唐招提寺金堂不只是日本奈良时代留存至今的国宝，也确是研究中国古代建筑一座相当完整的参考实例。

我国园林建筑自南宋大量发展，到明朝中叶以后，盛极一时。明末计成（万历十年即 1582 年生）工诗能画又善造园，曾写《园冶》一卷于崇祯七年（1634 年）付印。流入日本后被称为《夺天工》，给日本造园艺术影响很大。明遗臣朱顺水，比计成较晚，也擅长造园，移居日本。许多人认为现在东京的后乐园，在某些方面仍存在朱氏遗规，如圆月桥、西湖和园门等。至今还能看到日本建筑上和配景标题以及园名，均沿用古典汉语。

两国人民之间的文化交流除遣使访问随同来往之人员外，在古代多系通过贸易和宗教进行的，尤其是通过佛教信徒的来往。因此寺院的兴建，在建筑方面影响特别显著。随着历史的演进，明清以来，航海技术日益提高，给文化交流带来更为便利的条件。到清代末年，两国学者的交往更加频繁，相互影响在各行各业都有进一步的发展。

在这里我想到建筑界我的两位老朋友，在中日文化交流方面也多少有些关系。一个是前清华大学建筑系系主任梁思成先生，幼年生长在东洋，性嗜研究历史，曾参加北京中国营造学社，担任法式组主任多年，专心致志钻研中国古建筑，首先把我国最早的一部建筑工程著作宋代李明仲的《营造法式》进行分析研究，加以注释。他在一定程度上受到日本建筑学者伊东忠太的影响和启示，生平在国内不少地区进行调查研究古代建筑，写报告发表于《中国营造学社汇刊》，对国内外研究中国建筑史方面，起了一定的作用。

另一个是前南京工学院刘敦桢教授，青年时期留学日本，专习建筑工程学，素仰伊东忠太、关野贞等对于建筑历史的研究，尤其是关于中国古代建筑的实地调查。他很早即开始编著《大壮室笔记》，对每一事物必广事考据，治学极为严谨。这篇著作在《中国营造学社专刊》发表之后，颇为该社所称许，乃致聘刘教授为该社文献组主任，前后工作10年之久，曾亲自到各处实地调查古建筑，进行测绘拍照，返来广事翻阅文献，参考记载，整理成篇，为后来研究中国建筑历史者提供极其宝贵的材料。

北京营造学社的创办早在1930年，当时即受到日本学者的重视，并极力赞助。1930年6月18日伊东忠太博士曾到北京营造学社讲演《中国建筑之研究》。次年伊东忠太、关野贞等还和许多中国学者共同发起“古瓦研究会”。这两位日本建筑师早在20世纪初即开始中国建筑的研究，曾周游于许多省区，调查研究古建筑，出版《清国北京皇城》《热河》《中国建筑》及《中国佛教史绩》等珍贵资料，为世界各国大图书馆和博物馆所珍视。

中日两国地处毗邻，种族文化最为接近，自古就有来往。唐宋以降，更是日益频繁。至明清两代，欧风东渐，在建筑方面也受到很大影响，例如圆明园出现的西洋宫，在日本明治维新以后，又通过东洋传来更多西欧做法。即使“建筑”二字也是演用日本译文，中国本来是用“营造”二字，如宋朝李明仲著的《营造法式》。明清两代，凡兴建重要工程多采用平面草图和立体斜视，进一步做成烫样模型，然后估算工料，准备开工。至于运用丁字尺三角板绘制平立剖图的做法，日本也先我普遍采用。总之通过东洋传到中国的事物也很多，在建筑方面并不例外。至于现代建筑运用钢筋混凝土或钢架高层结构，则日本建筑工作者已取得了丰富经验，是值得我们学习的。

作为一个建筑师，我回顾历史，瞻望将来，顿感十分兴奋，衷心祝愿我们这远东两大兄弟民族，紧密团结，交流文化，在政治、经济、科学、技术各方面共同迈进，为全世界广大劳动人民的未来幸福作出伟大的贡献。

从事建筑设计五十年*

应国家基本建设委员会的邀请，不久前，我到北京参加一项重大工程的筹建设计座谈会。会上，我聆听了中央和国务院领导对这项工程设计的重要指示，感到非常亲切。我已年逾七十四，从事建筑设计五十多年。在旧社会劳碌半生，依人作嫁，在新中国深得党和人民政府的信任和器重。抚今追昔，我不禁心潮如涌，激奋万千。

以前，我在南京伪中央大学教过书，也作过私人开业的建筑师。那时国民党当局从来不相信我们中国设计师的技术和才能，比较大的工程都请洋行和洋人设计。就连南京伪中央大学礼堂这一很普通的建筑，也是请上海外国洋行设计的。实际上外国洋行只是挂个空名，捞笔洋财，具体的设计工作还是找中国人干的。这种崇洋媚外，令人啼笑皆非的事例，现在想来，还是气愤万分。

新中国成立，人民政府十分重视发挥我的技术专长。记得，南京刚解放不久。柯庆施市长就找我参加雨花台烈士陵园的设计工作。他对我说，烈士陵园的设计，首先要考虑到为工农兵服务的问题，这是个纪念、学习和休憩的园地。既要庄严，又要大方，既要有民族风格，又要考虑到社会主义国家的气魄。柯老的这一席话，对我教育极深，使我明确社会主义设计工作应该为广大劳动人民服务。1951 年，领导上让我负责主持北京和平宾馆的设计和施工工作。以后，我又主持和设计了北京王府井百货大楼、南工五四楼和五五楼、动力楼、南航的课堂大楼以及去年完工的南京机场候机大楼等工程，参加了首都十大建筑、北京东西长安街建筑、武汉和南京长江大桥、广交会大楼、东方宾馆、广州新车站和今年完工的南京五台山万人体育馆等重大工程的设计研究工作。国家基本建设委员会有时审查建筑设计方案，都邀请我参加讨论、审定。最近，我和南工建筑系部分师生一道进行国家下达的一项重大工程的设计。讨论、审查南京某项建筑的设计方案和图纸。在参加每项工程的设计研究中，领导和同志们都十分重视和尊重我的意见。党和人民这样信任我，我很受感动。不管是主持设计，还是参与设计，

---

* 1975 年 1 月结合四届全国人大会议观感写的文稿。来源：东南大学档案馆

讨论审查设计方案我都竭尽心力，把自己有限的知识和经验贡献给社会主义建设事业，想方设法地把每项工程设计好。南京飞机场候机大楼是一项较普通的工程，但我在主持设计时，为了使这项工程设计既现代化，又做到勤俭节约，既在装饰和陈设上显示出民族风格，又不生搬硬套，泥古不化。我反复进行了考虑，每想到一个意见，就记下来，标在图上。然后又将各种方案进行多次比较，征求各方意见，使候机大楼的设计达到了预定的要求，受到领导和同志们的好评，来往旅客也较满意。通过参加这些工程的设计，使我看到了在共产党领导下，人民群众有无限的创造力，深深感到党的自力更生，独立自主方针的伟大，社会主义大协作的巨大威力。雄伟的人民大会堂建筑面积达 17 万平方米，超过了紫禁城的全部建筑面积。设计施工只用了十个月的时间，这么大的工程，这么快的速度完成是从来没有过的。这与在旧社会建筑设计依赖外人，相互竞争的情况，成了鲜明的对照。

解放前后，我一直从事建筑设计和建筑教学工作，对我国古建筑作过一番考虑研究，深知中国古建筑，特别是木结构建筑在唐宋时代就发展到很高水平，当时影响到日本和东南亚各国，世界各国建筑界对此评价也很高。直到现在，好多外国人到中国访问，都要求参观中国的古建筑。可是在解放前，由于国民党当局执行卖国政策，百般摧残民族文化遗产和传统建筑艺术，使许多凝结着古代劳动人民智慧和艺术才能的，很宝贵很有名的古建筑倍遭破坏，被内奸外贼盗卖吞没，修缮维护从无人过问。一些保存较好的古建筑，也是民间和华侨捐款的。解放后，人民政府十分重视古建筑的维护修缮工作，订立了文物保护规定。各省、市、自治区都有文物保管委员会，还常组织我们这些老建筑师对历代各种古建筑加以考察研究。每年拨有专款，对古建筑进行维护和修缮，使祖国古建筑艺术在新中国获得新生。解放后，我个人就参加了山西五台山南禅寺、应县佛宫寺、大同云岗佛窟寺、河南龙门石窟、武汉黄鹤楼、湖南岳阳楼，洛阳告城周公测影台、南京明孝陵、瞻园、太平天国天王府西花园、苏州虎丘塔等古建筑维护修缮计划的讨论研究。有的还到实地考察，现场提修缮意见。1973 年我应国务院文物局的邀请，和几位古建筑专家，同去山西大同、五台山等地察勘几座古建筑。大同云岗佛窟寺，俗称“千佛窟”，建于北魏年代。因年久，有些佛像风化了。我们翻阅了有关资料，根据具体情况，提出了修缮计划。经精心维修后，基本达到了古建筑要修旧如旧的要求。五台山南禅寺，建于唐建中三年，它综合了中国古代木结构建筑的特点，也是我国现存的最古的木结构建筑。前些时候经地震，有些歪了。我们和当地文物保管人员讨论修缮后，现在基本恢复了原样。今年湖南重新修岳阳楼。该省文物保护委员会还专门派人来南京征求我的意见。通过参加这些古建筑的修缮，使我深深感到历代劳动人民所创造的建筑艺术，只有在劳动人民当家作主之后，才能得到精心的保护和修缮。我们这些从事过建筑研究的老人也才真正有了用武之地！

解放前后，我都曾以建筑师的身份出过国。但虽同是建筑师，在国外却感受到两种不同的情景。解放前，20世纪20年代初期，我就去美国留学。后来又以建筑师的身份到欧洲一些国家考察建筑设计。归国途中又在埃及、锡兰（即现在斯里兰卡）、新加坡等国停留过。那时，我所到之国，备受冷落和歧视。许多高级饭店拒绝接待中国旅客，有些洋人甚至连坐车也不愿靠近中国人。我感到非常气愤。可是在解放后我数度出国，或是参加国际会议，或是参观访问，所到之处，都受到各国人民和各界人士的热烈欢迎和款待。记得1955年7月，当我率中国建筑学会代表团，去荷兰第一次参加国际建筑师协会代表大会时，各国代表报以热烈的掌声欢迎中国代表团。在这次会上，当我作为中国代表被选为国际建协执行委员会委员时，许多国家的代表都对我表示祝贺，和我热烈握手。这样的场面，这样的待遇，在国外我是第一次碰到，真叫人感叹不已。1957年在法国举行的国际建协代表大会上，我又当选为国际建协副主席，后来又连任一届。使我深感这不仅是我个人的荣誉，更是祖国威望在国际上日益提高的生动体现。我担任国际建协副主席后，每年都要出国参加有关会议。在国际建协代表大会上，我还多次代表中国建筑学会发言，都受到与会人士的欢迎与重视。1972年夏，在保加利亚举行的国际建协代表大会上，我们印了《建筑与业余生活在中国》的小册子，都被与会人士拿光了。此外，许多国家的建筑界人士和人民对我国许多自行设计，用自己的材料，自行施工的一些工程，都表示赞扬和钦佩。这与在旧中国处处被人瞧不起的情景，真是不可同日而语。

解放以来，我在祖国建筑设计工作中作出了一些贡献。共产党和人民政府给我赋以重任，并给我很多荣誉。1949年后，我历任南京工学院建筑系主任、副院长、江苏政协副主席、中国建筑学会副理事长等职。自1954年以来，我连续四届当选为全国人民代表大会代表，多次见到了伟大领袖毛主席。最令我兴奋的是，新中国在毛主席和共产党的领导下，在短短的四分之一世纪中，把过去贫穷落后的旧中国建设成为初步繁荣昌盛的社会主义强国。可以想见，再过二十多年，一个现代化的社会主义中国必将出现在世界的东方。想到这里，我也就感到七十不稀，八十不老，志在千里，壮心不已，决心要为建设社会主义实现共产主义奋斗终身。

登桂林叠綵山*

各位亦英雄
同来登高峰
读了二老[①]诗
更好作工程

杨廷宝
时年七十八岁

* 1963 年 1 月 29 日朱德总司令携徐特立老同志登桂林叠　山各吟诗一首，刻在峭壁上。
朱总司令诗：徐老老英雄，同上明月峰。登高不用杖，脱帽喜东风。
徐特立老同志当即和诗一首：朱总更英雄，同行先登峰。擎云亭上望，漓水来春风。
杨廷宝咏罢深受鼓舞，学作此五言诗。
来源：1978 年致汪定曾信

童年的回忆*

童年的回忆是朦胧的。

我的家在河南南阳一座村子里，离诸葛亮的故地卧龙岗仅七八里地，小时候我常到那儿去戏耍。卧龙岗是伏牛山脉的一条余脉，连绵到这儿已不太高了，只是一个小小的山坡头。远远地眺望可以见到一座古塔，名叫魁星塔，那儿还有口井，武侯祠就坐落在这里。武侯祠的石枋上有块横匾，写着“三代上人”几个大字，它边上还有石亭石柱。记得进了山门后，拜殿上有座大台子，古柏交柯，苍劲葱郁。大殿后，一边是古柏亭，一边是野云庵，再往后堆砌着假山石，还有个不太大的石洞。我们几个小朋友时常爬进爬出，玩捉迷藏，十分有趣，这是我童年生活生动的一页。假山石被长廊环抱，对着前面的茅庐，山后是这群建筑的终点——抱膝长吟。这组建筑群的周围还布置了关张殿和诸葛书院，关张的塑像在童年时看来十分高大，栩栩如生，还有点吓人，儿时观看的景象好像什么东西都夸大了似的。

我还记得在进门石亭一侧，竖立着一块明朝的石碑，镌刻着这一带的风景和书法笔迹，衬托着那块石碑的栎树，形象异常优美。可是我的童年只有那么一段短促的时间充满欢乐，无忧无虑。

离别我的家乡已40多年了，历经战火、浩劫，现时的情景又是若何？

当我出生到这个世界上不久，母亲就去世了。婴儿没奶吃，依靠四邻八方，东家吃几口、西家喂几口，是慈爱的老祖母将我抚养长大。幼儿丧母也影响到我的性格。家父当过南阳公学的校长，当时招收的学生来自河南、湖北，学校的房子就利用贡院。为了兴新学，他曾到上海买仪器，他在那一带颇有声望。后来腐败的清政府说他办洋学，要抓他，他被迫逃跑了，逃跑的经历我还记得清。一天大早，他的学生匆忙向他捎信，并给他搞了匹马，他跑到了襄阳。伯父告诉我，逮住要杀头。那天半夜三更我们也逃了，夜奔几十里地来到一个农村的小庄园，吃了点饭继续往更远的刘姓的家避难。家人叫

---

* 1980年杨廷宝口述，齐康记录、整理。原载：《杨廷宝谈建筑》

我改姓刘，称他家上人为“舅”。

后来，父亲的学生从湖北来告知，孙中山成立了革命军，又捎信说南阳光复了，他们造了舆论声称：“革命军很快要攻打南阳！”结果那位腐败的清政府的官吏镇守使也就溜之乎也。记得家父骑着高头大马回到光复了的南阳城。乡里人又将我带回到我的故乡。

回乡的途中，那位农人带着我们两个小孩，带了几个鸡蛋、馒头，在步行的归途上，因为年幼才七八岁，走着走着就走不动了。我们来到一座破庙，庙里住着几个要饭的，我们借着他们的破锅和柴草，煮鸡蛋热馒头，还分着给他们吃。路途的艰辛、恐惧、惊吓，每回忆起，还历历在目。

家父在革命党做事，兴学。是地方上的一位绅士，他在一座大宅院办公。开封光复后，官员们得知他办学有方，当上了中州公学的校长，算是省府办的中学。他还当选为辛亥革命后的议会议员。好景不长，袁世凯称帝，家父持反对意见，一批封建遗老们劝他继任，他弃职而走。当时如若逮住，也是要杀头的。我们家又经历了一次灾难，而他也再没当中州公学的校长，被奚落了。

12 岁那年，我住在父友黄小坡家里，那位老人是位有学问的人，是我的一位启蒙老师。他家有个不大的庭园，有廊有亭，建造虽拙，但环境却还宜人。我童年的生活是孤独的。但这模模糊糊的日子很快也就结束。我带着这么点片断的记忆进入我求学的时代。

一天，家父对我说：“你该念书了”，我一听就有点害怕。记得五六岁时，家人曾带我上过私塾，那儿老先生看了我那瘦小、病体的模样，不想要我。拜学的那天要向老师叩头，他要我背《三字经》《千家诗》，我几乎每天都背不上来，还要挨手心板。看了厚厚的几篇文章，我着慌了，远远望到老师就赶紧避开，我很不喜欢这种教学方法。我常常因为背不上书，留在老师书房里，不时被他打手心和挨骂，使我很伤心。我有时看着别的孩子一个个地回家，只留下了我，想着也很惭愧。终于，那位私塾老师对家父不客气地说：“我不能再收这孩子！”而后家父要我进在河南办的欧美预备学校，我当即说不会做文章，他教了我做文章的“套子”。我就大着胆子去应考。我抱着很大的希望去看榜，挤在熙熙攘攘的人群里看着榜上的名字，在备取生最后的几行中找到我的名字。我很扫兴，默默地想：“这没什么指望了。”

唉！运气来了，在备取生中有个家里有权势的孩子，当局就干脆又办了个“丙”班。我有幸进入这所学校，对这件事我曾想：运气是个古怪的事，有时在人生的激流里，会把你推上岸边。

我离别了家乡，来到学校，开始了我的学生生活，完全是截然不同的境地。严格的校规，夜晚的查房，使自己的生活旋涡转向了另一方。我们这群孩子，住在一座明朝地主的大院里，这儿也是个考场。起始，我是个不懂事的孩子，玩线团球、风筝，闲散时，有时挤在人群中看娶新娘子，拜堂的闹劲儿。进了这学堂我开始爱好点运动，打打拳，玩玩球，我的身体慢慢地健壮起来。假期回家我还跟伯父们常去池塘游泳，游泳训练了我的胆量。记得后来在清华学堂考体育课，在考核游泳时，一次就达到了标准，这不能不说是儿时的“基础”。

在留美预备学校，丙班中我考上了第三，说实在那时我并不知道怎么用功，只是按部就班地学习，成绩很快就上去了。

学校中有位林伯襄老师，还有位教学十分认真的美国教员，叫 Hargrove，尤其是林老师，几乎全部精力扑在教学上，夜晚九点准时来查房，学校里不论那个老师请假，他都能代课。最使我感动的是一次他得了痢疾，不成人形，他还坚持代课，他那一步一步走进课堂的身影深深地印在我的脑海里。他讲了许多我国古代忠诚义士的故事，如岳飞、文天祥等。最深的印象是史可法去狱中见他的老师左忠毅公，老师大声斥之说：“此何时也，幸勿见”，我们孩儿们听到这里，眼泪都夺眶而出。爱国心！童年的老师的言行都刻在我们心灵中。

我们这七个孩子上了二年半课，河南省就没经费了，老师把我们叫到他的办公室。校长对我说：“北京有个清华学堂，如你们考上可减轻本省的负担。”我们应考了，主考的有唱诗班的牧师，还有那位 Hargrove 老师。他知道我学得很好，笑着对我说：“you don’t be examined for your English”（你的英语，不必考了）。结果我取了第一名，其他六名也都取了。

说也怪，我怎么从丙班转入甲班的呢？因为丙班的那几位纨绔子弟，转为正式生也就将我一起转入甲班。丙班是淘汰班，不然的话，我今天不知又在何方。

我的幼年，正处在一个大变动的时期。幼小的心灵虽然充满着希望、期望和渴望，向往着未来，但之后每向前一步都带着疑虑和彷徨，在现实面前踯躅不前。

学生时代*

处在我们那个时代的学生都有许多类似的回忆，但是各人所走的道路却是不相同的。

我14岁就在清华学堂念书，清华原是一所由帝国主义利用“退还”一部分庚子赔款所设立的学校，即专门训练留美学生的一所预备学校。

清华校园是1908年清末政府外务部、内务部将清室皇家清华园“赐园”办学。清华的工字厅即当时园中建筑的一部分。工字厅门前挂着“水木清华”四字，两侧柱上还有上下两副对联，题着：

窗中云影，任东西南北，去来泊荡，殊非凡境；

槛外山光，历春夏秋冬，四季变换，洵是仙居。

想来过去的清华园的景致是秀丽的。

“工”字厅曾是校监督办公的地方，之后就是校长办公室，还有幢“清华学堂”即原建筑系旧址。我在的那几年正在建造大礼堂。之后又建图书馆、科学馆。这些都是美国人墨菲设计的，庄俊代表学校管理施工，也算是监工，他现在90多岁了，住在上海。在清华工字厅里，有他的绘图桌。有时，他也绘图。我常到他那儿去，也去工地看看，从旁了解打桩、基础等工程知识。

清华园子的周围，有假山石，树木青翠。那儿亭子中央挂有大钟，全校上下课都以此钟为准，这儿也是我们学拳的地方。

当时学校的学制、教学方针都是以能适应进美国大学为准绳，而日常礼仪、行政管理又不折不扣地是封建主义的一套。清华的英文校名是“Tsing Hua College”。据高年级同学对我们说，那时来报到的学员来到工字厅，要禀帖，考试官要喊“河南听点”“浙江听点”，要留条小辫子。这些在辛亥革命后都去掉了。

学校内分中等科和高等科两种，各四年。学校分国学部分和西学部分，除几门作

* 1980年杨廷宝口述，齐康记录、整理。原载：《杨廷宝谈建筑》

文外，几乎全用英语，不少布告、年刊全用英文。中等科主要是英语训练，其他有世界地理、数学、化学、卫生和音乐等。每天约有 4 ～ 5 节课。我们在高等科学习自然科学、社会科学、人文科学等基础课。如数学、物理、化学、政治、经济、美国史、英文文学，甚至学第二外国语。

给我印象最深的是体育课，因为不及格，不得毕业，也不得出国。那位马约翰先生教课是很严格的，他是一位对教育工作有事业心的人。

那时的老师有美国人和中国人，美术老师斯达（Starr），她一人就住一套房子，家里有个大师傅给她做饭，生活是优裕的。他们的待遇大大超过中国教师。后来我曾到 OHIO（俄亥俄州）她家去拜访她时，那境遇就大不相同了。

在清华园学习期间，我的学习比较杂乱。因为在河南时我的外语基础较好，来到清华，老师根据我的学习情况就插班至二年级，之后又到三年级。老师曾要我插入中等科的四年级，我怕学习负担过重，也只上到三年级。至于中文我还是从低班学起。中文是讲一篇背一篇。

数理课，也是我感兴趣的课程。我选的课程比较多，由于课程时间排不上，老师常要我到他的备课间去学习。他每天给我几道练习题，对我是信任的。物理课是梅贻琦老师教，他不要求我们背公式，但他对公式的由来讲得很清楚，我听得懂，记不住，可我能把公式推导搞清楚。考试时，有的公式，我临时推导，也就过去了。我这个人比较呆板，记得一次上物理实验课，领来了物理实验仪器，老老实实地做，但结论与书本上相反。我自信操作没有错，等到发实验本时，梅老师惊奇地问我答数为什么不对，我回答说："我是按步骤做的"。第二天，他亲自拿出仪器来校对，结果他笑着对我说："你答数错啦！试验是对的"。一个学生在一门课上得到老师的好评与鼓励，可能在今后会促进对这一门学科产生志趣。

念清华的，大多是一批富家子弟，也有些像我这样的家境窘困的子弟。至于说学习的目的性，不能不说受到辛亥革命、"五四"运动的影响，要把国家搞好，多少受到点读书救国，实业救国的思想影响。

1921 年 8 月，远涉重洋，到美国宾夕法尼亚大学学习建筑。这一段学习对我今后从事建筑设计事业起着决定的影响。我那时学习正是样式建筑 (Style Architecture) 转向现代建筑 (Modern Architecture) 的时代。从西洋古典到现代建筑我都粗略地学习了一遍。

朱彬、赵深等人在美国学习的成绩是好的，他们给美国老师留下了良好的印象。这给我们后来者带来了便利条件。我们在清华学习的学分，这些学校都是认可的。

前一二年我学的仍是一些基础课，我又学了一年德文（在国内已学了二册德文）。绘画课，老师知道我有点基础，我就画了整整一年的人体素描，我们的用具是木炭条和铅笔。人体画是写生，往往用 1 ～ 2 小时就过去了，着重画人体的轮廓和大块的明暗。石膏像我画的有头像、胸像和建筑装饰画。至于透视、阴影课，学个基本的方法，很快也就过去。此外还有水彩画，可以说到了二年级我已基本上把学校的学分都学完了。为什么会那么快呢？因为那个学校是按级学分制。由于我的学习成绩优秀，很快就满了分。

设计课是我们的主课，中国学生在那儿是比较用功的，老师们上午在事务所，下午来上课。而那批美国孩子比较顽皮，学习比较差，平时就不大来上课。而我总在课堂中等老师。老师对我画的图改得比较仔细，我学得也就较为扎实。等到快交图时，那批外国学生就紧张起来，老师常常骂他们，他们也就来找我。我的设计图往往是提前几天完成。别的孩子要我帮他们画图，我等于做两三个题目，甚至有的从方案做起，老师改了他们的图，等于也在替我改图，我就比别人多学了些。

赵深、朱彬他们也是喜欢赶图的。我虽比他们低一二班，但到了急来抱佛脚时，也不得不帮他们一把。

我积累的设计分数多，到了 1924 年，我几乎达到本科毕业的要求。花了二年半的时间完成了四年的学业，另外还加上半年研究生的学习。

建筑设计课是要有点竞争的，竞争当中才会有进步，大自然万物生存不也有这种现象吗？当时在美国搞建筑学生设计方案的评奖活动，委员会设在纽约，每年数次，评审委员有校外的，也有本校的老师。我有几个题目得过奖，其中一个是 Municipal Art Society Prize Competition，还得过 Emerson Prize Competition，也给奖金。有几次发给我奖牌，这些奖牌一般是铜制的，至于我个人具体得了多少奖牌，已记不清了。讲起来这是对中国学生的一种荣誉。1925 年春我已学完了各门课。毕业时学校还印了一本 Graduate with honors 的奖本给我。

每学期的假期有 2 ～ 3 个月，我曾到 Academy of Fine Arts Summer School 学过雕刻，这对提高我的艺术鉴赏有好处。

建筑文化反映一个时代，而一个时代的建筑特征又直接、间接地影响着建筑教育。社会上那些著名建筑师的作品，其设计处理方法也自然会反映到我们学生的设计图上来。比如，Good hue 是比我们早一些，这位建筑师的设计从方案到建筑细部都亲自动手，他们钢笔画功夫很深。他设计的——Nabraska Capital，其建筑造型的样式是从古典主义中脱胎而出。沙利宁也是当时著名的建筑师，建筑师的设计有时往往喜欢“求奇”，他设计一幢建筑，其楼梯故意斜着布置。后来我曾问过他为什么这样设计，他说：“我就是要引人注意。”

那个时期，新结构、新材料、新技术的运用，迫使建筑师作出多种探索，Modern 建筑和仿古建筑交替进行，各种建筑思想、造型、形式都登台表演。所以我们设计图上学的样式，也是多样的。我曾用古典建筑形式、西班牙殖民地式、甚至高矗式式样探求建筑造型上的方案设计。

建筑老师在建筑设计课上给学生的熏陶是十分重要的。

教师的启蒙，热忱的指导，教学的环境，以及社会上的建筑实践与建筑思潮对培养一位建筑师和建筑人才都至关紧要。教我最早的启蒙老师应算是 Haberson，他写过一本《建筑构图》，这在当时以及 30 年代的建筑教育学中都有一定的影响。这本书今天看来是过时了，但一些原则不无参考价值。之后，我就跟老师 Cret 学习建筑设计，此外，再无别人教我。我的学习，不大喜欢老师经常调换。定下了老师，就可了解他的脾气，而他也了解我的个性和特点。Cret 是位法国来美国的美籍教师，他毕业于巴黎 Ecole des Beaux Arts，他得过 Architect deplome' des du Gouvernement Francais 即 A.D.G。他在美国建筑界是一位有地位的人，有一定的影响，他设计的主要建筑是纪念性建筑物和隆重的公共建筑。

Livenstone、Haberson 等都是他的学生。这位老师人品很好，为人淳厚、纯朴，参加过第一次欧战，耳有点聋，说是被大炮震坏了，英语讲的并不怎么好，可业务确是出类拔萃的。他的建筑设计、建筑绘画深深地影响了我，是一位值得尊敬的老师。他有点脾气，即使被他骂过的学生也尊重他，当然美国建筑界也是尊重他的。他的铅笔画、水彩画都有相当的造诣。*Pencil Points* 杂志中曾刊登过他的作品。他办了一所小小的事务所，大多是他的学生，真像个小家庭似的。

我们那时做学生可以选定老师来做设计题。Sternfield 也是我们设计教授之一，也是 Cret 的学生，此人爱开玩笑，我攻读硕士学位是跟 Cret。

Sternfield 的设计手法有点 Modern 化了，他是陈植的老师。从老师的手笔中可以看出，一位有古典建筑艺术修养的建筑师，在他设计的 Modern 建筑中，偶尔会反映出来，而且能看出他的背景。正好像有古文基础的人写白话文一样。

教我建筑史的老师是位大胖子，此人为人风趣，他的建筑历史知识十分丰富，引人发笑的建筑史上的故事，常常引起学生们的兴趣，他名叫：Herbert Edward Everett.A.E.D

(Professor of History of Art)。

我的素描、水彩画老师是Ceorqe Warter Dohnson，他的水彩画颇负盛名，大英百科全书上有他的名字。他游历过许多地方，在西班牙、意大利等地画过多幅作品，他尤以画花卉而出名。这位老师为人和善、南方口音，他在教学中，十分重视用渲染的方法来作画。因中国学生成绩好，对我们颇有好感。他的画十分细致而准确。他总认为建筑师的画应当写实而准确，我从他那儿得益匪浅。

此外，还有位人体写生的老师，是位壁画家。他的人物画十分出色，对我们也颇有影响，可他的名字已记不清了。

得硕士学位典礼的那天，Paul Cret就对我说："来吧！到我事务所来工作。"这样这位老师又在实际工程中指导了我。

我先是在那儿设计一座铺面，是改造面样的装饰工程，之后参加了Detroit Museum的详图工作。这座建筑在当时是出名的。该建筑前面有三个圆拱，有内庭院。因我的构造学得不那么扎实，当接触到实际工程，印象就十分深刻。这座Spanish Style工程的铁花格门的详图是我亲自到加工厂Samuel Yallon（当时是欧洲人移民开的工场）看着师傅们做才清楚。使我懂得了，施工详图的工作必须和有实践经验的工人共同研究来付诸实现。记得Paul Cret曾对我说："建筑材料用在什么地方，你就要熟悉那材料的性能，放在你最合理而又合适的地方。"那个时期，由于许多装饰构件中要手工操作如铁件、铜器，这对详图和施工特点要求是十分严格的。费城Delaware Bridge Aproach桥前广场上的灯座、栏杆等都要画出十分详尽的施工图以保证施工质量。纪念美国建国150周年的展览馆，该建筑于1925年建造，我也曾参加了一些施工图的工作。克芮那时也试验设计一些新建筑，他也跳不出那个时代的潮流和建筑思想。总之，我认为一位建筑师要经历一段施工图的实际训练，这对他的实际创作十分有益。那项工程Larson也参加的，他也是克芮的得意门生。

我曾说过，我们那个时代是个建筑转变的时代，而我的同学们毕业离开学校也走着不同的路径，奔向各自创作的前程。其中有的是幸运儿，有的也有悲惨的结局。

林肯纪念堂是我将毕业时建成的，它仍然是座折衷主义而又富有创造性的建筑。它将希腊柱廊式的建筑横向面对着轴线。与此同时也建造了一批新建筑，两种建筑同时并存。不过芝加哥的展览会仍是前者占了上风。世界上的事说也奇怪，美国建筑走过的路子，在50年代的苏联又重复了一次。它们都承袭了古典手法，何其相似乃尔。不过莫斯科的苏联农展会给我的印象要杂乱得多。

美国最早的建筑是 Colonial Style，那是受到英国维多利亚建筑形式的影响，之后是古典主义、折中主义占统治地位。

Louis Kahn、John Lane Evans、Alfred Bendiner Darwin、Heckman Urfer、Norman Rice、Eldrege Snyder 等都是我先后的同学。其中最出名要算 Louis Kahn 了。对于他的介绍在书上已介绍了很多。他的学生时代，家境十分贫寒，读书时常到校外找点工作以弥补生活费用之不足。他会弹钢琴，夜晚总到夜总会去伴奏。那时电影是无声的，他能看着影片的情节配上自己的乐曲，是有天分的人。1944—1945 年间我曾去拜访他，他已开了一所不小的事务所。

至于要我说些学生时期有趣之事，那就要说建筑系学生的化装表演，每位学生扮演一个角色，有的着上古装，有的扮演王子、仙女，一切由学生自己动手，把各人的艺术才能全发挥了，大家笑得不亦乐乎。

学生时代的回忆就讲这些。

再说一遍，我们那个时代是我们国家政治上大变革的时代，是国外建筑大演变的时代，也是在旧中国开始有一代中国建筑师的时代，值得回忆之事还是很多的。

我为什么学建筑*

谈起我为什么学建筑，就要追忆少年时代。

小学里的一位大学长叫陈兰，他和我住在一间斋室，他喜爱画花卉，能画四幅屏的“大画”。后来，他终于成为画家。我对绘画的爱好，受到他的影响。那时的图画（即美术）课老师姓吴，他身材魁伟，对学生很严厉，我们给他起了个“虎老伯”的外号。上课时，他把自己事先画好的小黑板挂在墙上，学生们就照着临摹。下课后，交不了作业的同学们怕老师责备，就找我帮他们描。这样，一张作业，我得画上好几幅，越画得多，我的兴趣也越大。

我对绘画没有什么天资，有了这样一个环境及条件，我渐渐地喜欢绘画了。

在清华学堂学习时，教图画的老师是位美国籍的斯达女士 (Florence Starr)。她性情温和，心地善良。同班同学闻一多、吴泽霖、方来等都是绘画爱好者。我们用英文同老师对话。有时，她请我们吃饭，相处很自然，师生间的关系十分融洽。记得一次丁香花盛开的时候，我在课堂里对着花作画，画兴正浓，下课铃响了，忘了去吃饭，斯达看到了，就从家里给我送饭。老师的言行无形中加深了我对绘画的爱好。

在学校里，闻一多和我们几个人都担任过美术秘书，并经常为学生会出的布告栏画刊头。我和闻一多比较接近，周末，我们常在校内外写生作画。那时，校外比较荒凉，那稀疏的村庄、圆明园的遗址，城边的清泉流水，几座古庙的庙门、粉墙、琉璃瓦、白皮松，都成为我们写生的题材。我一生中用油画来画建筑，也就是在那时画过的两张。

斯达一度回国度假，美术课由化学老师的夫人来教。我和闻一多等人一同组织了一个美术兴趣小组 (Art Club)，这位代课老师又和我们熟悉起来。化学老师劝我选学化学，我知道他的教学方法是要学生背公式，我也就不想学。我对老师干脆说：“背公式，我不选。”我继续选学物理，共读了两年（包括高等物理）。现在年老了，回想起来“宁学物理，不学化学”的这种偏见，多少有点后悔。

---

* 1980 年杨廷宝口述，齐康记录、整理。原载：《杨廷宝谈建筑》

出国前，斯达问我志愿定了没有，我胆怯地没敢回答，闻一多答应下来。我的心愿是想学美术，但家境已日趋衰败，每年只能供给我几双鞋袜，上学的路费还是向同族和亲戚告贷而来；学习用的书籍是接受别人用过的。河南省每年只津贴每个学生大洋拾伍元。估算我的经济情况及往后的生计，总感到学美术这一行，日后难得温饱。我对斯达的一再劝说，没有听进去。现在我还记得清楚，她当时那种沮丧的神情，眼泪都几乎要落下来。她虽是一位外国老师，但她对学生的关切，却是那样的淳朴和深厚。每每忆及，我都深受感动。

在决定学哪一行的日子里，对我一生是非常重要的。我想到学美术这一行，前途渺茫，又揣摸到庄俊干的建筑工程一类的工作，对我比较合适。因为它既照顾到我对美术的爱好，又能掌握一定的科学技术。想到这里，我的思路豁然开通，于是，下决心学建筑。这时，斯达只能用沉默的眼光望着我，而我能对她解释什么呢？留美回国前，我和她通过信，以后又特地到俄亥俄州的乡村去探望她。她和她的哥哥住在一幢房子里，生活是贫苦的。我来到她家时，她正跪着擦地板，她衰老了，见到我，分外高兴。临别时，我准备送一张画给她留作纪念，她说："我留着不如让你带回国用来开展览会吧！"从此，我再也没有见到过她，她的形影常留在我的记忆中。

一个人的理想、志向，往往与环境的熏陶分不开。我一度也曾想学天文。因为在幼年，我曾听父辈们谈到故乡的北乡石桥镇鄂城寺有汉代张衡的墓，张衡是位大天文学家，我非常羡慕和敬仰他。在同学中，几个大同乡也不时提到古书中的天文。父亲的友人王可亭常来我家，他对古代的学问钻研颇深，他的知识面广泛，他也懂得点天文。长辈们讲的故事，使我听得出神，说什么后汉光武出生的村子离家乡近50里地，光武有28将领与天上的星星相对应。我幼小的心灵里很自然地将天上的星宿与地上的人物串上，天文、地理、人物交织在一起，印象很深刻。王可亭对数理、机械、语言学、音韵都有所通晓，他是一位有禀赋的人才。可惜生在旧社会，穷苦潦倒至无以为生的地步。再有，我还想学机械，学生物，准备"科学救国"，也曾想学哲学。青年人的幻想是层出不穷的。

一个人对志愿的选定，也不是不可变动的。在美国学习时，闻一多虽学了美学，但没有学几个月，他又改学话剧，他还劝我改学舞台美术，和他搭伙伴。我这个人喜欢按部就班地办事，不习惯于夜间工作，我没有接受他的建议。不过，他学这一行是很合适的，他是一位豪爽豁达、多才多艺的人。想当年，在清华演戏，他扮演的老太婆很逼真，实在是惟妙惟肖。"五四"运动时，他和罗隆基都是十分活跃而积极的。

到美国，我进了宾夕法尼亚大学建筑系。为什么选上这个学校呢？朱彬是第一个上那个大学的，他的成绩优异。以后，范文照、赵深也去了，他们是二年制，特别班，对工程技术偏重一些。[①]他们开了路，学习成绩都很好，给校方留下了良好的印象。而我在出国时举目无亲，有了这几位学长为先导，自然地选上了这个学校。梁思成、林徽因、孙熙明、童寯、陈植[②]等都是先后来到这个学校学习过。

回顾往事，颇有意味。如今想来，决定学建筑是当时许多志愿中的一个，而我从事建筑设计工作已经跨过了半个多世纪（1925—1980年）。我常这样想，任何国家，只要看他的建筑，都可评价其历史的、文化艺术的和功能的价值，我能把自己的心血和精力，贡献给祖国的建筑事业，对于最后选择了学建筑这一行，是值得自豪、自慰、自勉的。

唉！短暂的人生走得多么漫长，可又消逝得那么仓促。

注：① 1991年12月16日陈植给本书主编杨永生来信对这段话提出如下意见："至于范文照、赵深是二年制，特别班，对工程技术偏重一些，恐齐康记录有误（但曾由杨老审阅，亦可能杨老年事高，记忆力衰退）。总之，宾校建筑系一律为四年制，从未有'特别班'。因此，范得建筑学士学位，赵又加进修得建筑硕士（1923年时我方进宾校）。课程中建筑结构及水电暖均为必修课，无所因'偏重'而选读偏重。清华学校毕业去美留学，一般学文科法科者可插入大学三年级，工科理科插入二年。朱、赵、杨选学分多，所以两年即得学士学位，并非什么两年制。"

②陈植在该信中还说："至于，梁、林、童、陈'先后来到'，则我为1923年，梁为1924年（他在清华与我同班，因车祸腿骨折断，晚一年与其未婚妻徽因同去宾校），童为1925年。孙熙明乃赵深未婚妻，仅1926年在宾校选读建筑一年。"

第886号提案：兴建旅游旅馆应以自力更生为主，争取外资为辅案*

案由：兴建旅游旅馆应以自力更生为主，争取外资为辅案

提案人：杨廷宝、戴念慈、陈植、王炜钰

理由：现在我国在陆续兴建一些旅游旅馆，这是发展我国旅游事业所必需的。但目前有些已经委托或正在谈判由国外建筑师承担设计，这是完全不必要的。由国外投资兴建的同我国自己兴建的，差别主要在于国外的建筑材料及各种设备比我们先进。至于设计水平，我国建筑师的才华，未必低于外国建筑师。相反地，我国设计的更适合我国国情，不求豪华，力求务实，并具有一定的民族特色。

新建的苏州宾馆二层楼客房，系澳大利亚投资和设计的，号称经济，实际并非如此，仅就材料而言，屋面以白铁皮充作铝皮，全部用料简陋，估计十年以后就得全部维修。有十八种产品是我国出口再由澳大利亚以外汇作价“倒流”进口的，甚至包括景德镇的茶具餐具。欺人太甚。

北京香山饭店的新建，民族饭店的扩建，建筑由美籍华人设计，结构由北京市建筑设计院设计。美籍建筑师收设计费400万美元，北京市设计院仅收55万人民币，严重地伤害了我国设计人员的民族自尊心。

我们认为根据国内工程技术人员的才智，建筑与结构都能做出优秀的设计，材料和设备可以争取国外贷款。这是切实可行的。我们应该自力更生为主，争取外资为辅，在旅游旅馆基建工作中，不能崇洋，除个别项目外，都应由我国自行设计。

办法：建议国家计委、建委、建工总局、旅游总局认真清理现在正在谈判的项目，并规定：外资旅馆应由我国建筑师自行设计。个别特殊项目需由国外设计的，应由上述政府主管部门特别批准。

审查意见：交国务院研究办理

---

* 来源：第五届全国人民代表大会第三次会议秘书处：《中华人民共和国第五届全国人民代表大会第三次会议提案及审查意见（一至五）》，1980年09月第1版第982页。标题为主编后加。

游武夷山*

桂林山水甲天下
武夷风景胜桂林
幽间奇峰行画里
蓬莱何必海中寻

杨廷宝

1980 年 11 月

* 来源：徐尚志主编，《建筑创作》杂志社编 . 意匠集 [M]// 中国建筑师诗文选 . 北京：机械工业出版社，2006：3.

谈谈对赖特的认识*

问：我以赖特作为研究专题，目的是学习和分析，“文革”前我国建筑界对他介绍得不多，“文革”中更是视若禁区，导致我们这一代不甚了解。赖特的长期建筑实践形成他独有的建筑观点和方法，研究和分析他，对于了解西方的现代建筑，提高设计理论和设计水平是有益的。赖特的书籍和资料比较多，他的有机建筑理论，关于传统、民间建筑、环境等方面的观念以及流水别墅（Kaufmann House）、约翰逊制蜡公司（Johnson Wax Company）、古根海姆美术馆（Guggenheim Museum）等作品都有深远广泛的影响，有一定的生命力。我看了一些书和资料，童寯、汪坦教授也给了我指教，今天特来请教杨老。

答：这位建筑师是世界上公认的有影响的建筑大师之一，尤其是在美国，堪称建筑界的杰出人物。他的影响超过其他人，他们以有这位建筑师而自豪。他早期创作设计了“草原式”住宅（Prairie House），使美国的住宅从外来的美国殖民地式样中摆脱出来。他的“有机建筑”理论，在建筑与环境的结合，表现建筑的目的性，体现建筑材料性质方面都有一定的见解。他重视传统建筑材料与民间建筑，在建筑空间处理上打破了方盒子概念。他的作品富有想象力，有独特构思，建筑艺术上颇具匠心。他一生约有70年的建筑活动，高度的文化修养和大量的设计实践造就了这位非凡的建筑大师。

每个人都有长处，也总有缺陷的。以马列观点来分析，是不能绝对化的。说实在的，要我来评述他，那是十分惭愧的。因为，他的著作和有关他的评述我研究得很少，他的实际建筑工程中的问题我也仅仅略知一二。我在美国求学时，听说过他，那也是很肤浅的。后来只知道他的古根海姆美术馆方案不受欢迎，因为那时在纽约盛行的还是讲究形式的样式建筑（Style Architecture），到了现代绘画渐渐的流行起来，许多艺术博物馆展示了现代派绘画，这才有人觉得赖特的方案有独到之处，有钱人愿意出钱建造，促使该工程的实现。

从前我并不认识这个人，记得1944—1945年间，原资源委员会派我到国外调查工业建筑，驻纽约，我曾去信约见他，不久便得到他的复信。他住在塔里埃森（Taliesin Spring Green，Wisconsin），这所他设计的住宅兼学塾是他的学生自己动手开石逐步修

* 1981年对研究生的一次谈话，齐康、项秉仁记述。原载：《南京工学院学报》1981年第2期

造的，并不是一次设计和修建的。塔里埃森离车站有几十里路，他亲自开车来接我。我被安排在一间布置得很别致的地下室歇脚。当我走进这幢屋舍，变化着的室内空间，浓重的细部装饰吸引着我，让我感受到一种东方格调。

这个人看过很多书。大约于清末时来过中国，交辜鸿铭为友。辜是清末派驻英国的留学生，毕业于牛津大学，颇有名气。他有中文的根底，又熟习洋学问，是位有学问的人，他翻译过老子的《道德经》。我在清华念书时，老师曾带我见过他，他身穿黄马褂，头悬长辫，一副学究味。这样子我至今记忆犹新。赖特曾对我说："辜是我的好友，你回国后如见到辜亲自翻译的老子译文，请给我寄一本"①。赖特来中国的经历难免不给他一些影响。

赖特在1916—1921年间设计了日本帝国饭店(Imperial Hotel)。这是一组对称的建筑组群，它的处理手笔显现了学院派那套的影子。这和他年青时从师沙利文(Louis Surlivan)有关，沙利文虽力图摆脱旧的传统形式，但在建筑文化的继承与革新上，往往是渊源而流的。现在这座建筑已拆除，只留下门厅部分作纪念。

他的教学方法有点像我国的私塾，颇有趣味。记得在吃饭时，总要学生轮流布置座位，给安排一个主讲地位，边谈边吃，讲述建筑设计的理论和见解。我想，这种利用吃饭来灌输建筑常识，大概是受孔夫子的影响。师生愉快地工作、学习、交谈，无形的影响使学生潜移默化。这就是从事建筑教育的主要方式之一。他接受了不少国家的学生，学生到了那里就被视如家人。也有中国学生，如梁衍，周仪先，还有清华的汪坦，可能还有其他人，我不太清楚了。

那儿还有个小讲堂，八角形，室内装修和灯具都有几何线条，较繁琐。他的早期作品的细部反映出东方的影响。他的住宅中也用东方艺术品点缀。我曾好奇地问他："你的设计为什么带有东方色彩？"他回答说："一个人的工作、学习和经历很自然地会带到他的设计创作之中，不可能凭空创造出什么来。"我想这话是接近实际的。不知不觉地"反映"和"带出"往往不是个人的意愿所能改变的。他早期的建筑处理喜用水平线条，深深的屋檐，石砌烟囱，大平台。他在加利福尼亚设计过一幢住宅，中间是厨房，他总想求得一定的新奇。在学生学习的图房中，屋架完全不是书本上常规的样子，记得进门右手的一片墙上，他搁置了十来本书，是自己想出来的。其中有老子的《道德经》和亚里士多德等哲学家的著作。他对古代的哲学和传统的建筑风格是有研究和修养的，有广博的知识面，绝不限于一个民族的狭义范围，而是广泛更广

注：①赖特在《On Architecture》一书中，提及自己1919年在当时的北平（北京）见到辜鸿铭。

泛，对于一位成熟的建筑师而言，那是必不可少的。

在教学上，他鼓励学生思索。一天，他很高兴地将学生送给他的生日礼物——画，一幅幅给我看。这些画没有一幅是俗套的，都是别出心裁。我问他为什么这些画都那样奇特，他笑着说："我主张学生的图样和图案应有创造性而不应平庸和抄袭"。他还拿出他设想的城市规划模型（Broadacre City）给我看，有点城乡无差别的思想。他总是想兜售这套理论，不过在他那社会也只是一种幻想。这个人在学术上有点"傲"，孤芳自赏，不过他读书颇多，是位有学问的建筑师。

赖特的思想很活跃，他既有受传统影响的一面，又有冲破束缚创新的一面。不受传统框框所束缚，从建筑发展的趋向去探求，这是难能可贵的。可是实践毕竟是实践，约翰逊制蜡公司那幢建筑，柱子像一把伞，伞顶倒置，看起来新颖却常常漏水。我参观时曾问过那儿的修理工人是怎么一回事，他风趣地答道："这种样式广告效果大，虽然不断修理花了点钱，但与收效相比却是微乎其微的"。为了让人参观，那儿还设有接待人员，参观后还白白地送一纸盒肥皂，你带回家无形中做了义务宣传员。在这办公楼的后部，有个雨蓬在施工时刚拆模就倒了。工人们去找赖特，你想他怎么说？他说："自古以来，结构计算的方法是人创造的。上古时，人们搭个草棚，垮了再建。加粗点骨架，从中摸索出经验，此后，许多结构计算还不是通过结构实验来研究得出计算公式的？"他接着说"雨蓬垮了，多加些、加粗些钢筋不就行了吗？"看来他不十分重视工程技术。古根海姆美术馆也是幢出奇想法的建筑，有人开玩笑说："如自上而下看展览，看完后会感到一条腿长，一条腿短"。

他对政治不大在乎。记得有一位新闻记者带着夫人去拜访他，他请我作陪，桌上摆了香槟酒，他喝得痛快就骂政府，把那位记者先生搞得很为难。据讲欧战快结束时，美国芝加哥建筑学会请他去演讲，事前他喝了酒，他一开讲就说"The American Architecture Institute is dead"（美国建筑学会死了），接着便骂开了。他很不拘小节，闹得政府曾想抓他，但因不少人认为他只是个古怪人，疯子，也就算了。一个人喝得酩酊大醉常常会亮出真实思想。尽管这样，人们还是敬重他。

问：他在建筑处理上有些时期爱用六角形，他认为六角形更适合于人的活动，是否这样？

答：那不见得。方形是人类长期实践积累的形体，古代埃及和中国的坟墓、陵寝，不约而同是方形、矩形。个别的建筑处理用六角形，当然可以。但像赖特那种推论，值得研究。应当说他的有些理论是有见解的。但有的难免不是猎奇炫耀，标新立异，不是“老实”的。我常想，大量的为大多数人所用的建筑物都是普普通通的，那些在内外空间及造型上有突出形象的建筑只是个别的。

美国在文化方面是很可怜的，它没有深远的文化历史背景，起始时只有那大自然和印第安人。英国殖民最早，建筑工业的Colonial Style也只是一些木结构和砖石建筑的民间式样。到赖特那时候，多少有了点美国文化，在他的初期建筑设计中不难看出有传统的影响，也看出他建筑艺术素养的根底。但他那一套就那么好？也不见得。他的独创见解，有些是有价值的，但不能夸大。一夸大就偏了。不能忽略了他是处在资本主义社会之中，一位建筑师出了名，除了是由于他的个人才能外更主要的是他的社会背景，有资本家作后台，资本家肯出钱，他才能为所欲为地去“创作”。这就像办报办杂志，假若每篇文章都平淡无奇，没有一点一鸣惊人之作，有谁看？报纸刊头不醒目，有谁买？建筑也是一样，但建筑和经济有关，明确地说经济总是起着制约的作用，追求新奇并不难，难的是做一个平平凡凡而受人尊重的人。

问：我们这一代人想了解他，研究他，你认为注意力应落在哪个焦点上？

答：要实事求是，中国古代建筑有着自己的传统特色，而现代建筑是从欧美搬过来的。建筑文化和技术的输入过程是十分复杂的，一定要消化成为我们自己的建筑文化，那才有生命力。讲建筑文化一定要全面，你记住这一点，要实事求是，不要求奇，要根据具体情况动脑筋，在现实基础上创新。建筑有强烈的社会性，有着它一定的经济和精神条件。在社会主义国家中建筑创作要符合党的政策，也只有在现实的基础上才谈得上创作自由，才谈得上中国的建筑文化。

时代对建筑创作是十分关键的。回顾建筑历史，为什么罗马建筑、文艺复兴建筑至今尚在人们记忆之中？为什么唐长安城、大明宫，令人难忘？都是因为那是极盛时期开的花，花儿盛开多么鲜艳！花虽衰败了，但盛开时的灿烂景象是长存的。这也和音乐一样，优美的乐章就在那一瞬间，但这是作曲家经过思索，立意，感情表达过程的结晶。我们是发展中的国家，建筑创作要实事求是，合乎时代，不然就像抗战时的重庆，有的建筑师在竹笆墙外粉成摩登建筑样式那样，这种建筑只能是一种讽刺，不是建筑创作的真实表现。

问：杨老的谈话对我研究这个专题很有教益。在我国社会主义的历史条件下，建筑师首先要想到的应是广大的人民群众。

答：是的。